2024年版

全国一级造价工程师职业资格考试
真题详解与应试导航

建设工程技术与计量
（土木建筑工程）

JIANSHE GONGCHENG JISHU YU JILIANG
（TUMU JIANZHU GONGCHENG）

赵啸天　吴　静　赵飞燕　编

中国计划出版社
·北　京·

图书在版编目（CIP）数据

建设工程技术与计量. 土木建筑工程 / 赵啸天, 吴静, 赵飞燕编. -- 3版. -- 北京 : 中国计划出版社, 2024.5
2024年版全国一级造价工程师职业资格考试真题详解与应试导航
ISBN 978-7-5182-1646-8

Ⅰ. ①建… Ⅱ. ①赵… ②吴… ③赵… Ⅲ. ①土木工程-建筑造价管理-资格考试-题解 Ⅳ. ①TU723.3-44

中国国家版本馆CIP数据核字(2024)第025549号

责任编辑：张　颖　　封面设计：韩可斌

中国计划出版社出版发行
网址：www.jhpress.com
地址：北京市西城区木樨地北里甲 11 号国宏大厦 C 座 4 层
邮政编码：100038　电话：(010) 63906433 (发行部)
三河富华印刷包装有限公司印刷

787mm×1092mm　1/16　16.75 印张　383 千字
2024 年 4 月第 3 版　2024 年 4 月第 1 次印刷

定价：60.00 元

前　言

《2024年版全国一级造价工程师职业资格考试真题详解与应试导航》（以下简称《导航》）是2024年作者团队与中国计划出版社合作出版的考试辅助用书，《导航》与《2024年版全国一级造价工程师职业资格考试应试指南》（以下简称《指南》）形成姊妹篇，各有其帮助考生应试复习的特点，《指南》特别强调系统全面贯彻教材的内容，而《导航》则强调突出考试重点。

如何突出考试重点？这是所有考生非常关心的问题。对于该问题，作者团队多年来采用线上线下不同方式深入考生、培训教师中调研，并与中国计划出版社编辑们进行了多次深入交流沟通，形成了《导航》独特的编写体例逻辑框架。作者团队对最近十余年考试真题进行了多次训练，发现考试真题能够寻找出强烈的应试复习规律。《导航》编写体例逻辑框架以历年考试真题作为切入点，选择近五年的考试真题，经过真题解析、考点统计、知识点凝练、考分统计和考点点评等环节训练出不同科目近五年统计学意义的考点；按照考点对教材内容进行梳理、压缩，以突出重点，精准锁定常考必考内容；站在考生的角度，其应试复习的价值，在于可以简洁地、有的放矢地复习具体知识点，大大节省复习时间，提升复习效率；尤其是作为中国计划出版社同期出版的《指南》的姊妹篇，两套书同时使用其价值更加突出，既强调了系统全面的需求，又满足了考生突出考试重点的需要。《导航》主要结构与特点包括以下五个方面：

一、真题解析

以2019—2023年的考试真题为切入点，给出每道题的正确答案，解析答题思路，提炼总结考点。

二、考点统计

结合历年真题提炼的考点，按照教材的顺序进行梳理，统计出近五年的每个考点出现的考核频次，以统计表的形式呈现。表格的形式和内容在宏观上能表达出零星知识点体系及其内在联系。

三、知识点凝练

《导航》严格按照教材各知识点出现的顺序，对各知识点进行凝练，主要将较为零散的考点归纳总结，以文字结合图表的形式呈现，使考生能一目了然。本部分为全书的核心部分，总结出历年考试的变化情况，使考生能够重点掌握考点内容及考试规律，深入了解出题特点和命题趋势。考生可以结合教材，对本部分内容进行重点复习。

四、本章考分统计

以表格的形式将本章考点每年的考分进行统计。给出各个章节统计学意义考分分布，帮助考生在应试复习过程对教材内容进行取舍。

五、本章考点点评

以“点评”的方式对各章知识点需要掌握的程度进行分析总结，以供考生在复习时进行参考。

前三部分以教材每小节为单位进行统计，第四、五部分以每章为单位进行统计和点评。

各科目具体参编人员如下：

建设工程造价管理：李瑾、夏立明

建设工程计价：石振香、柯洪、王卫波

建设工程技术与计量（土木建筑工程）：赵啸天、吴静、赵飞燕

建设工程技术与计量（安装工程）：郝龙、赵斌、程宏佳

建设工程造价案例分析：赵飞燕、王亦虹、胡秀芳

在与中国计划出版社合作的过程中，我们深深地感受到编辑们严谨的工作态度和孜孜以求的专业精神，在此向中国计划出版社的编辑们表示衷心感谢！《导航》编写过程中，参考了大量专家、学者编写的相关文献资料，查阅了大量权威网站的有关内容，同时听取和吸收了工程造价专业等相关学科专家的宝贵意见和建议，亦在此表示诚挚的感谢！

尽管我们力求完美，但由于全国一级造价工程师职业资格考试涉及面广、专业性强、知识点多，加上水平有限，难免存在疏漏和不足之处，敬请广大读者提出宝贵的意见和建议，以便今后加以改进。

编　者

2024 年 3 月

兑换增值服务说明

为了提供更优质、更高效的知识服务，我社为购买正版造价工程师考试用书的读者提供网上视频增值服务，由专业老师对考试的相关内容进行讲解，帮助读者掌握理解，提高应试水平。网上增值服务使用方法如下：

1. 计算机用户

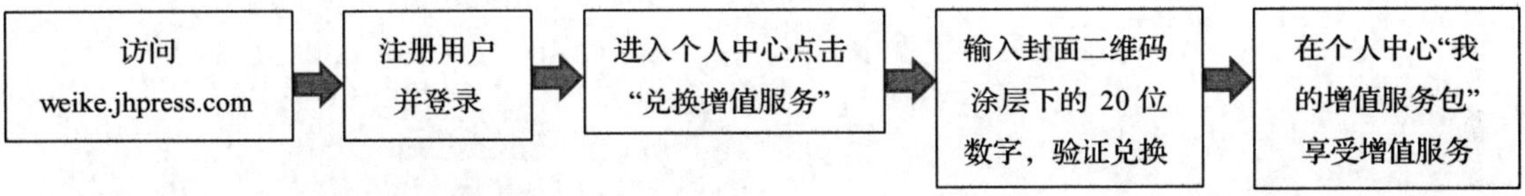

2. 移动端用户

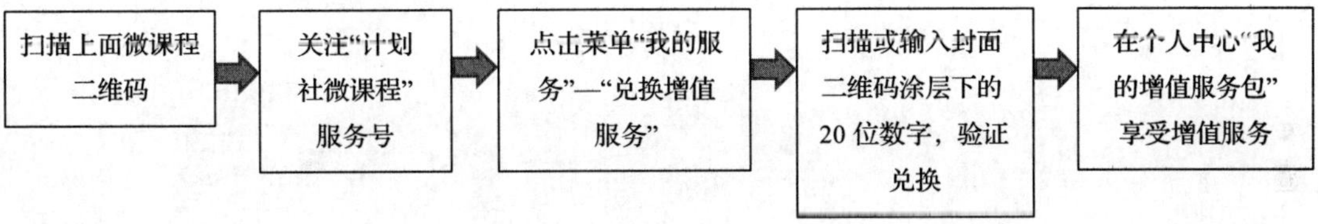

注：增值服务从兑换之日起 12 个月内有效，提供形式为在线观看。如果输入卡号或扫码后无法通过验证，请及时与我社联系。

3. 联系我们

客服微信：

客服电话：400 670 6390（工作日 9：00—17：00）

网上增值服务如有不完善之处，敬请广大读者提出宝贵意见和建议！

目　录

导　言

一、本书的结构与特点

考试真题的主要价值之一是训练考点，本书以历年考试真题作为切入点，编写的逻辑框架是通过对近五年真题解析、考点统计、知识点凝练、考分统计和考点点评等环节，提炼出本课程近五年统计学意义的考点；按照考点对教材内容进行梳理、压缩，以重点突出，精准锁定常考必考内容；使考生可以有的放矢地复习具体知识点，大大节省考生的复习时间，提升复习效率；尤其是作为中国计划出版社同期出版的《全国一级造价工程师职业资格考试应试指南》的姐妹篇，两套书同时使用其价值更加突出。本书适用于2024年参加全国一级造价工程师职业资格考试的考生。

本书主要结构与特点是：

（1）真题解析——给出真题答案，详细解析真题的各个备选项，理解命题思路。

（2）考点统计——洞悉命题规律及趋势。

（3）知识点凝练——梳理考点结构框架，进而突出考试内容。

（4）本章考分统计——了解章节考试分值，把握重点复习的章节。

（5）本章考点点评——厘清学习思路，把握重难点。

应试复习需要掌握一些方法技巧，作为全国一级造价工程师职业资格考试复习的指导书，通过上述逻辑的贯彻，期望对考生的复习和备考能够起到“导航”的作用。

二、考试分析

预计2024年的考试试卷无论是在考题结构、考题分布还是考试难度上与以往相比都不会有太大变化。具体分析如下：

（1）在考题结构方面。根据目前的考试大纲和历年考试真题来看，2024年的考题应仍由单项选择题和多项选择题两部分构成。

第一部分：单项选择题。考题第1～60题，共计60道，每题1分，共计60分。单项选择题每题四个选项中只有一个最符合题意，错选、多选均不得分。

第二部分：多项选择题。考题第61～80题，共计20道，每题2分，共计40分。多项选择题每题五个选项中至少有两个选项符合题意，错选、多选均不得分，少选，所选的每个选项得0.5分。

（2）在考题分布方面。统计2019—2023年的考题，可以发现考题基本覆盖教材的所有章节，每年各章节的题量和分值稍有波动。为便于考生了解各章节考题的题量及分值，现将2019—2023年考题分值分布规律统计如下表。

（3）在考试难度方面。自2019年版教材使用后，考试难度虽然逐年上升，但是总体变化幅度不算大，基本保持稳定。难度的变化主要体现在三个方面：一是部分章节知识点分布更加平均，重点越发不明显；二是“一题多考点”的比例逐年提高，也是今后考试的发展趋势；三是题目及备选选项的设置更加灵活，更加难以辨识。这些变化要求考生不仅要准确记忆知识点，还要理解掌握知识点，提高了考生复习的难度。

2019—2023 年考题分值分布规律统计表

章	节	2019 年		2020 年		2021 年		2022 年		2023 年		分值				
		单选题	多选题	单选题	多选题	单选题	多选题	单选题	多选题	单选题	多选题	2019 年	2020 年	2021 年	2022 年	2023 年
第一章	第一节	1	1	1	1	1	1	1	1	3	0	3	3	3	3	3
	第二节	1	0	1	0	1	1	1	1	0	1	1	1	3	3	2
	第三节	3	1	3	1	3	0	3	0	2	1	5	5	3	3	4
	第四节	1	0	1	0	1	0	1	0	1	0	1	1	1	1	1
第二章	第一节	5	3	5	3	5	3	5	3	5	3	11	11	11	11	11
	第二节	4	1	5	1	4	1	4	1	4	1	6	7	6	6	6
	第三节	2	0	2	0	2	0	2	0	2	0	2	2	2	2	2
第三章	第一节	3	2	5	2	5	2	5	2	5	2	7	9	9	9	9
	第二节	2	1	2	1	2	2	2	2	1	2	4	4	6	6	5
	第三节	3	1	1	1	1	0	1	0	2	0	5	3	1	1	2
第四章	第一节	10	2	5	3	9	2	9	2	9	2	14	11	13	13	13
	第二节	2	1	2	1	3	2	3	2	3	1	4	4	7	7	5
	第三节	3	2	1	0	3	1	3	1	3	2	7	1	5	5	7
第五章	第一节	3	1	3	1	3	1	4	1	3	1	5	5	5	6	5
	第二节	4	1	6	1	4	1	4	1	4	1	6	8	6	6	6
	第三节	13	3	17	4	13	3	12	3	13	3	19	25	19	18	19
合计		60	20	60	20	60	20	60	20	60	20	100	100	100	100	100

三、本书使用说明及建议

无论是内容还是考试形式，本科目都有其独特的特点和一定的难度。因此，掌握针对本科目自身特点的学习方法尤其重要。我们根据多年的教学经验，结合考生的需要，将本科目的学习方法总结如下，供考生参考。

（1）在整体的复习计划安排上，建议将复习的重点放在第四章、第五章，这两章内容多，分值比例高，分别占到 25% 和 30% 以上，考题考点密集，考生的投入和回报比例更高。

（2）在复习的全过程中，考生要注意章、节、考点之间的逻辑关系，建立起知识体系，并掌握和运用知识体系。在知识体系中，把握重点和难点，比较、区分平行考点或相似知识，以便于知识的理解、记忆，提高复习效率，同时有利于“一题多考点”型考题的作答。

本书在导言部分给出了不同类型考题在不同章节中的分布规律，在每章后面给出了该章各节近5年的考分统计和考点点评，在每节后面给出了该节具体考点近5年的考核频率统计，在每道真题后面给出了该题归属的具体考点，这些内容可以帮助考生理解知识点间的逻辑关系、把握重点、建立知识体系。除此之外，本书还在每节后面，将重点内容和考点进行了集成凝练，以供考生复习参考。

（3）在实际复习过程中，考生在记忆、理解知识的基础上，进行真题训练是必要的，也是重要的。本书对2019—2023年的考试真题进行了编录，按照教材的章节逻辑顺序呈现给考生，并为每道真题做了详细的解析。建议考生仔细揣摩每道真题的出题形式、考核角度，只有熟做真题，才能知道自己要如何复习。

（4）建议考生放平心态，留出充足的复习时间，提前做好复习规划。若精力有限，可寻求专业人员或机构的帮助、辅导；选择正规出版的官方教材和辅导书籍，多交流沟通，切勿闭门造车。

第一章

工程地质

第一节　岩体的特征

真题解析

一、2023 年考题

1. 在鉴定矿物类别时，作为主要依据的物理性质是（　　）。

A. 自色　　B. 他色　　C. 光泽　　D. 硬度

【答案】D

【解析】矿物的颜色分为自色、他色和假色，自色可以作为鉴别矿物的特征，而他色和假色则不能。依据颜色鉴定矿物的成分和结构，依据光泽鉴定风化程度，依据硬度鉴定矿物类别。

【考点】岩体的结构——岩石的主要矿物。

2. 下列关于岩石的成因类型及特征的说法，正确的是（　　）。

A. 流纹岩、安山岩、脉岩均为喷出岩

B. 石灰岩、白云岩和大理岩均为化学岩及生物化学岩

C. 沉积岩生物成因构造包括生物礁体、虫迹、虫孔、叠层构造等

D. 石英岩矿物均匀分布，呈定向排列

【答案】C

【解析】选项 A 错误，脉岩属于浅成岩。选项 B 错误，根据沉积岩的组成成分、结构、构造和形成条件，可分为碎屑岩类（如砾岩、砂岩、粉砂岩）、黏土岩类（如泥岩、页岩）、化学岩及生物化学岩类（如石灰岩、白云岩、泥灰岩等）。选项 C 正确，沉积岩的构造是指沉积岩各个组成部分的空间分布和排列方式。常见的构造有层理构造、层面构造、结核（与周围沉积岩不同的、规模不大的团块体），生物成因构造（如生物礁体、叠层构造、虫迹、虫孔等）。选项 D 错误，块状构造（矿物均匀分布、结构均一、无定向排列，如大理岩、石英岩等）。

【考点】岩体的结构——岩石的成因类型及其特征。

3. 抗震设防烈度为 7 度时，高 26m 的丙类钢筋混凝土框架结构房屋，抗震等级和震后影响分别是（　　）。

A. 二级、较严重　　B. 二级、严重

C. 三级、较严重　　D. 三级、严重

【答案】B

【解析】抗震等级分为四个等级，以表示其很严重（一级）、严重（二级）、较严重（三级）及一般（四级）四个级别。钢筋混凝土房屋应根据设防类别、设防烈度、结构类型和房屋高度采用不同的抗震等级，并应符合相应的内力调整和抗震构造要求。

丙类混凝土结构房屋的抗震等级

结构类型		设防烈度						
		6 度		7 度		8 度		9 度
框架	高度 /m	≤24	25 ~ 60	≤24	25 ~ 50	≤24	25 ~ 40	≤24
	框架	四	三	三	二	二	一	一
	跨度不小于 18m 的	三		二		一		一

【考点】岩体的工程地质性质——建筑抗震。

二、2022 年考题

1. 粒径大于 2mm 的颗粒含量超过全重 50% 的土，称为（　　）。

A. 碎石土　　B. 砂土　　C. 黏性土　　D. 粉土

【答案】A

【解析】碎石土是粒径大于 2mm 的颗粒含量超过全重 50% 的土。

【考点】岩体的结构——土的分类。

2. 地震的建筑场地烈度相对于基本烈度进行调整的原因有场地内的（　　）。

A. 地质条件　　B. 地形地貌条件

C. 植被条件　　D. 水文地质条件

E. 建筑物结构

【答案】ABD

【解析】建筑场地烈度也称小区域烈度，是建筑场地内因地质条件、地形地貌条件和水文地质条件的不同而引起的相对基本烈度有所降低或提高的烈度，一般降低或提高抗震设防烈度半度至一度。

【考点】岩体的工程地质性质——地震烈度。

三、2021 年考题

1. 对岩石的稳定性进行定量分析的主要依据为（　　）。

A. 抗压强度和抗拉强度　　B. 抗压强度和抗剪强度

C. 抗拉强度和抗剪强度　　D. 抗拉强度和抗折强度

【答案】B

【解析】岩石的抗压强度和抗剪强度，既是评价岩石（岩体）稳定性的指标，也是对岩石（岩体）的稳定性进行定量分析的依据。

【考点】岩体的工程地质性质——岩石的力学性质。

2. 现实岩体在形成过程中，经受的主要地质破坏和改造类型有（　　）。

A. 人类破坏　　B. 构造变动

C. 植被破坏　　D. 风化作用

E. 卸荷作用

【答案】BDE

【解析】岩体可能由一种或多种岩石组成，且在形成现实岩体的过程中经受了构造变动、风化作用、卸荷作用等各种内力和外力地质作用的破坏及改造。

【考点】岩体的结构——岩石的成因 。

四、2020 年考题

1. 下列造岩矿物中硬度最高的是（　　）。

A. 方解石　　B. 长石　　C. 萤石　　D. 磷灰石

【答案】B

【解析】根据矿物硬度表（见下表）可知，硬度最高的是长石。

矿物硬度表

硬度	1	2	3	4	5	6	7	8	9	10
矿物	滑石	石膏	方解石	萤石	磷灰石	长石	石英	黄玉	刚玉	金刚石

【考点】岩体的结构——矿物硬度。

2. 经变质作用产生的矿物有（　　）。

A. 绿泥石　　B. 石英

C. 蛇纹石　　D. 白云母

E. 滑石

【答案】ACE

【解析】白云母属于沉积岩主要矿物。

【考点】岩体的结构——岩石的成因类型及其特征。

五、2019 年考题

1. 方解石作为主要矿物成分常出现于（　　）。

A. 岩浆岩与沉积岩中　　B. 岩浆岩与变质岩中

C. 沉积岩与变质岩中　　D. 火成岩与水成岩中

【答案】C

【解析】沉积岩主要矿物成分常见的有石英、长石、白云母、方解石、白云石、高岭石等。变质岩主要矿物成分，除具有变质前原来岩石的矿物，如石英、长石、云母、角闪石、辉石、方解石、白云石、高岭石等外，尚有经变质作用产生的矿物，如石榴子石、滑石、绿泥石、蛇纹石等。

【考点】岩体的结构——岩石的成因类型及其特征。

2. 结构面的物理力学性质中，对岩体物理力学性质影响较大的有（　　）。

A. 抗压强度　　B. 产状
C. 平整度　　D. 延续性
E. 抗剪强度

【答案】BDE

【解析】对岩体影响较大的结构面的物理力学性质主要是结构面的产状、延续性和抗剪强度。

【考点】岩体的力学特性——结构面的工程地质性质。

考点统计

通过对 2019—2023 年的考题统计，涉及的考点主要是岩石的矿物硬度表、岩石的成因类型及其特征、结构面的工程地质性质、土的分类、地震烈度等。近 5 年涉及本节的真题共有 11 题，具体考点的考核频次如表 1.1.1 所示。

表 1.1.1　第一章第一节考点考核频次表

序号	知识点	具体考点	考核频次
1	岩体的结构	岩石的成因	1
		矿物硬度	2
		岩石的成因类型及其特征	3
		土的分类	1
2	岩体的工程地质性质	结构面的工程地质性质	1
		岩石的力学性质	1
		地震烈度	1
		建筑抗震	1

知识点凝练

本节应重点掌握矿物硬度表、物理性质中的软化性和抗冻性、力学性质中的强度；岩石的生成原因、特有的结构特性、每类岩石的代表名称；土中孔隙的多少以及含水量的多少对土的物理性质的影响、孔隙率、饱和度以及土的压缩性等概念，几类特殊土的工程特性；背斜向斜褶曲的特性、构造裂隙的特性、正断层和逆断层的特性、地质构造对工程建设的影响；震级和烈度的关系；岩体结构类型及其工程地质评价。

一、岩石的矿物特性、物理力学性质

岩石的矿物特性和物理力学性质见表 1.1.2。

表 1.1.2　岩石的矿物特性和物理力学性质

矿物特性	颜色		据成色原因分为自色、他色和假色
	光泽		矿物表面的反光性质，分为金属光泽、半金属光泽、金刚光泽、玻璃光泽
	硬度		矿物抵抗外力刻划、压入的能力，分为 10 个标准等级。在实际工作中常用可刻划物品来大致测定矿物的相对硬度：指甲为 2 ~ 2.5 度，小刀为 5 ~ 5.5 度，玻璃为 5.5 ~ 6 度，钢刀为 6 ~ 7 度
物理力学性质	物理性质	重量	比重是岩石固体（不含孔隙〉部分单位体积的重量。一般为 2.4 ~ 3.3
		孔隙性	孔隙总体积与岩石总体积之比称为孔隙度
		吸水性	岩石吸水重量与同体积干燥岩石重量之比称为吸水率
		软化性	软化系数是饱和状态下的岩石抗压强度与风干下的抗压强度之比。软化系数接近于 1 的是弱软化岩石，工程性质好
		抗冻性	抵抗岩石中水冻胀产生压力的能力
	力学性质	变形	（1）弹性模量越大，岩石抵抗变形的能力越强； （2）泊松比越大，岩石受力作用后横向变形越大
		强度	岩石的强度由高到低的顺序为：抗压强度→抗剪断强度→抗剪强度→抗拉强度

二、岩石的分类及特征

岩石的类型及特征见表 1.1.3。

表 1.1.3　岩石类型及特征

岩石类别（按成因分）			特征	主要矿物成分
岩浆岩（火成岩）	喷出岩		产状不规则，岩性不均一，比侵入岩强度低、透水性强、抗风化差；如流纹岩、粗面岩、安山岩、玄武岩、火山碎屑岩	全部为从岩浆岩中析出的原生矿物，成分复杂，但较稳定。浅色的矿物有石英、长石、白云母等；深色的矿物有黑云母、角闪石、辉石、橄榄石等
	侵入岩	深成岩	岩性单一、致密坚硬、私隙率小、透水性弱、抗水性强；如花岗岩、正长岩、闪长岩、辉长岩	
		浅成岩	颗粒细小、强度高、不易风化；但与围岩接触部位岩石破碎、风化蚀变严重；如花岗斑岩、闪长玢岩、辉绿岩、脉岩	

续表 1.1.3

<table>
<tr><th colspan="3">岩石类别（按成因分）</th><th>特征</th><th>主要矿物成分</th></tr>
<tr><td rowspan="4">沉积岩
（水成岩）</td><td colspan="2">结构组成</td><td>碎屑结构、泥质结构、晶粒结构、生物结构</td><td rowspan="4">次生矿物占主要地位，成分单一，一般多不固定；常见有石英、长石、白云母、方解石、白云石、高岭石等</td></tr>
<tr><td rowspan="3">分类</td><td>碎屑岩</td><td>有砾岩、砂岩、粉砂岩</td></tr>
<tr><td>黏土岩</td><td>有泥岩、页岩</td></tr>
<tr><td>化学及生物化学岩</td><td>石灰岩、白云岩、泥灰岩</td></tr>
<tr><td rowspan="2">变质岩</td><td colspan="2">形成</td><td>原岩浆岩、沉积岩经地壳运动和岩浆活动形成的新岩石</td><td rowspan="2">除具有变质前原来岩石的矿物，如石英、长石、云母、角闪石、辉石、方解石、白云石、高岭石等外，尚有经变质作用产生的矿物，如石榴子石、滑石、绿泥石、蛇纹石等</td></tr>
<tr><td colspan="2">结构组成</td><td>变晶结构、变余结构、碎裂结构，大多具有片麻状、片状、板状构造、块状构造（如大理岩、石灰岩等）</td></tr>
</table>

三、土的工程地质性质

土的分类及物理力学性质见表 1.1.4。

表 1.1.4　土的分类及物理力学性质

<table>
<tr><td>土的分类</td><td colspan="3">根据颗粒级配和塑性指数分类，分为碎石土、砂土、粉土和黏性土。①碎石土是粒径大于 2mm 的颗粒含量超过全重 50% 的土，根据颗粒级配和颗粒形状分为漂石、块石、卵石、碎石、圆砾和角砾；②砂土是粒径大于 2mm 的颗粒含量不超过全重 50%，且粒径大于 0.075mm 的颗粒含量超过全重 50% 的土；③黏性土是塑性指数大于 10 的土。黏性土分为粉质黏土和黏土；粉土是粒径大于 0.075mm 的颗粒不超过全重 50%，且塑性指数小于或等于 10 的土</td></tr>
<tr><td rowspan="5">物理性质</td><td colspan="2">孔隙比</td><td>孔隙比小于 0.6 为低压缩土，大于 1.0 为高压缩性土</td></tr>
<tr><td colspan="2">饱和度</td><td>S_r<50% 为稍湿态，S_r=50%～80% 为很湿态，S_r>80% 为饱水态</td></tr>
<tr><td colspan="2">无黏性土</td><td>以其紧密状态判定工程性质</td></tr>
<tr><td rowspan="2">黏性土</td><td>稠度界限</td><td>缩限、塑限、液限含义</td></tr>
<tr><td>塑性、液性指数</td><td>塑性指数：液限和塑限的差值称为塑性指数；
液性指数：黏性土的天然含水量和塑限的差值与塑性指数之比；
塑性指数越大，土的可塑性越强；液性指数越大，土质越软</td></tr>
<tr><td rowspan="2">力学性质</td><td colspan="2">压缩性</td><td>无黏性土透水性大，在荷载作用下压缩过程短，黏性土压缩过程长</td></tr>
<tr><td colspan="2">抗剪强度</td><td>考虑地基承载力、工程边坡和天然土坡稳定性和作用于结构物上土压力的指标</td></tr>
</table>

特殊土的工程性质见表 1.1.5。

表 1.1.5　特殊土的工程性质

特殊土类型		工程性质
淤泥		有明显的触变性和蠕变性
湿陷性黄土	自重湿陷性黄土	遇水后强度迅速降低，但形成年代久的湿陷性减弱甚至不具有湿陷性
	非自重湿陷性黄土	
红黏土		强度高，压缩性低，无湿陷性，饱和水下仍坚硬
膨胀土		明显的吸水膨胀，失水收缩，胀缩变形往复可逆，一般呈坚硬至硬塑状，浸水后，剧烈变软
填土	素填土	经一定时间的堆积压密可做一般建筑天然地基，如堆填超过 2 年的砂土、超过 5 年的粉土、超过 10 年的黏性土可作为建筑地基土
	杂填土	一般不宜作为建筑物地基
	冲填土	含水量大，透水性差，不易排水固结；多呈软塑或流塑状态

四、地质构造类型

（一）水平构造和单斜构造

岩层产状三要素：走向、倾向、倾角。三个要素方能确定岩层的空间位置。

水平构造是虽经构造变动的沉积岩层，仍基本保留形成时的原始水平产状的构造。先沉积的老岩层在下，后沉积的新岩层在上。

单斜构造是原来水平的岩层，在受到地壳运动的影响后，产状发生变动形成岩层向同一个方向倾斜的构造，这种产状往往是褶曲的一翼、断层的一盘或者是局部地层不均匀的上升或下降形成的。

（二）褶皱构造

褶皱构造是组成地壳的岩层受构造力的强烈作用，使岩层形成一系列波状弯曲而未丧失其连续性的构造，它是岩层产生的塑性变形。绝大多数褶皱是在水平挤压力作用下形成的，但也有少数是在垂直力或力偶作用下形成的。褶皱在层状岩层常见，在块状岩体中则很难见到。

背斜褶曲是岩层向上拱起的弯曲，以褶曲轴为中心向两翼倾斜。当地面受到剥蚀而出露有不同地质年代的岩层时，较老的岩层出现在褶曲的轴部，从轴部向两翼，依次出现的是较新的岩层。

向斜褶曲是岩层向下的弯曲，其岩层的倾向与背斜相反，两翼的岩层都向褶曲的轴部倾斜。当地面遭受剥蚀，在褶曲轴部出露的是较新的岩层，向两翼依次出露的是较老的岩层。

褶皱构造对选址的影响见表 1.1.6。

表 1.1.6　褶皱构造对选址的影响

类型		影响	
深路堑和高边坡	路线垂直岩层走向	对路基边坡稳定	有利
	路线平行岩层走向	岩层倾向与边坡倾向相反（逆向坡）	有利
		岩层倾向与边坡倾向一致（顺向坡）	不利
		岩层倾向与边坡倾向一致，边坡的倾角大于（陡于）岩层的倾角	最不利
隧道工程		褶曲构造的轴部是岩层倾向发生显著变化的地方，一般从褶曲的翼部通过是比较有利的	

（三）断裂构造

1. 裂隙

裂隙发育程度分级及对工程的影响见表 1.1.7。

表 1.1.7　裂隙发育程度分级及对工程的影响

发育程度等级	基本特征	附注
裂隙不发育	裂隙 1～2 组，规则，构造型，间距在 1m 以上，多为密闭裂隙。岩体被切割成巨块状	对基础工程无影响，在不含水且无其他不良因素时，对岩体稳定性影响不大
裂隙较发育	裂隙 2～3 组，呈 X 形，较规则，以构造型为主，多数间距大于 0.4m，多为密闭裂隙，少有填充物。岩体被切割成大块状	对基础工程影响不大，对其他工程可能产生一定影响
裂隙发育	裂隙 3 组以上，不规则，以构造型或风化型为主，多数间距小于 0.4m，大部分为张开裂隙，部分有填充物。岩体被切割成小块状	对工程建筑物可能产生很大影响
裂隙很发育	裂隙 3 组以上，杂乱，以风化型和构造型为主，多数间距小于 0.2m，以张开裂隙为主，一般均有填充物。岩体被切割成碎石状	对工程建筑物产生严重影响

根据裂隙的成因。将其分为构造裂隙和非构造裂隙两类。

（1）构造裂隙。构造裂隙是岩体受地应力作用岩体变形而产生的裂隙。所以它在空间分布上具有一定的规律性。按裂隙的力学性质，可将构造裂隙分为张性裂隙和扭（剪）性裂隙。张性裂隙主要发育在背斜和向斜的轴部，裂隙张开较宽，断裂面粗糙，一般很少有擦痕，裂隙间距较大且分布不匀，沿走向和倾向都延伸不远；扭（剪）性裂隙，一般出现在褶曲的翼部和断层附近。

（2）非构造裂隙。裂隙分布零乱，没有规律性。岩体中的裂隙，在工程上除有利于开挖外，对岩体的强度和稳定性均有不利的影响。其破坏了岩体的整体性，促进了岩体的风化速度，增强了岩体的透水性，进而使岩体的强度和稳定性降低。

2. 断层

断层分类见表 1.1.8。

表 1.1.8　断层分类

断层要素	断层面、断层线、断盘（上盘、下盘）、断距
正断层	上盘沿断层面相对下降，下盘相对上升的断层。受水平张力（拉力）或垂直力作用的结果
逆断层	上盘沿断层面相对上升，下盘相对下降的断层。受水平强烈挤压力作用的结果
平推断层	两盘沿断层面发生相对水平位移的断层，受水平扭剪应力作用的结果

五、地震的震级与烈度

地震震级与烈度见表 1.1.9。

表 1.1.9　地震震级与烈度

项目			具体内容
震源	震中		震源在地面上的垂直投影
	等震线		受震破坏程度相同点的外包线
	震波	纵波	质点振动与震波传播方向一致，周期短，振幅小，传播快
		横波	质点振动与震波传播方向垂直，周期长，振幅大，传播较慢
震级			按一次地震释放的总能量划分不同的震级，国际上以距震中 100km 的标准地震仪测得最大振幅的 μm 的对数值定级，一次地震只有一个震级
烈度	基本烈度		一个地区的最大地震烈度
	建筑场地烈度		考虑建筑场地条件的小区域地震烈度
	设计烈度		考虑建筑物的地位、作用，在基本烈度基础上调整的烈度
建筑抗震	抗震设防分类		甲类：特殊设防类； 特殊设防类应为使用上有特殊要求的设施，涉及国家公共安全的重大建筑与市政工程和地震时可能发生严重次生灾害等特别重大灾害后果，需要进行特殊设防的建筑与市政工程，简称甲类。 乙类：重点设防类； 重点设防类应为地震时使用功能不能中断或需尽快恢复的生命线相关建筑与市政工程，以及地震时可能导致大量人员伤亡等重大灾害后果，需要提高设防标准的建筑与市政工程，简称乙类。 丙类：标准设防类； 标准设防类应为除甲类、乙类、丁类以外按标准要求进行设防的建筑与市政工程，简称丙类。 丁类：适度设防类； 适度设防类应为使用上人员稀少且震损不致产生次生灾害，允许在一定条件下适度降低设防要求的建筑与市政工程，简称丁类。

续表 1.1.9

项目		具体内容
建筑抗震	抗震设防标准	标准设防类，应按本地区抗震设防烈度确定其抗震措施和地震作用，达到在遭遇高于当地抗震设防烈度的预估罕遇地震影响时不致倒塌或发生危及生命安全的严重破坏的抗震设防目标。 重点设防类，应按本地区抗震设防烈度提高一度的要求加强其抗震措施，但抗震设防烈度为 9 度时应按比 9 度更高的要求采取抗震措施；地基基础的抗震措施，应符合有关规定；同时，应按本地区抗震设防烈度确定其地震作用。 特殊设防类，应按本地区抗震设防烈度提高一度的要求加强其抗震措施；但抗震设防烈度为 9 度时应按比 9 度更高的要求采取抗震措施；同时，应按批准的地震安全性评价的结果且高于本地区抗震设防烈度的要求确定其地震作用。 适度设防类，允许比本地区抗震设防烈度的要求适当降低其抗震措施，但抗震设防烈度为 6 度时不应降低。一般情况下，仍应按本地区抗震设防烈度确定其地震作用。 当工程场地为Ⅰ类时，对特殊设防类和重点设防类工程，允许按本地区设防烈度的要求采取抗震构造措施。对标准设防类工程，抗震构造措施允许按本地区设防烈度降低一度，但不得低于 6 度的要求采用。 当工程场地为Ⅲ、Ⅳ类时，抗震构造措施应比本地区抗震设防烈度要求适当提高采用
	抗震等级	抗震等级分为四个等级，以表示其很严重（一级）、严重（二级）、较严重（三级）及一般（四级）四个级别

六、岩体结构特性

岩体组成及力学性质见表 1.1.10。

表 1.1.10 岩体组成及力学性质

岩体概念	定义	岩石受结构面切割后具有一定结构的、受地下水影响的多裂隙综合体
	成因	受构造变动、风化作用、卸荷作用等内外力作用
	分类	地基岩体、边坡岩体、地下工程围岩
力学性质	变形	（1）岩体变形由结构体变形和结构面变形组成，岩体变形由弹性模量、变形模量表示； （2）岩体变形是时间的函数，有蠕变和松弛现象
	强度	一般岩体的强度是由结构体（岩石）强度与结构面强度的共同影响决定

岩体结构特征见表 1.1.11。

表 1.1.11　岩体结构特征

岩体结构类型	结构面特征	块度	整体性	变形、模量、承载力、抗滑力	抗风化	工程地质总评价
整体块状结构	数量稀少	大	好	高，接近均质弹性体	强	理想的工程地质条件
层状结构	较多层面、不密节理	较大	结构体整体性好，结构面情况不一	总体较高，结构面结合力不强时均有降低	较强	工程地质条件较好
碎裂结构	节理、裂隙发育	不大	差	镶嵌的硬岩石较高，碎裂结构低	较差	镶嵌结构岩体工程地质条件尚好，碎裂结构较差
散体结构	节理、裂隙非常发育	小	极差	很低	极差	按碎石土考虑

第二节　地下水的类型与特征

真题解析

一、2023 年考题

下列关于潜水特征说法正确的有（　　）。

A. 多数存在于第四纪散松岩层中

B. 常为无压水，大部分由渗入形成

C. 充满于两个隔水层之间，无自由水面

D. 基层风化壳裂隙中季节性存在的水

E. 补给区与分布区一致

【答案】ABE

【解析】潜水是埋藏在地表以下第一层较稳定的隔水层以上具有自由水面的重力水，潜水主要分布在地表各种岩土里，多数存在于第四纪松散岩层中。潜水有两个特征，一是潜水面以上无稳定的隔水层存在，大气降水和地表水可直接渗入，成为潜水的主要补给来源。因此，在大多数的情况下潜水的分布区与补给区是一致的。二是潜水自水位较高处向水位较低处渗流。在山脊地带潜水位的最高处可形成潜水分水岭，自此处潜水流向不同的方向。选项 C 是承压水的特征，选项 D 是包气带水的特征。

【考点】地下水的特征——潜水特征。

二、2022 年考题

1. 受气象水文要素影响，季节性变化比较明显的地下水是（ ）。

A. 潜水 B. 自流盆地的水 C. 岩溶承压水 D. 自流斜地的水

【答案】A

【解析】潜水是埋藏在地表以下第一层较稳定的隔水层以上具有自由水面的重力水，其自由表面承受大气压力，受气候条件影响，季节性变化明显。

【考点】地下水的类型——潜水。

2. 下列关于承压水特性的说法，正确的是（ ）。

A. 承压水压力来自隔水层的限制

B. 承压水压力来自隔水顶板的重力

C. 承压水压力来自顶板和底板间的压力

D. 若有裂隙穿越上下含水层，下部含水层的水可补给上层

E. 若有裂隙穿越上下含水层，上部含水层的水可补给下层

【答案】AC

【解析】承压水因限制在两个隔水层之间而具有一定压力，承压性是承压水的重要特征。当地形和构造一致时，下部含水层压力高，若有裂隙穿越上下含水层，下部含水层的水通过裂隙补给上部含水层。反之，上部含水层通过一定的通道补给下部含水层，这是因为下部含水层的补给与排泄区常位于较低的位置。

【考点】地下水的特征——承压水特性。

三、2021 年考题

1. 下列地下水中，补给区和分布区不一致的为（ ）。

A. 包气带水 B. 潜水 C. 承压水 D. 裂隙水

【答案】C

【解析】包气带水和潜水都属于无压水，补给区与分布区一致。承压水补给区与分布区不一致。

【考点】地下水的类型——承压水。

2. 下列地下水中，属于无压水的为（ ）。

A. 包气带水 B. 潜水

C. 承压水 D. 裂隙水

E. 岩溶水

【答案】AB

【解析】包气带水和潜水都属于无压水。

【考点】地下水的类型——无压水。

四、2020 年考题

基岩上部裂隙中的潜水常为（ ）。

A. 包气带水 B. 承压水 C. 无压水 D. 岩溶水

【答案】C

【解析】包气带水和潜水属于无压水。

【考点】地下水的类型——潜水。

五、2019 年考题

地下水在自然盆地易形成（　　）。

A. 包气带水　　B. 承压水　　C. 潜水　　D. 裂隙水

【答案】B

【解析】一般来说，适宜形成承压水的地质构造有两种：一为向斜构造盆地，也称为自流盆地；二为单斜构造自流斜地。

【考点】地下水的类型——承压水。

考点统计

通过对 2019—2023 年的考题统计，一共考查了 7 次，涉及的考点主要是地下水的类型及特征。具体考点的考核频次如表 1.2.1 所示。

表 1.2.1　第一章第二节考点考核频次表

知识点	具体考点	考核频次
地下水的类型	潜水	3
	承压水	3
	无压水	1

知识点凝练

地下水的分类

根据埋藏条件，将地下水分为包气带水、潜水、承压水三大类。根据含水层的空隙性质，地下水又分为孔隙水、裂隙水和岩溶水三个亚类。

地下水特征见表 1.2.2。

表 1.2.2　地下水特征

分类	特　征	
按埋藏分	包气带水	位于地表下潜水位上，受大气降水影响，无压水，补给区与分布区一致
	潜水	位于地表下第一层隔水层以上的自由水，受气候、地质、地形影响，无压水，补给区与分布区一致
	承压水	位于两个稳定隔水层之间的压力水，不受气候影响，补给区与分布区不一致。适宜形成承压水的地质构造有两种：一为向斜构造盆地，也称自流盆地；二为单斜构造自流斜地

续表 1.2.2

分类	特　征		
按孔隙分	孔隙水	—	
	裂隙水	风化裂隙水	分布在风化裂隙中，多数为层状裂隙水，多属潜水
		成岩裂隙水	分布在成岩裂隙中，可以是潜水也可以是承压水
		构造裂隙水	当构造应力分布比较均匀且强度足够时，这种裂隙常赋存层状构造裂隙水。当构造应力分布不均匀时，则赋存脉状构造裂隙水
	岩溶水	存在于可溶岩的溶隙和溶洞中	

第三节　常见工程地质问题及其处理方法

真题解析

一、2023 年考题

1. 由于动水压力造成的潜蚀，适宜采用的处理方式有（　　）。

A. 打板桩　　B. 设置反滤层　　C. 人工降水　　D. 化学加固

【答案】B

【解析】对潜蚀的处理可以采用堵截地表水流入土层，阻止地下水在土层中流动，设置反滤层，改良土的性质，减小地下水流速及水力坡度等措施。

【考点】地下水——潜蚀。

2. 关于用抗滑桩进行边坡处理的有关规定和要求，正确的是（　　）。

A. 适用于中厚层或厚层滑坡体

B. 桩径通常为 1 ~ 6m

C. 平行于滑动方向布置一排或两排

D. 滑动面以下桩长占全桩长的 1/4 ~ 1/3

【答案】D

【解析】锚固桩（或称抗滑桩）适用于浅层或中厚层的滑坡体。它是在滑坡体的中、下部开挖竖井或大口径钻孔，然后浇灌钢筋混凝土而成。一般垂直于滑动方向布置一排或两排，桩径通常为 1 ~ 3m，深度一般要求滑动面以下桩长占全桩长的 1/4 ~ 1/3。

【考点】边坡稳定——不稳定边坡防治措施。

3. 在岩溶地区进行地基处理施工时，对深埋溶（土）洞宜采用的处理方法有（　　）。

A. 桩基法　　B. 注浆法

C. 跨越法　　D. 夯实法

E. 充填法

【答案】ABE

【解析】对塌陷或浅埋溶（土）洞宜采用挖填夯实法、跨越法、充填法、垫层法进行处理。对深埋溶（土）洞宜采用注浆法、桩基法、充填法进行处理。对落水洞及浅埋的溶沟（槽）、溶蚀（裂隙、漏斗）等，宜采用跨越法、充填法进行处理。

【考点】特殊地基——岩溶与土洞。

二、2022 年考题

1. 对于深层的淤泥及淤泥质土，技术可行、经济合理的处理方式是（　　）。

A. 挖除　　B. 水泥灌浆加固

C. 振冲置换　　D. 预制桩或灌注桩

【答案】C

【解析】对不满足承载力要求的软弱土层，如淤泥及淤泥质土，浅层的挖除，深层的可以采用振冲等方法用砂、沙砾、碎石或块石等置换。

【考点】特殊地基——淤泥及淤泥质土。

2. 为了防止坚硬的整体围岩开挖后表面风化，喷混凝土护壁的厚度一般为（　　）cm。

A. 1 ~ 3　　B. 3 ~ 5　　C. 5 ~ 7　　D. 7 ~ 9

【答案】B

【解析】对于坚硬的整体围岩，岩块强度高、整体性好，在地下工程开挖后自身稳定性好，基本上不存在支护问题。这种情况下喷混凝土的作用主要是防止围岩表面风化，消除开挖后表面的凹凸不平及防止个别岩块掉落，其喷层厚度一般为 3 ~ 5cm。

【考点】围岩稳定——提高围岩稳定性的措施。

3. 大型滑坡体上做截水沟的作用是（　　）。

A. 截断流向滑坡体的水

B. 排除滑坡体内的水

C. 使滑坡体内的水流向下部透水岩层

D. 防止上部积水

【答案】A

【解析】为了防止大气降水向岩体中渗透，一般是在滑坡体外围布置截水沟，以截断流至滑坡体上的水流。

【考点】边坡稳定——不稳定边坡防治措施。

三、2021 年考题

1. 对埋深 1m 左右的松散沙砾石地层地基进行处理，应优先考虑的方法为（　　）。

A. 挖除　　B. 预制桩加固

C. 沉井加固　　D. 地下连续墙加固

【答案】A

【解析】松散、软弱土层强度、刚度低，承载力低，抗渗性差。对不满足承载力要求的松散土层，如砂和沙砾石地层等，可挖除，也可采用固结灌浆、预制桩或灌注桩、地下连续墙或沉井等加固。

【考点】特殊地基——松散、软弱土层。

2. 对埋藏较深的断层破碎带，提高其抗渗能力和承载性的处理方法优先考虑（ ）。

A. 打土钉 B. 打抗滑桩 C. 打锚杆 D. 灌浆

【答案】D

【解析】风化一般在地基表层，可以挖除。破碎岩层有的较浅，也可以挖除。有的埋藏较深，如断层破碎带，可以用水泥浆灌浆加固或防渗。

【考点】特殊地基——断层、泥化软弱夹层。

3. 处置流沙优先考虑的施工方法为（ ）。

A. 灌浆 B. 降低地下水位

C. 打桩 D. 化学加固

【答案】B

【解析】常用的处置方法有人工降低地下水位和打板桩等，特殊情况下也可采取化学加固法、爆炸法及加重法等。在基槽开挖的过程中局部地段突然出现严重流沙时，可立即抛入大块石等阻止流沙。

【考点】地下水——流沙。

四、2020 年考题

1. 对建筑地基中深埋的水平状泥化夹层通常（ ）。

A. 不必处理 B. 采用抗滑桩处理

C. 采用锚杆处理 D. 采用预应力锚索处理

【答案】A

【解析】泥化夹层影响承载能力，浅埋的尽可能清除回填，深埋的一般不影响承载能力。

【考点】特殊地基——断层、泥化软弱夹层。

2. 建筑物基础位于黏性土地基上的，其地下水的浮托力（ ）。

A. 按地下水位的 100% 计算 B. 按地下水位的 50% 计算

C. 结合地区的实际经验考虑 D. 无须考虑和计算

【答案】C

【解析】如果基础位于黏性土地基上，其浮托力较难明确，应结合地区的实际经验考虑。

【考点】地下水——地下水的浮托作用。

3. 爆破后对地下工程围岩面及时喷混凝土，对围岩稳定的首要和内在本质作用是（ ）。

A. 阻止碎块松动脱落引起应力恶化

B. 充填裂隙增加岩体的整体性

C. 与围岩紧密结合提高围岩抗剪强度

D. 与围岩紧密结合提高围岩抗拉强度

【答案】A

【解析】喷锚支护是在地下工程开挖后，及时地向围岩表面喷一薄层混凝土（一般厚度为 5~20cm），有时再增加一些锚杆。如果喷混凝土再配合锚杆加固围岩，则会更有效地提高围岩自身的承载力和稳定性。

喷混凝土有以下几方面的作用：

（1）能紧跟工作面，速度快，缩短了开挖与支护的间隔时间，及时填补围岩表面的裂缝和缺损，阻止裂隙切割的碎块脱落松动，使围岩的应力状态得到改善。

（2）浆液能充填张开的裂隙，起着加固岩体的作用，提高了岩体整体性。

（3）起到承载拱的作用。

【考点】围岩稳定——提高围岩稳定性的措施。

4. 地下水对地基土体的影响有（　　）。

A. 风化作用　　B. 软化作用

C. 引起沉降　　D. 引起流沙

E. 引起腐蚀

【答案】BCDE

【解析】地下水对地基土体的影响有地下水对土体和岩体的软化、地下水位下降引起软土地基沉降、动水压力产生流沙和潜蚀、地下水的浮托作用、承压水对基坑的作用、地下水对钢筋混凝土的腐蚀。

【考点】地下水——地下水对地基土体的影响。

五、2019 年考题

1. 对影响建筑物地基的深埋岩体断层破碎带，采用较多的加固处理方式是（　　）。

A. 开挖清除　　B. 桩基加固　　C. 锚杆加固　　D. 水泥灌浆

【答案】D

【解析】破碎岩层有的较浅，可以挖除；有的埋藏较深，如断层破碎带，可以用水泥浆灌浆加固或防渗。

【考点】特殊地基——风化、破碎岩层。

2. 开挖基槽局部突然出现严重流沙时，可立即采取的处理方式是（　　）。

A. 抛入大块石　　B. 迅速降低地下水位

C. 打板桩　　D. 化学加固

【答案】A

【解析】流沙易产生在细沙、粉沙，粉质黏土等土中，致使地表塌陷或建筑物的地基破坏，能给施工带来很大困难，或直接影响工程建设及附近建筑物的稳定。因此，必须进行处置。常用的处置方法有人工降低地下水位和打板桩等，特殊情况下也有采取化学加固法、爆炸法及加重法等。在基槽开挖的过程中局部地段突然出现严重流沙时，可立即抛入大块石等阻止流沙。

【考点】地下水——流沙。

3. 隧道选线尤其应该注意避开褶皱构造的（　　）。

A. 向斜核部　　B. 背斜核部　　C. 向斜翼部　　D. 背斜翼部

【答案】A

【解析】在背斜核部，岩层呈上拱形，虽然岩层破碎，但犹如石砌的拱形结构，能将上覆岩层的荷重传递至两侧岩体中，所以有利于洞顶的稳定。向斜核部岩层呈倒拱形，顶部被张裂隙切割的岩块上窄下宽，容易塌落。

【考点】围岩稳定——地下工程位置选择的影响因素。

4. 工程地基防止地下水机械潜蚀常用的方法有（　　）。

A. 取消反滤层　　B. 设置反滤层

C. 提高渗流水力坡度　　D. 降低渗流水力坡度

E. 改良土的性质

【答案】BDE

【解析】对潜蚀的处理可以采用堵截地表水流入土层、阻止地下水在土层中流动、设置反滤层、改良土的性质、减小地下水流速及水力坡度等措施。

【考点】地下水——潜蚀。

考点统计

通过对上述5年的考题统计，涉及的考点主要有特殊地基中的断层、泥化软弱夹层，风化、破碎岩层、松散、软弱地层等；地下水中的地下水的浮托作用、流沙、潜蚀；边坡稳定中的影响边坡稳定的因素；围岩稳定中的提高围岩稳定性的措施、各类围岩的具体处理方法等。近5年涉及本节的真题共有17题，具体考点的考核频次如表1.1.3所示。

表1.3.1　第一章第三节考点考核频次表

序号	知识点	具体考点	考核频次
1	特殊地基	断层、泥化软弱夹层	2
		风化、破碎岩层	1
		松散、软弱地层	1
		淤泥及淤泥质土	1
		岩溶与土洞	1
2	地下水	地下水的浮托作用	1
		地下水对地基土体的影响	1
		流沙	2
		潜蚀	2
3	边坡稳定	不稳定边坡防治措施	2
4	围岩稳定	提高围岩稳定性的措施	2
		地下工程位置选择的影响因素	1

知识点凝练

一、特殊地基的处理措施

特殊地基的处理措施见表 1.3.2。

表 1.3.2　特殊地基的处理措施

特殊地基类型		处理措施	
松散、软弱土层（强度刚度低，承载力低，抗渗性差）	松散土层（砂和砂砾石地层）	不满足承载力	较浅：挖除
			较深：固结灌浆（水泥浆）；预制桩或灌注桩；地下连续墙或沉井等加固
		不满足抗渗要求	灌水泥浆；灌水泥黏土浆；地下连续墙防渗
		影响边坡稳定	喷混凝土；打土钉支护
	软弱土层（淤泥及淤泥质土）	不满足承载力	较浅：挖除
			较深：振冲等方法用砂、砂砾、碎石或块等置换
风化破碎岩层（岩体松散，强度低，整体性差，抗渗性差）	风化	一般在地基表层，可以挖除	
	破碎岩层	较浅的可以挖除；埋藏较深的如断层破碎带，采用水泥浆灌浆加固或防渗	
	风化破碎影响边坡稳定的	喷混凝土或挂网喷混凝土护面	
		必要时配合灌浆和锚杆加固	
		采用砌体、混凝土和钢筋混凝土等格构方式的结构护坡	
	裂隙发育影响地基承载能力和抗渗	水泥浆灌浆加固或防渗	
断层、泥化软夹层	断层充填胶结差影响承载力或抗渗要求	浅埋的尽可能清除回填，深埋的灌水泥浆处理	
	泥化夹层影响承载力	浅埋的挖除回填；深埋的一般不影响	
	基础或边坡滑动控制面，不便挖除回填的	可用锚杆、抗滑桩、预应力锚索等进行抗滑处理	
岩溶与土洞	塌陷或浅埋溶（土）洞	挖填夯实法、跨越法、充填法、垫层法	
	深埋溶（土）洞	注浆法、桩基法、充填法	
	落水洞及浅埋溶沟（槽）、溶蚀（裂隙、漏斗）	跨越法、充填法	

二、地下水对工程建设的影响

地下水对工程建设的影响见表 1.3.3。

表 1.3.3 地下水对工程建设的影响

地下水对工程的影响	具体内容	
地下水对土体和岩石的软化	地下水使结构面的黏结力降低和摩擦角减小，使结构面抗剪强度降低，造成岩体的承载力和稳定性下降	
地下水位下降引起软土地基沉降	一般在沿海软土层基坑人工降水时发生	
动水压力产生流沙和潜蚀	流沙	动水压力大于临界水力坡度。常用处置方法：人工降低地下水位、打板桩。特殊情况下：化学加固法、爆炸法及加重法
	潜蚀	动水压力小于临界水力坡度。处置方法：堵截地表水流入土层、阻止地下水在土层中流动、设置反滤层、改良土的性质、减小地下水流速及水力坡度等措施
地下水的浮托作用	粉土、砂土、碎石土和节理发育的岩石地基：100% 计算浮托力； 不发育岩石地基：50% 计算浮托力； 黏性土：按实际经验考虑	
承压水对基坑的作用	深基坑下有承压含水层时，应进行坑底突涌验算，必要时采取水平封底隔渗或钻孔减压	
对钢筋混凝土的腐蚀作用	对钢筋的锈蚀和对混凝土的腐蚀	

三、边坡稳定

边坡不稳定的影响因素及防治措施见表 1.3.4。

表 1.3.4 边坡不稳定的影响因素及防治措施

影响因素	地貌条件	坡度越陡，坡高越大，对稳定越不利。崩塌通常发生在坡度大于 60° 的斜坡上
	地层岩性	深层侵入岩、坚厚沉积岩、片麻岩和石英岩构成的边坡，稳定程度高
		喷土岩（玄武岩、凝灰岩、安山岩、火山角砾岩）边坡，当柱状节理发育时，易崩塌
		含有黏土页岩、泥岩、煤层、泥灰岩、石膏等夹层的沉积岩边坡，易发生顺层滑动和蠕滑崩塌
		千枚岩、板岩、片岩，在陡立地段斜坡表部易蠕变，当受切割风化后，常出现顺层滑坡
		黄土当有垂直节理，浸水后易崩解湿陷
		基岩上的堆积、坡积和残积层，当地下水受阻且有黏土成分时，上部堆积物形成滑坡

续表 1.3.4

<table>
<tr><td rowspan="6">影响因素</td><td>地质构造</td><td>褶皱、断裂、区域新构造运动会造成岩体中的纵横切割面，易形成崩塌滑动</td></tr>
<tr><td rowspan="5">地下水</td><td>使岩石软化、溶蚀导致上覆岩体塌陷，进而发生崩塌或滑坡</td></tr>
<tr><td>地下水压力（静水压力、动水压力）促使岩体下滑</td></tr>
<tr><td>地下水增加了岩体重量，增大了下滑力</td></tr>
<tr><td>寒冷地区裂隙水冻结膨胀促使岩体破坏倾倒</td></tr>
<tr><td>地下水产生浮力，减轻了岩体有效重量，稳定性下降</td></tr>
<tr><td rowspan="4">防治措施</td><td>防渗、排水</td><td>滑坡体外围布置截水沟，坡面整平无积水坑，渗入滑坡体内的水采用地下排水廊道或钻孔排水</td></tr>
<tr><td>削坡</td><td>挖除陡倾边坡的上部，削下的土石方填在坡脚</td></tr>
<tr><td>支挡建筑</td><td>在不稳定岩体下部修建挡墙或支撑墩，其基础要砌置在滑动面以下，且墙后做排水措施</td></tr>
<tr><td>锚固措施</td><td>对岩体边坡和不稳定岩块可用预应力锚索或锚焊，对浅或中厚层滑坡体可用抗滑桩。抗滑桩应垂直于滑动方向布置 1 ~ 2 排，桩埋深为桩长的 1/4 ~ 1/3</td></tr>
</table>

四、围岩稳定

围岩稳定见表 1.3.5。

表 1.3.5 围岩稳定

<table>
<tr><td rowspan="7">地下工程位置选择的因素</td><td>地形条件</td><td colspan="2">隧道进出口地段的边坡应下陡上缓，无滑坡、崩塌等现象</td></tr>
<tr><td>岩性条件</td><td colspan="2">岩浆岩、厚层坚硬的沉积岩及变质岩，围岩稳定性好，适于修建大型地下工程</td></tr>
<tr><td rowspan="3">地质构造条件</td><td>褶皱的影响</td><td>避开褶皱的核部；理论而言背斜核部较向斜优越</td></tr>
<tr><td>断裂的影响</td><td>尽量避开大断层</td></tr>
<tr><td>岩层产状的影响</td><td>地下工程轴线与岩层走向垂直时，围岩稳定性较好；
顺倾向差，逆倾向好</td></tr>
<tr><td>地下水</td><td colspan="2">最好选在地下水位以上</td></tr>
<tr><td>地应力</td><td colspan="2">初始应力状态是决定围岩应力重分布的主要因素</td></tr>
<tr><td>围岩稳定性分析</td><td colspan="3">（1）脆性破裂：产生于高地应力地区；
（2）块体滑移：块状围岩常见破坏形式；
（3）岩层的弯曲折断：层状围岩变形失稳的主要形式；
（4）碎裂结构在张力和振动力作用下容易松动、解脱；
（5）一般强烈风化、强烈构造破碎或新近堆积的土体，常产生冒落及塑性变形</td></tr>
<tr><td rowspan="4">基本措施</td><td>支护</td><td colspan="2">施工过程中用以稳定围岩的临时性支撑措施</td></tr>
<tr><td>衬砌</td><td colspan="2">加固围岩的永久性结构，是承受围岩压力及水压力的永久性支撑措施</td></tr>
<tr><td>锚杆</td><td colspan="2">将不稳定岩体与稳定的基岩连接成整体</td></tr>
<tr><td>喷混凝土</td><td colspan="2">作用：可迅速阻止开挖面进一步风化；填充裂隙加固岩体；起承载拱作用</td></tr>
</table>

续表 1.3.5

对各种围岩的处理	坚硬整体围岩	一般不需支护，只喷混凝土，防止风化和消除开挖面的凹凸不平
	块状围岩	喷混凝土支护，对松动岩块用锚杆加固
	层状围岩	锚杆支护
	软弱围岩	开挖后，立即喷混凝土，或另加锚杆和钢筋网

第四节 工程地质对工程建设的影响

真题解析

一、2023 年考题

工程选址时，最容易发生建筑边坡坍塌的地质情况是（ ）。

A. 裂隙的主要发育方向与边坡走向平行，裂隙密度小

B. 裂隙的主要发育方向与边坡走向平行，裂隙间距小

C. 裂隙的主要发育方向与边坡走向垂直，裂隙密度大

D. 裂隙的主要发育方向与边坡走向垂直，裂隙间距大

【答案】B

【解析】裂隙（裂缝）的主要发育方向与建筑边坡走向平行的，边坡易发生坍塌。裂隙（裂缝）的间距越小，密度越大，对岩体质量的影响越大。

【考点】工程地质对工程选址的影响——裂隙（裂缝）对工程选址的影响

二、2022 年考题

以下对造价起决定性作用的是（ ）。

A. 准确的勘察资料　　B. 过程中对不良地质的处理

C. 选择有利的路线　　D. 工程设计资料的正确性

【答案】C

【解析】选择工程地质条件有利的路线，对工程造价起着决定性作用。

【考点】工程地质对工程造价的影响。

三、2021 年考题

在地下工程选址时，考虑较多的地质问题为（ ）。

A. 区域稳定性　　B. 边坡稳定性　　C. 泥石流　　D. 斜坡滑动

【答案】A

【解析】对于地下工程的选址，工程地质的影响要考虑区域稳定性的问题。

【考点】工程地质对工程选址的影响。

四、2020 年考题

隧道选线应优先考虑避开（　　）。

A. 裂隙带　　B. 断层带　　C. 横穿断层　　D. 横穿张性裂隙

【答案】B

【解析】在断层发育地带修建隧道，由于岩层的整体性遭到破坏，加之地面水或地下水的侵入，其强度和稳定性都是很差的，容易产生洞顶塌落，影响施工安全。因此，当隧道轴线与断层走向平行时，应尽量避免与断层破碎带接触。

【考点】工程地质对工程选址的影响——断层对工程选址的影响。

五、2019 年考题

工程地质情况影响建筑结构的基础选型，在多层住宅基础选型中，出现较多的情况是（　　）。

A. 按上部荷载本可选片筏基础的，因地质缺陷而选用条形基础

B. 按上部荷载本可选条形基础的，因地质缺陷而选用片筏基础

C. 按上部荷载本可选箱形基础的，因地质缺陷而选用片筏基础

D. 按上部荷载本可选桩基础的，因地质缺陷而选用条形基础

【答案】B

【解析】由于地基土层松散软弱或岩层破碎等工程地质原因，不能采用条形基础，而要采用片筏基础甚至箱形基础。对较深松散地层有的要采用桩基础加固，还要根据地质缺陷的不同程度，加大基础的结构尺寸。

【考点】工程地质对建筑结构的影响——对基础选型和结构尺寸的影响。

考点统计

通过对上述 5 年的考题统计，涉及的考点主要有：工程地质对工程选址的影响包括裂隙（裂缝）对工程选址的影响、断层对工程选址的影响等；工程地质对建筑结构的影响中对基础选型和结构尺寸的影响等。近 5 年涉及本节的真题共有 5 题，具体考点的考核频次如表 1.4.1 所示。

表 1.4.1　第一章第四节考点考核频次表

序号	知识点	具体考点	考核频次
1	工程地质对工程选址的影响	影响因素	1
		断层对工程选址的影响	1
		裂隙（裂缝）对工程选址的影响	1
2	工程地质对建筑结构的影响	对基础选型和结构尺寸的影响	1
3	工程地质对工程造价的影响	综合考点	1

知识点凝练

一、地下工程位置选择的影响因素

地下工程位置选择的影响因素见表 1.4.2。

表 1.4.2 地下工程位置选择的影响因素

地形条件	（1）地下工程周围应有足够的山体厚度。 （2）洞口地段的边坡应下陡上缓、无滑坡、崩塌。 （3）洞口岩石应直接出露或坡积层薄，岩层要倾向山里。 （4）洞口不应选在低洼处、冲沟、傍河山嘴及谷口处
岩性条件	（1）在岩浆岩、厚层坚硬的沉积岩、变质岩中可修建大型地下工程。 （2）在凝灰岩、黏土岩、页岩、胶结不好的砂砾岩、千枚岩、片岩中不宜建大型地下工程。 （3）松散及破碎的岩石中不宜建地下工程
地质构造条件	（1）布置地下工程应避开褶皱核部，可布置在翼部。 （2）地下工程轴线不可平行断层带，可垂直岩层走向。但尽量避开大断层。 （3）岩层产状的影响： 1）工程轴线与岩层走向垂直时，围岩稳定性好； 2）岩层倾角大（陡）时稳定性好，岩层倾角小（平缓）且节理发育时洞顶易岩块塌落； 3）在水平岩层中布置地下工程，应尽量布置在均质厚层的坚硬岩层中
地下水条件	应布置在干燥岩体内或地下水量不大和无高压含水层的岩体内

二、工程地质对工程建设的影响

工程地质对工程建设的影响见表 1.4.3。

表 1.4.3 工程地质对工程建设的影响

对选址的影响	一般中小型工程	主要考虑在工程建设一定影响范围内的各类地质缺陷
	大型建设工程	除工程所在地外还要考虑区域地质构造的影响
	特殊重要工程	要高度重视地区的地震烈度
	地下工程	特别要考虑区域稳定性问题
	道路选线	（1）避开断层裂谷边坡； （2）避开岩层倾向与边坡面倾向一致的顺向坡； （3）避开线路与主要裂隙发育方向平行； （4）避开大型滑坡体

续表 1.4.3

对建筑结构的影响	影响的原因	（1）地质的缺陷； （2）地下水造成的地基稳定性、承载力、沉降、抗渗性等
	影响的结果	涉及结构选型、建筑材料选用、结构尺寸、钢筋配置等
对造价的影响	工程地质勘查对工程造价影响的三个方面： （1）线路选择的优劣； （2）地质勘察资料的准确程度； （3）对特殊不良地质问题的认识程度	

本章考分统计

本章考分统计表

节	2023 年	2022 年	2021 年	2020 年	2019 年
第一节	3	3	3	3	3
第二节	2	3	3	1	1
第三节	4	3	3	5	5
第四节	1	1	1	1	1

本章考点点评

第一节：岩体和岩石的概念是不同的，岩石是矿物的集合体，而岩体可能由一种或多种岩石组成，要正确区分二者之间的关系。

第二节：集中在地下水的分类与特征的考核，相比第一章其他三节，考点单一，但每年必考，需要重点掌握。

第三节：这是本章的重点考查部分，要掌握几种常见的工程地质问题及其处理办法，特殊地基、地下水、围岩、边坡，每年都会重点考查。

第四节：每年最少考核一道题，多是单项选择题，集中在工程地质对工程选址的影响、工程地质对建筑结构的影响，对于工程造价的影响只作为了解，基本不考查。

第二章 工程构造

第一节 工业与民用建筑工程的分类、组成及构造

真题解析

一、2023 年考题

1. 下列关于全预制装配式混凝土结构的特点说法，正确的是（　　）。

A. 通常采用刚性连接技术　　B. 少部分构件在工厂生产

C. 连接部位抗弯能力强　　D. 震后恢复性能好

【答案】D

【解析】全预制装配式混凝土结构，是指所有结构构件均在工厂内生产，运至现场进行装配。全预制装配式混凝土结构通常采用柔性连接技术，所谓柔性连接是指连接部位抗弯能力比预制构件低，因此，地震作用下弹塑性变形通常发生在连接处，而梁柱构件本身不会被破坏，或者是变形在弹性范围内。全预制装配式混凝土结构的恢复性能好，震后只须对连接部位进行修复即可继续使用，具有较好的经济效益。

【考点】民用建筑分类及组成——装配式混凝土结构建筑。

2. 锥形或阶梯形墩基垂直面最小宽度应为（　　）mm。

A. 100　　B. 120　　C. 150　　D. 200

【答案】D

【解析】对于锥形或阶梯形基础断面，应保证两侧有不小于 200mm 的垂直面。

【考点】基础分类及构造——钢筋混凝凝土基础。

3. 荷载较大、地基的软弱土层厚度为 6.5m 的民用建筑，当人工处理软弱土层难度大且工期较紧时，宜采用的基础形式为（　　）。

A. 独立基础　　B. 井格基础　　C. 箱形基础　　D. 桩基础

【答案】D

【解析】当建筑物荷载较大，地基的软弱土层厚度在 5m 以上，基础不能埋在软弱土层内，或对软弱土层进行人工处理困难和不经济时，常采用桩基础。

【考点】基础分类及构造——桩基础。

4. 跨度为 9m，净空高要求较大，平面为正方形的会议厅，宜优先采用的现浇钢筋混凝土楼板类型为（　　）。

A. 板式楼板　　B. 无梁楼板
C. 井字形肋楼板　　D. 梁板式肋形楼板

【答案】C

【解析】井字形密肋楼板没有主梁，都是次梁（肋）。当房间的平面形状近似正方形，跨度在 10m 以内时，常采用这种楼板。具有天棚整齐美观，有利于提高房屋的净空高度等优点，常用于门厅、会议厅等处。

【考点】楼板类型及构造——井字形肋楼板。

5. 与现浇钢筋混凝土板式楼梯相比，梁式楼梯的主要特点是（　　）。

A. 便于支撑施工　　B. 梯段底面平整，外形简洁
C. 当梯段跨度较大时，不经济　　D. 当荷载较大时，较为经济

【答案】D

【解析】当荷载或梯段跨度较大时，采用梁式楼梯比较经济。板式楼梯的梯段底面平整，外形简洁，便于支撑施工，当梯段跨度不大时采用。当梯段跨度较大时，梯段板厚度增加，自重较大，不经济。

【考点】楼梯分类及构造——现浇钢筋混凝土楼梯。

6. 下列关于工业建筑分类的说法，正确的有（　　）。

A. 热处理车间属于生产辅助厂房
B. 锅炉房、水泵房属于动力用厂房
C. 排架结构是目前单层厂房中最基本的结构形式
D. 一般重型单层厂房多采用刚架结构
E. 空间结构体系充分发挥了建筑材料的强度潜力

【答案】CDE

【解析】热处理车间属于生产厂房。水泵房不属于动力用厂房，属于其他建筑。排架结构型是目前单层厂房中最基本、应用最普遍的结构形式。一般重型单层厂房多采用刚架结构。空间结构型是一种屋面体系为空间结构的结构体系，这种结构体系充分发挥了建筑材料的强度潜力，使结构由单向受力的平面结构，成为能多向受力的空间结构体系，提高了结构的稳定性。

【考点】工业建筑分类及组成——综合考点。

7. 下列关于各种民用建筑结构体系特点的说法，正确的有（　　）。

A. 框架结构体系层数较多时，会产生较大侧移，易引起结构性构件破坏
B. 框架 - 剪力墙结构侧向刚度较大，平面布置灵活
C. 框架 - 剪力墙结构中，剪力墙主要承受水平荷载，其变形为弯曲型变形
D. 筒体结构抵抗水平荷载最为有效，不适用于高层建筑
E. 桁架结构的优点是可利用截面较小的杆件组成截面较大的构件

【答案】BCE

【解析】框架结构体系缺点是侧向刚度较小，当层数较多时，会产生较大的侧移，易引起非结构性构件（如隔墙、装饰等）破坏，而影响使用。在高层建筑中，特别是超高层建筑中，水平荷载越来越大，起着控制作用。筒体结构是抵抗水平荷载最有效的结构体系。

【考点】民用建筑分类及组成——综合考点。

8. 影响建筑物基础埋深的因素有（　　）。

A. 地下水位的高低　　B. 建筑面积的大小

C. 地基土质的好坏　　D. 散水宽度与坡度

E. 新旧建筑物的相邻交接

【答案】ACE

【解析】从室外设计地面至基础底面的垂直距离称为基础的埋深。建筑物上部荷载的大小、地基土质的好坏、地下水位的高低、土壤冰冻的深度，以及新旧建筑物的相邻交接等，都影响基础的埋深。

【考点】基础分类及构造——基础埋深。

二、2022 年考题

1. 下列装配式建筑中，适用于软弱地基，经济环保的是（　　）。

A. 全预制装配式钢结构建筑　　B. 预制装配整体式结构建筑

C. 装配式钢结构建筑　　D. 装配式木结构建筑

【答案】C

【解析】装配式钢结构建筑适用于构件的工厂化生产，可以将设计、生产、施工、安装一体化。具有自重轻、基础造价低、安装容易、施工快、施工污染环境少、抗震性能好、可回收利用、经济环保等特点，适用于软弱地基。

【考点】民用建筑分类及组成——装配式建筑。

2. 下列结构体系中，适用于超高层民用居住建筑的是（　　）。

A. 混合结构体系　　B. 框架结构体系

C. 剪力墙体系　　D. 筒体结构体系

【答案】D

【解析】在高层建筑中，特别是超高层建筑中，水平荷载越来越大，起着控制作用。筒体结构是抵抗水平荷载最有效的结构体系。

【考点】民用建筑分类及组成——筒体结构体系。

3. 悬索结构的跨中垂度一般为跨度的（　　）。

A. 1/12　　B. 1/15

C. 1/20　　D. 1/30

【答案】D

【解析】索的拉力取决于跨中的垂度，垂度越小，拉力越大。索的垂度一般为跨度的 1/30。索的合理轴线形状随荷载的作用方式而变化。

【考点】民用建筑分类及组成——悬索结构体系。

4. 在外墙聚苯板保温层上覆盖钢丝网的作用是（　　）。

A. 固定保温层　　B. 防止保温层开裂

C. 加强块料保温层的整体性　　D. 防止面层结构开裂、脱落

【答案】D

【解析】薄型抹灰面层是在保温层的外表面上涂抹聚合物水泥砂浆，施工时分为底

涂层和面涂层，直接涂抹于保温层上的为底涂层，厚度一般为4～7mm，在底涂层的内部设置玻璃纤维网格或钢丝网等加强材料，加强材料与底涂层结合为一体，作用是改善抹灰层的机械强度，保证其连续性，分散面层的收缩应力与温度应力，防止面层出现裂纹。

【考点】墙体构造——外墙外保温。

5. 为防止外墙内保温材料变潮，通常采用的做法为（　　）。

A. 在保温层靠室内一侧加防潮层

B. 在保温层与主体结构之间加防潮层

C. 在保温层靠室内一侧加隔汽层

D. 在保温层与主体结构之间加隔汽层

【答案】C

【解析】水蒸气不容易穿过主体结构墙，处理不好往往会在保温层中产生水蒸气的凝结水，影响保温性能。通常的处理方法是在保温层靠室内一侧加设隔汽层，让水蒸气不要进入保温层内部。

【考点】墙体构造——外墙内保温。

6. 保持被动式节能建筑舒适温度的热量来源有（　　）。

A. 燃煤　　B. 供暖

C. 人体　　D. 家电

E. 热回收装置

【答案】CDE

【解析】被动式节能建筑不需要主动加热，基本上是依靠被动收集来的热量使房屋本身保持一个舒适的温度。使用太阳、人体、家电及热回收装置等带来的热能，不需要主动热源供给。

【考点】绿色建筑与节能建筑——节能建筑及分类。

7. 楼梯踏步防滑条常用的材料有（　　）。

A. 金刚砂　　B. 马赛克

C. 橡皮条　　D. 金属材料

E. 玻璃

【答案】ABCD

【解析】防滑条的材料主要有金刚砂、马赛克、橡皮条和金属材料等。

【考点】楼梯分类及构造——楼梯的细部构造。

8. 下列结构体系中，构件主要承受轴向力的有（　　）。

A. 砖混结构　　B. 框架结构

C. 桁架结构　　D. 网架结构

E. 拱式结构

【答案】CDE

【解析】桁架是由杆件组成的结构体系；在进行内力分析时，节点一般假定为铰节点，当荷载作用在节点上时，杆件只有轴向力，其材料的强度可得到充分发挥。网架结构体系，网架是由许多杆件按照一定规律组成的网状结构，是高次超静定的空间结构；

网架结构可分为平板网架和曲面网架，其中平板网架采用较多，其优点是作为空间受力体系，杆件主要承受轴向力，受力合理，节约材料，整体性能好，刚度大，抗震性能好。拱式结构体系，拱是一种有推力的结构，其主要内力是轴向压力。

【考点】民用建筑分类及组成——轴向受力结构体系。

三、2021 年考题

1. 与建筑物相比，构筑物的主要特征为（　　）。

A. 供生产使用　　B. 供非生产使用

C. 满足功能需求　　D. 占地面积小

【答案】C

【解析】建筑一般包括建筑物和构筑物，满足功能要求并提供活动空间和场所的建筑称为建筑物，是供人们生活、学习、工作、居住以及从事生产和文化活动的房屋，如工厂、住宅、学校、影剧院等；仅满足功能要求的建筑称为构筑物，如水塔、纪念碑等。

【考点】建筑物与构筑物区别——构筑物。

2. 关于多层砌体工程工业房屋的圈梁设置位置，正确的为（　　）。

A. 在底层设置一道　　B. 在檐口标高处设置一道

C. 在纵、横墙上隔层设置　　D. 在每层和檐口标高处设置

【答案】D

【解析】宿舍、办公楼等多层砌体民用房屋，且层数为 3～4 层时，应在底层和檐口标高处各设置一道圈梁。当层数超过 4 层时，除应在底层和檐口标高处各设置一道圈梁外，至少应在所有纵、横墙上隔层设置。多层砌体工业房屋，应每层设置现浇混凝土圈梁。

【考点】墙体构造——圈梁。

3. 外墙外保温层采用厚壁面层结构时，正确的做法为（　　）。

A. 在保温层外表面抹水泥砂浆

B. 在保温层外表面涂抹聚合物水泥砂浆

C. 在底涂层和面层抹聚合物水泥砂浆

D. 在底涂层中设置玻化纤维网格

【答案】A

【解析】薄面层一般为聚合物水泥胶浆抹面，厚面层则采用普通水泥砂浆抹面。薄型抹灰面层是在保温层的外表面上涂抹聚合物水泥砂浆，施工时分为底涂层和面涂层，在底涂层的内部设置有玻璃纤维网格或钢丝网等加强材料。

【考点】墙体构造——外墙外保温。

4. 在以下工程结构中，适合采用现浇钢筋混凝土井字形密肋楼板的为（　　）。

A. 厨房　　B. 会议厅　　C. 储藏室　　D. 仓库

【答案】B

【解析】井字形密肋楼板具有天棚整齐美观，有利于提高房屋的净空高度等优点，常用于门厅、会议厅等处。

【考点】楼板类型及构造——现浇钢筋混凝土井字形密肋楼板。

5. 某单层厂房设计柱距 6m，跨度 30m，最大起重量 12t，其钢筋混凝土吊车梁的形式应优先选用（　　）。

A. 非预应力 T 形　　B. 预应力工字形

C. 预应力鱼腹式　　D. 预应力空鱼腹式

【答案】B

【解析】预应力工字形吊车梁适用于厂房柱距为 6m，厂房跨度为 12 ~ 33m，吊车起重量为 5 ~ 25t 的厂房。

【考点】单层厂房承重结构构造——吊车梁。

6. 下列房屋结构中，抗震性能好的有（　　）。

A. 砖木结构　　B. 砖混结构

C. 现代木结构　　D. 钢结构

E. 型钢混凝土组合结构

【答案】CDE

【解析】现代木结构具有绿色环保、节能保温、建造周期短、抗震耐久等诸多优点，是我国装配式建筑发展的方向之一。钢结构的特点是强度高、自重轻、整体刚性好、变形能力强，抗震性能好，适用于建造大跨度和超高、超重型的建筑物。型钢、钢筋、混凝土三者结合使型钢混凝土结构具备了比传统的钢筋混凝土结构承载力大、刚度大、抗震性能好的优点。

【考点】民用建筑分类——建筑物承重结构材料。

7. 按楼梯段传力的特点区分，预制装配式钢筋混凝土中型楼梯的主要类型包括（　　）。

A. 墙承式　　B. 梁板式

C. 梁承式　　D. 板式

E. 悬挑式

【答案】BD

【解析】现浇钢筋混凝土楼梯按楼梯段传力的特点可以分为板式和梁式两种。

【考点】楼梯分类及构造——预制装配式钢筋混凝土楼梯构造。

8. 通常情况下，坡屋顶可以采用的承重结构类型有（　　）。

A. 钢筋混凝土梁板　　B. 屋架

C. 柱　　D. 硬山搁檩

E. 梁架结构

【答案】ABDE

【解析】坡屋顶的承重结构：①砖墙承重，砖墙承重又叫硬山搁檩；②屋架承重；③梁架结构；④钢筋混凝土梁板承重。

【考点】屋顶构造——坡屋顶的承重结构类型。

四、2020 年考题

1. 按建筑物承重结构形式分类，网架结构属于（　　）。

A. 排架结构　　B. 刚架结构　　C. 混合结构　　D. 空间结构

【答案】D

【解析】空间结构常见的有膜结构、网架结构、薄壳结构、悬索结构等。

【考点】工业建筑分类及组成——空间结构。

2. 目前多层住宅楼房多采用（　　）。

A. 砖木结构　　B. 砖混结构

C. 钢筋混凝土结构　　D. 木结构

【答案】B

【解析】砖混结构是指建筑物中竖向承重结构的墙、柱等采用砖或砌块砌筑，横向承重的梁、楼板、屋面板等采用钢筋混凝土结构。适合开间进深较小、房间面积小、多层或低层的建筑。

【考点】民用建筑分类及组成——砖混结构。

3. 将房间楼板直接向外悬挑形成阳台板，该阳台承重支承方式为（　　）。

A. 墙承式　　B. 挑梁式　　C. 挑板式　　D. 板承式

【答案】C

【解析】挑板式一般有两种做法：一种是将阳台板和墙梁现浇在一起，利用梁上部的墙体或楼板来平衡阳台板，以防止阳台倾覆。这种做法阳台底部平整，外形轻巧，阳台宽度不受房间开间限制，但梁受力复杂，阳台悬挑长度受限，一般不宜超过1.2m。另一种是将房间楼板直接向外悬挑形成阳台板。

【考点】阳台与雨篷构造——悬挑式阳台。

4. 单层工业厂房柱间支撑的作用是（　　）。

A. 提高厂房局部竖向承载能力　　B. 方便检修维护吊车梁

C. 提升厂房内部美观效果　　D. 加强厂房纵向刚度和稳定性

【答案】D

【解析】柱间支撑的作用是加强厂房纵向刚度和稳定性，将吊车纵向制动力和山墙抗风柱经屋盖系统传来的风力经柱间支撑传至基础。

【考点】单层厂房承重结构构造——柱间支撑。

5. 相对刚性基础而言，柔性基础的本质在于（　　）。

A. 基础材料的柔性　　B. 不受刚性角的影响

C. 不受混凝土强度的影响　　D. 利用钢筋抗拉承受弯矩

【答案】D

【解析】鉴于刚性基础受其刚性角的限制，要想获得较大的基底宽度，相应的基础埋深也应加大，这显然会增加材料消耗和挖方量，也会影响施工工期。在混凝土基础底部配置受力钢筋，利用钢筋抗拉，这样基础可以承受弯矩，也就不受刚性角的限制，所以钢筋混凝土基础也称为柔性基础。

【考点】基础分类及构造——柔性基础的特点。

6. 在满足一定功能前提下，与钢筋混凝土结构相比，型钢混凝土结构的优点在于（　　）。

A. 造价低　　B. 承载力大

C. 节省钢材　　D. 刚度大

E. 抗震性能好

【答案】BDE

【解析】型钢混凝土组合结构比传统的钢筋混凝土结构具有承载力大、刚度大、抗震性能好的优点。与钢结构相比，具有防火性能好，结构局部和整体稳定性好，节省钢材等优点。

【考点】民用建筑分类及组成——型钢混凝土组合结构。

7. 设置圈梁的主要意义在于（　　）。

A. 提高建筑物空间刚度　　B. 提高建筑物的整体性

C. 传递墙体荷载　　D. 提高建筑物的抗震性

E. 增加墙体的稳定性

【答案】ABDE

【解析】圈梁是在房屋的檐口、窗顶、楼层、吊车梁顶或基础顶面标高处，沿砌体墙水平方向设置封闭状的按构造配筋的混凝土梁式构件。它可以提高建筑物的空间刚度和整体性，增加墙体稳定，减少由于地基不均匀沉降而引起的墙体开裂，并防止较大振动荷载对建筑物的不良影响。在抗震设防地区，设置圈梁是减轻震害的重要构造措施。

【考点】墙体构造——圈梁的作用。

8. 现浇钢筋混凝土楼板主要分为（　　）。

A. 板式楼板　　B. 梁式楼板

C. 梁板式肋形楼板　　D. 井字形肋楼板

E. 无梁楼板

【答案】ACDE

【解析】现浇钢筋混凝土楼板主要分为以下四种：板式楼板、梁板式肋形楼板、井字形肋楼板、无梁楼板。

【考点】楼板类型及构造——现浇钢筋混凝土楼板分类。

五、2019年考题

1. 柱与屋架铰接连接的工业建筑结构是（　　）。

A. 网架结构　　B. 排架结构　　C. 刚架结构　　D. 空间结构

【答案】B

【解析】排架结构型是将厂房承重柱的柱顶与屋架或屋面梁做铰接连接，而柱下端则嵌固于基础中，构成平面排架，各平面排架再经纵向结构构件连接组成一个空间结构，它是目前单层厂房中最基本、应用最普遍的结构形式。

【考点】工业建筑分类及组成——排架结构。

2. 采用箱形基础较多的建筑是（　　）。

A. 单层建筑　　B. 多层建筑　　C. 高层建筑　　D. 超高层建筑

【答案】C

【解析】箱形基础一般由钢筋混凝土建造，减少了基础底面的附加应力，因而适用于地基软弱土层厚、荷载大和建筑面积不太大的一些重要建筑物，目前高层建筑中多采用箱形基础。

【考点】基础分类及构造——箱形基础。

3. 对荷载较大管线较多的商场，比较适合采用的现浇钢筋混凝土楼板是（ ）。

A. 板式楼板 B. 梁板式肋形楼板

C. 井字形肋楼板 D. 无梁楼板

【答案】D

【解析】无梁楼板的底面平整，增加了室内的净空高度，有利于采光和通风，但楼板厚度较大，这种楼板比较适用于荷载较大、管线较多的商店和仓库等。

【考点】楼板类型及构造——无梁楼板。

4. 高层建筑的屋面排水应优先选择（ ）。

A. 内排水 B. 外排水

C. 无组织排水 D. 天沟排水

【答案】A

【解析】高层建筑屋面宜采用内排水；多层建筑屋面宜采用有组织外排水；低层建筑及檐高小于 10m 的屋面，可采用无组织排水。多跨及汇水面积较大的屋面宜采用天沟排水，天沟找坡较长时，宜采用中间内排水和两端外排水。

【考点】屋顶构造——平屋顶的排水方式。

5. 所谓倒置式保温屋顶指的是（ ）。

A. 先做保温层，后做找平层 B. 先做保温层，后做防水层

C. 先做找平层，后做保温层 D. 先做防水层，后做保温层

【答案】D

【解析】倒置式保温屋顶是将传统屋顶构造中保温隔热层与防水层的位置“颠倒”，将保温隔热层设置在防水层之上。倒置式保温屋顶可以减轻太阳辐射和室外高温对屋顶防水层的不利影响，提高防水层的使用年限。

【考点】屋顶构造——倒置式保温屋顶做法。

6. 由主要承受轴向力的杆件组成的结构体系有（ ）。

A. 框架结构体系 B. 桁架结构体系

C. 拱式结构体系 D. 网架结构体系

E. 悬索结构体系

【答案】BD

【解析】桁架结构体系杆件只有轴向力，其材料的强度可得到充分发挥。网架结构体系是空间受力体系，杆件主要承受轴向力，受力合理，节约材料，整体性能好，刚度大，抗震性能好。杆件类型少，适用于工业化生产。

【考点】民用建筑分类及组成——轴向受力结构体系。

7. 提高墙体抗震性能的细部构件有（ ）。

A. 圈梁 B. 过梁

C. 构造柱 D. 沉降缝

E. 防震缝

【答案】ACE

【解析】在抗震设防地区，设置圈梁是减轻震害的重要构造措施。有抗震设防要求

的建筑物中须设钢筋混凝土构造柱。地震区设计的多层房屋，为防止地震使房屋破坏，应用防震缝将房屋分成若干形体简单、结构刚度均匀的独立部分。

【考点】民用建筑分类及组成——墙体细部构造。

8. 单层工业厂房屋盖常见的承重构件有（　　）。

A. 钢筋混凝土屋面板　　B. 钢筋混凝土屋架

C. 钢筋混凝土屋面梁　　D. 钢屋架

E. 钢木屋架

【答案】BCDE

【解析】单层厂房屋盖的承重构件：钢筋混凝土屋架或屋面梁，钢屋架，木屋架、钢木屋架。

【考点】单层厂房承重结构构造——单层厂房屋盖的承重构件。

考点统计

通过对上述 5 年的考题统计，本节涉及的考点主要是建筑物与构造物区别、工业建筑分类及组成、民用建筑分类及组成、基础分类及构造、墙体构造、楼板类型及构造、阳台与雨棚构造、楼梯分类及构造、屋顶构造、单层厂房承重结构构造。近 5 年涉及本节的真题共有 40 题，具体考点的考核频次如表 2.1.1 所示。

表 2.1.1　第二章第一节考点考核频次表

序号	知识点	具体考点	考核频次
1	建筑物与构造物区别	建筑物与构造物区别	1
2	工业建筑分类及组成	综合考点	1
		空间结构	1
		排架结构	1
3	民用建筑分类及组成	综合考点	1
		砖混结构	1
		型钢混凝土组合结构	1
		轴向受力结构体系	2
		墙体细部构造	1
		建筑物承重结构材料	1
		装配式建筑	2
		筒体结构体系	1
		悬索结构体系	1

续表 2.1.1

序号	知识点	具体考点	考核频次
4	绿色建筑与节能建筑	节能建筑及分类	1
5	基础分类及构造	柔性基础的特点	2
		箱形基础	1
		桩基础	1
		基础埋深	1
6	墙体构造	圈梁的作用	2
		外墙外保温	2
		外墙内保温	1
7	楼板类型及构造	现浇钢筋混凝土楼板分类	1
		无梁式楼板	1
		现浇钢筋混凝土井字形密肋楼板	2
8	阳台与与雨棚构造	悬挑式阳台	1
9	楼梯分类及构造	现浇钢筋混凝土楼梯	1
		预制装配式钢筋混凝土楼梯构造	1
		楼梯的细部构造	1
10	屋顶构造	平屋顶的排水方式	1
		倒置式保温层屋顶做法	1
		坡屋顶的承重结构	1
11	单层厂房承重结构构造	柱间支撑	1
		单层厂房屋盖的承重构件	1
		吊车梁	1

知识点凝练

一、建筑物与构筑物区别

建筑一般包括建筑物和构筑物，满足功能要求并提供活动空间和场所的建筑称为建筑物，是供人们生活、学习、工作、居住以及从事生产和文化活动的房屋，如工厂、住宅、学校、影剧院等；仅满足功能要求的建筑称为构筑物，如水塔、纪念碑等。建筑物与构筑物主要区别就在于提供活动空间。

二、工业建筑分类及组成

工业建筑按主要承重结构的形式分类见表 2.1.2。

表 2.1.2　工业建筑按主要承重结构的形式分类

类别	特点	适用范围
排架结构型	将厂房承重柱的柱顶与屋架或屋面梁做铰接连接，而柱下端则嵌固于基础中，构成平面排架，各平面排架再经纵向结构构件连接组成一个空间结构	是目前单层厂房中最基本、应用最普遍的形式
刚架结构型	柱和屋架合并为同一个刚性构件	重型单层厂房
空间结构型	屋面体系为空间结构体系	膜结构、网架结构、薄壳结构、悬索结构

三、民用建筑分类及组成

民用建筑分类及组成见表 2.1.3。

表 2.1.3　民用建筑分类及组成

分类标准	类别	特　点
按建筑层数和高度分	住宅建筑	低层或多层：建筑高度不大于 27m； 高层：建筑高度大于 27m 且不大于 100m； 超高层：建筑高度大于 100m
	公共建筑	低层或多层：建筑高度不大于 24m 或者大于 24m 的单层； 高层：建筑高度大于 24m 的非单层且不大于 100m； 超高层：建筑高度大于 100m
按设计使用年限分类	临时性建筑	5 年
	易于替换结构构件的建筑	25 年
	普通建筑和构筑物	50 年
	纪念性建筑和特别重要的建筑	100 年
按承重结构材料分	木结构	现代木结构绿色环保、节能保温、建造周期短、抗震性好，多用在民用和中小型工业厂房的屋盖中
	砖木结构	适用于低层建筑（1～3 层），构造简单，费用较低
	砖混结构	适合开间进深较小、房间面积小、多层或低层的建筑
	钢筋混凝土结构	主要承重构件梁、板、柱均采用钢筋混凝土材料，非承重墙采用砖砌或其他轻质材料

续表 2.1.3

分类标准	类别	特　点
按承重结构材料分	钢结构	主要承重构件用钢材，强度高、自重轻、整体刚性好、变形能力强、抗震性能好，适合建造大跨度和超高、超重型的建筑物
	型钢混凝土组合结构	型钢、钢筋、混凝土组合结构，比传统的钢筋混凝土结构承载力大、刚度大、抗震性能好。与钢结构相比，具有防火性能好，结构局部和整体稳定性好，节省钢材的优点
按承重体系分	混合结构体系	住宅建筑最适合采用混合结构，一般在 6 层以下
	框架结构体系	优点：平面布置灵活，可形成大开间。缺点：抗侧刚度小
	剪力墙体系	优点：抗侧刚度大，水平荷载作用下侧移小；缺点：平面布置不灵活，不适于大空间公共建筑，结构自重较大
	框架－剪力墙结构体系	既可布置成大空间又有较大的抗侧刚度，可用于 $H \leqslant 170$m 的建筑
	筒体结构体系	是抵抗水平荷载最有效的结构体系，可用于 $H \leqslant 300$m 建筑
	桁架结构体系	桁架是由杆件组成的结构体系。桁架结构的优点是可利用截面较小的杆件组成截面较大的构件。单层厂房的屋架常选用桁架结构
	网架结构体系	空间受力体系，杆件主要受轴向力，受力合理，节约材料，整体性能好，刚度大，抗震性能好，适合于工业化生产
	拱式结构体系	有推力的结构，内力主要是轴向压力，可用受压性能好的材料建大跨度拱结构，建筑和桥梁中广泛应用，适用于体育馆、展览馆等
	悬索结构体系	主要承重构件是受拉的钢索，主要用于体育馆、展览馆等
	薄壁空间结构体系	主要承受曲面内的轴向压力，常用于大跨度屋盖结构，展览馆、俱乐部、飞机库等。有筒壳和双曲壳两种形式

四、基础

基础构造见表 2.1.4。

表 2.1.4　基础构造

分类标准	类别	特　点
按受力分	刚性基础	刚性基础中压力分角是刚性角，刚性基础受刚性角限制，构造上通过限制刚性基础宽高比满足刚性角要求。砖基础适于干燥温暖地区，灰土基础适于地下水位低的地区，三合土基础适于 4 层以下民用建筑，混凝土基础适用于地下水位高受冰冻影响地区
	柔性基础	钢筋混凝土基础，不受刚性角限制，可节省混凝土和挖土量，锥形断面最薄处高度不小于 200mm，阶梯断面每踏步高 300～500mm

续表 2.1.4

分类标准	类别		特点
按构造形式分	独立基础		形式有台阶形、锥形、杯形等，一般多为柱下独立基础
	条形基础	墙下条形基础	承重墙基础主要形式，无肋式和有肋式，有肋式整体性好、减少不均匀沉降
		柱下钢筋混凝土条形基础	地基软弱荷载较大时采用，柱下独立基沿一个方向连成条形
	柱下十字交叉基础		荷载较大的高层建筑，土质软弱，增强基础整体刚度，减少不均匀沉降，沿纵横方向连成十字交叉基础
	筏形基础		地基软弱荷载大，十字基础仍不满足时可采用
	箱形基础		适用于地基软土层厚、荷载大、建筑面积不大的高层建筑
	桩基础		地基软弱土层超 5m，或对软土层处理方法困难或不经济时采用，按施工方法分预制桩和灌注桩，按荷载传递方式分端承桩和摩擦桩
	壳体基础、圆环基础、沉井基础、沉箱基础		
基础埋深	从室外设计地面至基础底面的垂直距离		
地下室防潮与防水	地下室防潮		（1）当地下室地坪位于常年地下水位以上时； （2）地下室的所有墙体都必须设两道水平防潮层，一道设置在地下室地坪附近，另一道设置在室外地面散水以上 150～200mm 的位置
	地下室防水		（1）当地下室地坪位于最高设计地下水位以下时； （2）内防水：对防水不太有利，但施工简便，易于修缮，多用于修缮工程；外防水：防水材料置于迎水面，对防水较为有利

五、墙体构造

（一）墙体类型

1. 按位置分

墙体按位置分可分为内墙、外墙、横墙和纵墙。

2. 按受力分

墙体按受力分可分为承重墙和非承重墙，建筑内部只起分隔作用的叫隔墙。

3. 按构造方式分

墙体按构造方式可分为实体墙、空心墙和组合墙。

4. 按使用材料分

按所用材料不同，有砖墙、石墙、土墙、混凝土或工业废料制成的砌块墙、板材墙等。

5. 墙体承重

墙体承重结构支承系统的墙体布置一般可分为横墙承重、纵墙承重以及纵横墙混合承重等几种类型。根据建筑物的建造材料及高度、荷载等要求，主要分为砌体墙承重的混合结构系统和钢筋混凝土墙承重系统。前者由于抗震需要主要用于限定高度下的建筑，而后者则适用于各种高度的建筑，特别是高层建筑。钢筋混凝土墙承重体系的承重墙又分为预制装配和现浇两种主要形式。

（二）墙体细部构造

墙体构造见表 2.1.5。

表 2.1.5　墙体构造

墙体构造	具体内容
防潮层	室内地面实铺：外墙墙身防潮层在室内地坪以下 60mm 处。 建筑物墙体两侧不等高：每侧地表下 60mm 处分别设置，两个防潮层之间的墙体上加设垂直防潮层。 室内地面采用架空木地板：外墙防潮层应设在室外地坪以上，地板木格栅垫木之下
勒脚	防水、保护墙面、提高耐久性和美观；高度为室内外地坪高度差
散水和暗沟	降水量小于 900mm 的地区：可以只设置散水。 降水量大于 900mm 的地区：同时设置散水和暗沟；散水宽度为 600 ~ 1 000mm
窗台	外窗台：防止窗洞底部积水，流向室内。 内窗台：为了排除窗上的凝结水，保护室内墙面做法
过梁	宽度超过 300mm 的洞口上应设置过梁
圈梁	层数为 3 ~ 4 层时，底层和檐口标高处各设置一道圈梁。 超过 4 层，底层和檐口标高处各设置一道圈梁外，至少应在所有纵、横墙上隔层设置。 宽度一般同墙厚，墙厚较大的墙体做到墙厚的 2/3，高度≥120mm。 附加梁的尺寸：截面≥圈梁截面；搭接长度≥1m 且大于两梁高差的 2 倍
构造柱	与圈梁一起构成空间骨架，提高了建筑物的整体刚度和墙体的延性，约束墙体裂缝的开展，从而增加建筑物承受地震作用的能力。 最小截面：240mm × 180mm；箍筋间距不大于 250mm，柱端加密。 外墙转角的构造柱可适当加大截面和配筋，可不单独设基础，但应伸入室外地面以下 500mm，或与埋深小于 500mm 的基础圈梁相连
变形缝	伸缩缝：基础不断开，地面以上断开，宽度 20 ~ 30mm。 沉降缝：基础断开；2 ~ 3 层缝宽 50 ~ 80mm，4 ~ 5 层缝宽 80 ~ 120mm，5 层以上缝宽≥120mm。 防震缝：基础顶部以上断开，沿房屋全高设置；多层砌体缝宽 50 ~ 100mm，多层钢筋混凝土且建筑高度≤15m，缝宽 100mm，建筑高度超过 15m，按烈度增加
墙体保温隔热	外墙外保温：最科学、最高效的保温节能技术。 外墙内保温：施工安全方便，施工造价低，有利于安全防火，但隔热效果差，热桥处理困难

六、楼板类型及构造

（一）现浇钢筋混凝土楼板

现浇钢筋混凝土楼板见表 2.1.6。

表 2.1.6　现浇钢筋混凝土楼板

楼板类型	具体要求
板式楼板	单向板：长短边比值大于或等于 3，短边受力； 双向板：长短边比值小于 3，双向受力； 悬臂板：只有一边支承； 板式楼板适用于跨度小的房间、雨篷、遮阳
梁板式肋形楼板	开间、进深较大；弯矩大。 主梁经济跨度为 5～8m，次梁经济跨度一般为 4～6m。 梁和板搁置在墙上：板的搁置长度≥120mm。 梁的搁置长度与梁高有关：梁高≤500mm，搁置长度≥180mm；梁高≥500mm，搁置长度≥240mm。 通常次梁搁置长度为 240mm，主梁为 370mm
井字形肋楼板	平面近似正方形，跨度≤10m；天棚整齐美观，有利于提高房屋净空，常用于门厅、会议厅
无梁楼板	跨度≤6m；底面平整，增加净空高度，有利于通风和采光，板厚较大；适用于荷载大、管线多的商店和仓库

（二）预制混凝土楼板

1. 预制装配式钢筋混凝土楼板

预制装配式钢筋混凝土楼板可节省模板，改善劳动条件，提高效率，缩短工期，促进工业化水平。但预制楼板的整体性不好，灵活性也不如现浇板，更不宜在楼板上穿洞。

2. 装配整体式钢筋混凝土楼板

装配整体式楼板分叠合楼板和密肋填充块楼板。叠合楼板，预制板既是楼板结构的组成部分，又是现浇钢筋混凝土叠合层的永久性模板，现浇叠合板层内应设置负弯矩钢筋，并可在其中敷设水平设备管线。

七、阳台构造

阳台构造见表 2.1.7。

表 2.1.7　阳台构造

阳台承重构件	墙承式	结构简单、施工方便，多用于凹阳台
	悬挑式	悬挑长度 1.0～1.5m，1.2m 最常见；分为挑梁式与挑板式。 （1）挑梁式：由横墙伸出挑梁支承阳台，挑梁压入墙内长度约为悬挑长度的 1.5 倍； （2）挑板式：将阳台板与墙梁整体现浇，底部平整，梁受力复杂，悬挑受限，将房间楼板直接向外悬挑，构造简单，板受力复杂，不利排水

续表 2.1.7

细部构造	栏杆	（1）按形式分：空花栏杆、实心栏杆以及混合栏杆； （2）按材料分：金属栏杆和预制混凝土栏杆； （3）金属栏杆的连接：预埋铁件焊接、预留孔洞插接； （4）预制混凝土栏杆的连接：现浇、预埋铁件焊接、预留孔洞插接
	栏板	分为预制混凝土栏板、现浇混凝土栏板以及砖砌栏板。 阳台栏板或栏杆净高： （1）六层及以下≥1.05m； （2）七层及以上≥1.10m； （3）七层及以上住宅和寒冷、严寒地区住宅宜采用实体栏板
	阳台排水	阳台地面低于室内地面 30~50mm，并应沿排水方向做排水坡泄水管，可采用镀锌钢管或塑料管，管口外伸≥80mm； 高层建筑应将雨水导入雨水管

八、楼梯分类及构造

钢筋混凝土楼梯构造见表 2.1.8。

表 2.1.8　钢筋混凝土楼梯构造

构成	楼梯踏步一般不宜超过 18 级，且一般不宜少于 2 级	
净高	楼梯梯段净高≥2.2m； 平台过道处净高≥2m	
钢筋混凝土楼梯类型	现浇钢筋混凝土楼梯	板式楼梯：跨度不太时使用；底面平整，外形简洁。 梁式楼梯：当荷载较大或梯段跨度大时使用，较为经济
	预制装配式钢筋混凝土楼梯	（1）小型：将梯段、平台分隔成若干部分，分别预制；按照预制踏步的支承方式分为悬挑式、墙承式、梁承式。 （2）中型：由楼梯段和带有平台梁的休息平台组合而成。 （3）大型：楼梯段与休息平台组成一个构件

九、屋顶构造

屋顶构造见表 2.1.9。

表 2.1.9　屋顶构造

屋顶类型	构　造		
平屋顶（坡度<10%）	排水构造	起坡方式	（1）材料找坡：保温层或找平层找坡，最薄处≥20mm，坡度2%。 （2）结构找坡：将房屋顶层构件上表面做成一定坡度，坡度3%，檐沟、天沟纵向找坡≥1%，沟底水落差≤200mm
		排水方式	分有组织排水和无组织排水： （1）高层建筑：有组织内排水； （2）多层建筑：有组织外排水； （3）底层建筑及檐高小于 10m 的屋面：无组织排水； （4）多跨及汇水面积较大的屋面：天沟排水；

续表 2.1.9

屋顶类型	构 造		
平屋顶（坡度<10%）	排水构造	排水方式	（5）天沟找坡较长：中间内排水和两端外排水； （6）暴雨强度较大地区的大型屋面：虹吸式屋面雨水排水系统； （7）严寒及寒冷地区：内排水； （8）湿陷性黄土地区：有组织排水，并将雨雪水直接排至排水管网
		落水管布置	$F=438\times D^2/H$； D——落水管管径（cm）； H——每小时最大降水量（mm/h）； F——单根落水管允许集水面积（m^2）
	柔性防水构造	找平层	保温层上的找平层应留设分隔缝，缝宽宜为 5 ~ 20mm，纵横缝的间距不宜大于 6m
		卷材防水屋面	多采用合成高分子卷材和高聚物改性的沥青卷材。 为防止屋面防水层出现龟裂现象，一是阻断来自室内的水蒸气，在屋面结构层上的找平层表面做隔汽层。二是在屋面防水层下保温层内设排汽通道
		涂膜防水层	分为正置式和倒置式：正置式保温层在防水层下，倒置式保温层在防水层上，选用的保温材料要耐水
		保护层	保护层与防水层之间要设置隔离层
	细部构造		檐口、檐沟外侧下端及女儿墙压顶内侧下端等部位均应做滴水处理，滴水槽宽度和深度不宜小于 10mm
坡屋顶（坡度≥10%）	承重结构	砖墙承重	适合开间较小的房屋；木檩条跨度≤4m；檩条斜距≤1.2m
		屋架承重	屋架形式多样；屋架支撑主要有垂直剪刀撑和水平系杆
		梁架结构	由木柱、木梁和木枋构成，也称穿斗结构
		钢筋混凝土梁板承重	分为现浇和预制两种；对于空间跨度不大的民用建筑，钢筋混凝土折板结构是目前坡屋顶建筑应用较为普遍的
	细部构造	檐口	分挑出檐口和女儿墙檐口。 （1）砖挑檐：一般不超过墙体厚度的 1/2，且不大于 240mm； （2）椽木挑檐：当屋面有椽木时，可以用椽木出挑，以支承挑出部分的屋面； （3）屋架端部附木挑檐或挑檐木挑檐：对于不设屋架的房屋，可以在其横向承重墙内压砌挑檐木并外挑，用挑檐木支承挑出的檐口； （4）钢筋混凝土挑天沟：当房屋屋面积水面积大、檐口高度高、降雨量大时，坡屋面的檐口可设置钢筋混凝土天沟

续表 2.1.9

屋顶类型	构　造	
坡屋顶（坡度≥10%）	细部构造	山墙
		斜天沟
		烟囱泛水构造
		檐沟和落水管
曲面屋顶	屋顶为曲面，如球形、悬索形、鞍形等	

十、装饰构造

装饰构造见表 2.1.10。

表 2.1.10　装饰构造

墙体饰面装饰	抹灰类	砂浆、灰	造价低、来源广；耐久性差、易开裂、档次低、工效低
	贴面类	板、块	耐久性好、装饰性强、质量高；大理石室内，花岗岩室外
	涂料类	涂料	装饰性好，造价低，前景好
	裱糊类	墙纸、墙布	要求基层表面平整，阴阳角顺直
	铺钉类	骨架、面板	先立骨架后铺装；木骨架截面 50mm×50mm
楼地面装饰	整体式	水泥砂浆	低档地面面层类型；易起灰、无弹性、热传导性高、装饰效果差；水泥砂浆强度等级不应低于 M15，水泥砂浆的体积比应符合设计要求，应为 1∶2，厚度不应小于 20mm
		现浇水磨石	坚硬耐磨、不透水、不起灰、施工复杂、无弹性、吸热好、人流量大的空间
		菱苦土	易清洁、有弹性、不耐水、不耐高温，不宜用于水及 35℃以上房间
		细石混凝土	细石混凝土是用水泥、砂和粒径为 0.5~1.0mm 的小石子级配而成，表面撒 1∶1 的水泥砂浆随打随抹光。细石混凝土楼地面的强度高、干缩性小，与水泥砂浆楼地面相比其耐久性和防水性更好，且不易起砂，一般为 35~40mm 厚
	块料	陶瓷板块	坚硬耐磨、色泽稳定、易于清洁、耐水好、耐酸碱腐蚀
		石板	天然：大理石、花岗石，造价高；人造：水磨石、人造大理石。 石板楼地面的构造做法：在基层清理以后，可在基层上抹 30mm 厚 1∶3 干硬性水泥砂浆，刷素水泥浆一道，然后铺贴石材板块
		塑料板块	规格：100mm×100mm~500mm×500mm；厚度：1.5~2.0mm
		木楼地面	实铺与空铺。弹性好，吸声好，低吸热，易清洁，耐火差，易腐朽，造价高
	卷材		塑料地毡、油地毡、橡胶地毡、地毯
	涂料		溶剂型、水溶型、水乳型。踢脚线高度 120~150mm
天棚装饰	直接式		
	悬吊式		

十一、单层厂房承重结构构造

单层厂房承重结构构造见表 2.1.11。

表 2.1.11 单层厂房承重结构构造

结构类型			具体构造要求	
承重结构	横向排架（基础、柱、屋架）		承受各种竖向荷载	
	纵向连系构件（吊车梁、圈梁、连系梁、基础梁）		保证厂房整体性和稳定性	
	支撑系统构件（柱间支撑和屋盖支撑）		传递水平荷载，保证刚度和稳定性	
屋盖结构	类型	有檩结构体系	刚度差、配件多、质量轻	中小型厂房，小型机具吊装
		无檩结构体系	整体性好，刚度大	大中型厂房
	承重结构	钢筋混凝土屋架或屋面梁	跨度 <9m 用单坡形，跨度 12 ~ 18m 用双坡，普通梁跨度≤15m，预应力梁跨度≤18m	
		钢屋架	无檩方案：跨度 6m，刚度大，整体性好，不利于抗震，适用于重型厂房。 有檩方案：跨度 4 ~ 6m，重量轻，刚度差，适用于无保温层的中小厂房	
		木屋架	跨度≤12m，相对湿度≤70%，温度≤50℃，起重量≤5t，悬挂吊车≤1t	
		钢木屋架	钢木屋架适用跨度 18 ~ 21m	
柱	钢筋混凝土柱		矩形截面：受弯性能好，自重较大，适用于小型厂房； 工字形截面：节约混凝土，制作复杂，适用于大、中型厂房； 双肢柱：高度荷载较大，吊车起重量≥30t，截面尺寸大于 600mm × 1 500mm 选用管柱，分为单肢和双肢，与墙连接较困难	
	钢 – 混凝土组合柱		柱子较高，自重较大选用。上柱为钢柱，下柱为钢筋混凝土柱	
	钢柱		分为变截面和等截面，可以是实腹也可以是格构的。吊车吨位大的重型厂房选用	
	柱牛腿		有实腹式和空腹式，多用实腹式	
支撑	屋架支撑		布置原则： （1）天窗架支撑：天窗上弦水平支撑一般设置于天窗两端开间和中部有屋架上弦横向水平支撑的开间处，天窗两侧的垂直支撑一般与天窗上弦水平支撑位置一致。上弦水平系杆通常设置在天窗中部节点处。 （2）屋架上弦横向水平支撑：有檩体系必须设置，无檩体系，当厂房设有桥式吊车时，通常宜在变形缝区段的两段及有柱间支撑的开间设置。支撑间距一般不大于 60m。	

续表 2.1.11

结构类型		具体构造要求
支撑	屋架支撑	（3）屋架垂直支撑：一般应设置于屋架跨中和支座的垂直平面内。除有悬挂吊车外，应与上弦横向水平支撑同一开间内设置。 （4）屋架下弦横向水平支撑：一般用于下弦设有悬挂吊车或该水平面内有水平外力作用时。 （5）屋架下弦纵向水平支撑：通常在有托架的开间内设置。 （6）纵向系杆：通常在设有天窗架的屋架上下弦中部节点设置
	柱间支撑	将吊车纵向制动力和风荷载传递至基础，加强厂房纵向刚度和稳定性

第二节　道路、桥梁、涵洞工程的分类、组成及构造

真题解析

一、2023 年考题

1. 支路采用混凝土预制块路面，其设计使用年限为（　　）。

A. 30 年　　B. 20 年　　C. 15 年　　D. 10 年

【答案】D

【解析】混凝土预制块路面：10 年，石材路面：20 年。（见知识点凝练路面结构的设计使用年限表）

【考点】道路分类、组成及构造——道路的分类。

2. 悬索桥最重要的构件是（　　）。

A. 锚碇　　B. 桥塔　　C. 主缆索　　D. 加劲梁

【答案】B

【解析】桥塔是悬索桥最重要的构件。

【考点】桥梁分类、组成及构造——悬索桥。

3. 大跨度吊桥的主缆索多采用（　　）。

A. 钢绞线束钢缆　　B. 钢丝绳钢缆

C. 封闭性钢索　　D. 平行钢丝束钢缆

【答案】D

【解析】主缆索是悬索桥的主要承重构件，可采用钢丝绳钢缆或平行钢丝束钢缆，大跨度吊桥的主缆索多采用后者。

【考点】桥梁分类、组成及构造——悬索桥。

4. 承载潜力较大、砌筑技术容易掌握，适用于跨越深沟或高路堤的涵洞形式是（　　）。

A. 箱涵　　B. 拱涵　　C. 盖板涵　　D. 圆管涵

【答案】B

【解析】选项 A，钢筋混凝土箱涵适用于软土地基，但施工困难且造价较高，故较少采用。选项 B，拱涵适用于跨越深沟或高路堤，一般超载潜力较大，砌筑技术容易掌握，是种普遍采用的涵洞形式。选项 C，盖板涵在结构形式方面有利于在低路堤上使用，当填土较小时可做成明涵，钢筋混凝土盖板涵适用于无石料地区且过水面积较大的明涵或暗涵，石盖板涵适用于石料丰富且过水流量较小的小型涵洞。选项 D，圆管涵受力情况和适应基础的性能较好，两端仅需设置端墙，不需设置墩台，故圬工数量少，造价低，但低路堤使用受到限制。

【考点】涵洞工程——拱涵。

5. 适用于三级公路路基面层的有（　　）。

A. 级配碎石面层　　B. 水泥混凝土面层

C. 沥青灌入式面层　　D. 沥青表面处治面层

E. 粒石加固土面层

【答案】CD

【解析】根据各级路面所具有的面层类型及其所适用的公路等级可知，三、四级公路的面层多采用沥青贯入式、沥青碎石和沥青表面处治。（见知识点凝练各级路面所具有的面层类型及其所适用的公路等级）

【考点】道路分类、组成及构造——路面面层。

二、2022 年考题

1. 可以设置公共建筑出入口，但相邻出入口的间距不宜小于 80m 的城市道路是（　　）。

A. 快速路　　B. 主干路　　C. 次干路　　D. 支路

【答案】C

【解析】次干路两侧可设置公共建筑物的出入口，但相邻出入口的间距不宜小于 80m，且该出入口位置应在临近交叉口的功能区之外。

【考点】道路分类、组成及构造——道路的分类。

2. 下列路基形式中，每隔 15 ~ 20m 应设置一道伸缩缝的是（　　）。

A. 填土路基　　B. 填石路基

C. 砌石路基　　D. 挖方路基

【答案】C

【解析】砌石路基应每隔 15 ~ 20m 设一道伸缩缝。

【考点】道路分类、组成及构造——砌石路基。

3. 为保证车辆在停车场区内不因自重引起滑溜，要求停车场与通道垂直方向的最大纵坡为（　　）。

A. 1%　　B. 1.5%　　C. 2%　　D. 3%

【答案】D

【解析】为了保证车辆在停放区内停入时不致发生自重分力引起滑溜，导致交通事故，因而要求停车场的最大纵坡与通道平行方向为 1%，与通道垂直方向为 3%。

【考点】道路分类、组成及构造——道路主要公用设施停车场。

4. 适用于桥面较宽、跨度较大的预应力混凝土梁桥、斜交桥和弯桥，应优先选用的桥梁形式为（　　）。

A. 简支板桥　　B. 肋梁式简支梁桥

C. 箱形简支梁桥　　D. 悬索桥

【答案】C

【解析】箱形简支梁桥主要用于预应力混凝土梁桥，尤其适用于桥面较宽的预应力混凝土桥梁结构和跨度较大的斜交桥和弯桥。

【考点】桥梁分类、组成及构造——箱形简支梁桥。

5. 以下属于桥梁下部结构的有（　　）。

A. 桥墩　　B. 桥台

C. 桥梁支座　　D. 墩台基础

E. 桥面构造

【答案】ABD

【解析】下部结构是指桥梁结构中设置在地基上用于支承桥跨结构，将其荷载传递至地基的结构部分。一般包括桥墩、桥台及墩台基础。

【考点】桥梁分类、组成及构造——桥梁下部结构。

三、2021 年考题

1. 在半填半挖土质路基填挖衔接处，应采取的施工措施为（　　）。

A. 防止超挖　　B. 台阶开挖

C. 倾斜开挖　　D. 超挖回填

【答案】D

【解析】在地面自然横坡陡于 1∶5 的斜坡上修筑路堤时，路堤基底应挖台阶，台阶宽度不得小于 1m，台阶底应有 2%～4% 向内倾斜的坡度。土质路基填挖衔接处应采取超挖回填措施。

【考点】道路分类、组成及构造——半填半挖路基。

2. 桥面较宽，跨度较大的预应力混凝土梁桥应优先选用的桥梁形式为（　　）。

A. 箱形简支梁桥　　B. 肋梁式简支梁桥

C. 装配式简支板桥　　D. 整体式简支板桥

【答案】A

【解析】箱形简支梁桥主要用于预应力混凝土梁桥，尤其适用于桥面较宽的预应力混凝土桥梁结构和跨度较大的斜交桥和弯桥。

【考点】桥梁分类、组成及构造——箱形简支梁桥。

3. 为使桥墩轻型化，除在多跨桥两端放置刚性较大的桥台外，中墩应采用的桥墩类型为（　　）。

A. 拼装式桥墩　　B. 柔性桥墩

C. 柱式桥墩　　D. 框架桥墩

【答案】B

【解析】柔性墩是桥墩轻型化的途径之一，它是在多跨桥的两端设置刚性较大的桥台，中墩均为柔性墩。同时，全桥除在一个中墩上设置活动支座外，其余墩台均采用固定支座。

【考点】桥梁分类、组成及构造——柔性墩。

4. 路基顶面高程低于横穿沟渠的水面高程时，可优先考虑设置的涵洞形式为（　　）。

A. 无压式涵洞　　B. 压力式涵洞

C. 倒虹吸管涵　　D. 半压力式涵洞

【答案】C

【解析】新建涵洞应采用无压力式涵洞；当涵前允许积水时，可采用压力式或半压力式涵洞；当路基顶面高程低于横穿沟渠的水面高程时，也可设置倒虹吸管涵。

【考点】涵洞的分类、组成及构造——涵洞按水力性能不同分类。

5. 下列路面结构层中，主要保证扩散荷载和水稳定性的有（　　）。

A. 底面层　　B. 基层

C. 中间面层　　D. 表面层

E. 垫层

【答案】BE

【解析】基层应满足强度、扩散荷载的能力以及水稳定性和抗冻性的要求。垫层应满足强度和水稳定性的要求。

【考点】道路分类、组成及构造——路面结构层。

四、2020 年考题

1. 砌石路基沿线遇到基础地质条件明显变化时（　　）。

A. 设置挡土墙　　B. 将地基做成台阶形

C. 设置伸缩缝　　D. 设置沉降缝

【答案】D

【解析】砌石路基当基础地质条件变化时，应分段砌筑，并设沉降缝。当地基为整体岩石时，可将地基做成台阶形。

【考点】道路分类、组成及构造——砌石路基。

2. 三级公路的面层应采用（　　）。

A. 沥青混凝土　　B. 水泥混凝土

C. 沥青碎石　　D. 半整齐石块

【答案】C

【解析】根据各级路面所具有的面层类型及其所适用的公路等级可知，三级公路的面层应采用沥青碎石。各级路面所具有的面层类型及其所适用的公路等级如下表所示：

各级路面所具有的面层类型及其所适用的公路等级

公路等级	采用的路面等级	面层类型
高速、一、二级公路	高级路面	沥青混凝土
		水泥混凝土
三、四级公路	次高级路面	沥青贯入式
		沥青碎石
		沥青表面处治
四级公路	中级路面	碎、砾石（泥结或级配）
		半整齐石块
		其他粒料
四级公路	低级路面	粒料加固土
		其他当地材料加固或改善土

【考点】道路分类、组成及构造——路面面层。

3. 桥面采用防水混凝土铺装的（　　）。

A. 要另设面层承受车轮荷载

B. 可不另设面层而直接承受车轮荷载

C. 不宜在混凝土中铺设钢丝网

D. 不宜在其上面铺筑沥青表面磨耗层

【答案】B

【解析】在需要防水的桥梁上，当不设防水层时，可在桥面板上以厚 80 ~ 100mm 且带有横坡的防水混凝土作铺装层，其强度不低于行车道板混凝土强度等级，其上一般可不另设面层而直接承受车轮荷载。但为了延长桥面铺装层的使用年限，宜在上面铺筑厚 20mm 的沥青表面作磨耗层。为使铺装层具有足够的强度和良好的整体性（也能起联系各主梁共同受力的作用），一般宜在混凝土中铺设直径为 4 ~ 6mm 的钢筋网。

【考点】桥梁分类、组成及构造——桥面防水混凝土铺装。

4. 悬臂梁桥的结构特点是（　　）。

A. 悬臂跨与挂孔跨交替布置　　B. 通常为偶数跨布置

C. 多跨在中间支座处连接　　D. 悬臂跨与接孔跨分左右岸布置

【答案】A

【解析】悬臂梁桥相当于简支梁桥的梁体越过其支点向一端或两端延长所形成的梁式桥结构。其结构特点是悬臂跨与挂孔跨交替布置，通常为奇数跨布置。

【考点】桥梁分类、组成及构造——悬臂梁桥的结构特点。

5. 涵洞沉降缝适宜设置在（　　）。

A. 涵洞和翼墙交接处　　B. 洞身范围中段

C. 进水口外缘面　　D. 端墙中心线处

【答案】A

【解析】为防止由于荷载分布不均及基底土壤性质不同引起的不均匀沉陷而导致涵洞不规则断裂，将涵洞全长分为若干段，每段之间以及洞身与端墙之间设置沉降缝，使各段可以独自沉落而互不影响。

【考点】涵洞分类、组成及构造——涵洞沉降缝。

五、2019 年考题

1. 混凝土斜拉桥属于典型的（　　）。

A. 梁式桥　　B. 悬索桥　　C. 刚架桥　　D. 组合式桥

【答案】D

【解析】斜拉桥是典型的悬索结构和梁式结构的组合，由主梁、拉索及索塔组成的组合结构体系，是组合桥的一种类型。

【考点】桥梁分类、组成及构造——组合式桥中的斜拉桥。

2. 适用柔性排架桩墩的桥梁是（　　）。

A. 墩台高度 9m 的桥梁　　B. 墩台高度 12m 的桥梁

C. 跨径 10m 的桥梁　　D. 跨径 15m 的桥梁

【答案】C

【解析】典型的柔性墩为柔性排架桩墩，是由成排的预制钢筋混凝土沉入桩或钻孔灌注桩顶端连以钢筋混凝土盖梁组成。多用在墩台高度 5 ~ 7m，跨径一般不宜超过 13m 的中、小型桥梁上。

【考点】桥梁分类、组成及构造——柔性墩的适用范围。

3. 关于桥梁工程中的管柱基础，下列说法正确的是（　　）。

A. 可用于深水或海中的大型基础　　B. 所需机械设备较少

C. 适用于有严重地质缺陷的地区　　D. 施工方法和工艺比较简单

【答案】A

【解析】管柱基础因其施工方法和工艺较为复杂，所需机械设备较多，所以较少采用，但当桥址处的地质水文条件十分复杂，如大型的深水或海中基础，特别是深水岩面不平、流速大或有潮汐影响等自然条件下，不宜修建其他类型基础时，可采用管柱基础。管柱基础主要适用于岩层、紧密黏土等各类紧密土质的基底，并能穿过溶洞、孤石支承在紧密的土层或新鲜岩层上，不适用于有严重地质缺陷的地区，如断层挤压破碎带或严重的松散区域。

【考点】桥梁分类、组成及构造——管柱基础。

4. 关于涵洞，下列说法正确的是（　　）。

A. 洞身的截面形式仅有圆形和矩形两类

B. 涵洞的孔径根据地质条件确定

C. 圆形管涵不采用提高节

D. 圆管涵的过水能力比盖板涵大

【答案】C

【解析】洞身是涵洞的主要部分，它的截面形式有圆形、拱形、矩形（箱形）三大类。涵洞的孔径，应根据设计洪水流量、河沟断面形态、地质和进出水口沟床加固形式等条件，经水力验算确定。一般情况下，同一涵洞的洞身截面不变，但为充分发挥洞身截面的泄水能力，有时在涵洞进口处采用提高节，交通涵、灌溉涵和涵前不允许有过高积水时，不采用提高节，圆形截面不便设置提高节，所以圆形管涵不采用提高节。盖板涵的过水能力较圆管涵大，与同孔径的拱涵相接近，施工期限较拱涵短，但钢材用量比拱涵多，对地基承载力的要求较拱涵低。

【考点】涵洞分类、组成及构造——洞身构造。

5. 相对中级路面而言，高级路面的结构组成增加了（　　）。

A. 磨耗层　　B. 底基层

C. 保护层　　D. 联结层

E. 垫层

【答案】BD

【解析】道路工程结构组成一般分为路基、垫层、基层和面层四个部分，高级道路的结构由路基、垫层、底基层、基层、联结层和面层六个部分组成。

【考点】道路分类、组成及构造——道路结构组成。

考点统计

通过对上述5年的考题统计，本节涉及的考点主要是道路分类、组成及构造；桥梁分类、组成及构造；涵洞分类、组成及构造。近5年涉及本节的真题共有24题，具体考点的考核频次如表2.2.1所示。

表 2.2.1　第二章第二节考点考核频次表

序号	知识点	具体考点	考核频次
1	道路分类、组成及构造	路面结构层	1
		半填半挖路基	1
		砌石路基	2
		路面面层	2
		道路结构组成	1
		道路分类	2
		道路主要公用设施停车场	1
2	桥梁分类、组成及构造	桥面防水混凝土铺装	1
		悬臂梁桥的结构特点	1
		组合式桥中的斜拉桥	1
		柔性墩的适用范围	2

续表 2.2.1

序号	知识点	具体考点	考核频次
2	桥梁分类、组成及构造	管柱基础	1
		悬索桥	2
		箱形简支梁桥	2
		综合考点	1
3	涵洞分类、组成及构造	洞身构造	1
		涵洞按水力性能不同分类	1
		拱涵	1

知识点凝练

一、道路工程

（一）道路的分类

我国城镇道路分级及主要技术指标见表 2.2.2。

表 2.2.2 我国城镇道路分级及主要技术指标

等级	设计车速 /（km/h）	双向机动车道路 / 条	机动车道宽度 /m	分隔带设置	横断面形式	功能定位
快速路	60 ~ 100	≥4	3.50 ~ 3.75	必须设	两、四幅路	完全为交通功能服务
主干路	40 ~ 60	≥4	3.25 ~ 3.50	应设	三、四幅路	交通功能为主，为连接城市各主要分区的干路，是城市道路网的主要骨架
次干路	30 ~ 50	2 ~ 4	3.25 ~ 3.50	可设	单、两幅路	集散交通为主，兼有服务功能
支路	20 ~ 40	2	3.25 ~ 3.50	不设	单幅路	解决局部交通，服务功能为主

（二）道路的组成

道路的组成见表 2.2.3。

表 2.2.3 道路的组成

线形组成	线形组成包括平面图、纵断面图、横断面图。 横断面由机动车道、非机动车道、人行道、绿化带、设施带、应急车道、保护性路肩等组成
结构组成	一般分为路基、垫层、基层和面层四个部分。 高级道路由路基、垫层、底基层、基层、联结层和面层组成

（三）路面的分类

路面的分类见表 2.2.4。

表 2.2.4 路面的分类

<table>
<tr><td rowspan="5">按路面结构类型分类</td><td rowspan="3">沥青路面</td><td>沥青混凝土</td><td>适用于各交通等级道路</td></tr>
<tr><td>沥青贯入式</td><td rowspan="2">适用于支路、停车场</td></tr>
<tr><td>沥青表面处治</td></tr>
<tr><td>水泥混凝土路面</td><td colspan="2">包括普通混凝土、钢筋混凝土、连续配筋混凝土与钢纤维混凝土，适用于各交通等级道路</td></tr>
<tr><td>砌块路面</td><td colspan="2">适用于支路、广场、停车场、人行道与步行街</td></tr>
<tr><td rowspan="2">按力学特性分类</td><td>柔性路面</td><td colspan="2">荷载作用下产生的弯沉变形较大、抗弯强度小，它的破坏取决于极限垂直变形和弯拉应变。主要代表是各种沥青类路面</td></tr>
<tr><td>刚性路面</td><td colspan="2">抗弯拉强度大，弯沉变形很小，它的破坏取决于极限弯拉强度。主要代表是水泥混凝土路面</td></tr>
</table>

路面结构的设计使用年限见表 2.2.5。

表 2.2.5 路面结构的设计使用年限（年）

<table>
<tr><td rowspan="2">路面等级</td><td colspan="3">路面结构类型</td></tr>
<tr><td>沥青路面</td><td>水泥混凝土路面</td><td>砌块路面</td></tr>
<tr><td>快速路</td><td>15</td><td>30</td><td>—</td></tr>
<tr><td>主干路</td><td>15</td><td>30</td><td>—</td></tr>
<tr><td>次干路</td><td>15</td><td>30</td><td>—</td></tr>
<tr><td>支路</td><td>10</td><td>20</td><td>混凝土预制块路面：10
石材路面：20</td></tr>
</table>

（四）路基

路基型式见表 2.2.6。

表 2.2.6　路基形式

<table>
<tr><th colspan="2">路基型式</th><th>具体内容</th></tr>
<tr><td rowspan="5">填方路基</td><td>填土路基</td><td>分层填筑，每层同料，宜选用级配较好的粗粒土作填料</td></tr>
<tr><td>填石路基</td><td>用不易风化的开山石料填筑</td></tr>
<tr><td>砌石路基</td><td>外砌内填；顶宽 0.8m，基底面 1∶5 向内倾斜，砌石高度 2～15m，每隔 15～20m 设伸缩缝。地质变化时，应分段砌筑并设沉降缝，当地基为整体岩石，可将地基做成台阶形</td></tr>
<tr><td>护肩路基</td><td>坚硬岩石，陡坡，半填半挖；高度≤2m，内外坡直立，基底面以 1∶5 坡度向内倾斜</td></tr>
<tr><td>护角路基</td><td>山坡上的填方路基有沿斜坡下滑倾向或为了加固、收回填方路基时选用，高度≤5m</td></tr>
<tr><td colspan="2">挖方路基</td><td>分为土质挖方和石质挖方</td></tr>
<tr><td colspan="2">半填半挖路基</td><td>在地面自然横坡陡于 1∶5 的斜坡上修筑路堤时，路堤基底应挖台阶，台阶宽度≥1m，台阶底有 2%～4% 向内倾斜坡度。高速公路、一级公路、台阶宽度一般为 2m。土质路基填挖衔接处应采取超挖回填措施</td></tr>
</table>

（五）路面

1. 路面结构

路面是由各种不同的材料，按一定厚度与宽度分层铺筑在路基顶面上的层状构造物。

（1）面层应满足结构强度、高温稳定性、低温抗裂性、耐疲劳、抗水损害及耐磨、平整、抗滑、低噪声等表面特性的要求。

（2）基层设置在面层之下，并与面层一起将车轮荷载的反复作用传递到底基层、垫层、土基等起主要承重作用的层次。

（3）垫层。面层、基层和垫层是路面结构的基本层次，为了保证车轮荷载的向下扩散和传递，下一层应比其上一层的每边宽出 0.25m。

2. 坡度与路面排水

道路横坡应根据路面宽度、路面类型、纵坡及气候条件确定，宜采用 1%～2%。快速路及降雨量大的地区宜采用 1.5%～2%；严寒积雪地区、透水路面宜采用 1%～1.5%。保护性路肩横坡度可比路面横坡度加大 1.0%。路肩横向坡度一般应较路面横向坡度大 1%。

3. 路面类型

（1）路面基层的类型见表 2.2.7。

表 2.2.7　路面基层的类型

<table>
<tr><th colspan="3">形式</th><th>高速公路一级公路基层</th><th>二级公路基层</th><th>各种交通路面底基层</th></tr>
<tr><td rowspan="7">无机结合料稳定类</td><td rowspan="3">水泥稳定土</td><td>粗粒土</td><td rowspan="2">可用</td><td rowspan="10">可用</td><td rowspan="11">可用</td></tr>
<tr><td>中粒土</td></tr>
<tr><td>细粒土</td><td>不可用</td></tr>
<tr><td colspan="2">石灰稳定土</td><td>不可用</td></tr>
<tr><td rowspan="3">石灰工业废渣稳定土</td><td>粗粒土</td><td>可用</td></tr>
<tr><td>中粒土</td><td>可用</td></tr>
<tr><td>细粒土</td><td>不可用</td></tr>
<tr><td rowspan="4">粒料类</td><td rowspan="3">级配型</td><td>碎石</td><td rowspan="2">可用</td></tr>
<tr><td rowspan="2">砾石</td></tr>
<tr><td>不可用</td></tr>
<tr><td colspan="2">填隙碎石</td><td>不可用</td><td>不可用</td></tr>
</table>

（2）路面面层类型。

路面面层类型及所适用的公路等级见表 2.2.8。

表 2.2.8　各级路面所具有的面层类型及其所适用的公路等级

<table>
<tr><th>公路等级</th><th>采用的路面等级</th><th>面层类型</th></tr>
<tr><td rowspan="2">高速、一、二级公路</td><td rowspan="2">高级路面</td><td>沥青混凝土</td></tr>
<tr><td>水泥混凝土</td></tr>
<tr><td rowspan="3">三、四级公路</td><td rowspan="3">次高城面</td><td>沥青贯入式</td></tr>
<tr><td>沥青碎石</td></tr>
<tr><td>沥青表面处治</td></tr>
<tr><td rowspan="3">四级公路</td><td rowspan="3">中级路面</td><td>碎、砾石（泥结或级配）</td></tr>
<tr><td>半整齐石块</td></tr>
<tr><td>其他粒料</td></tr>
<tr><td rowspan="2">四级公路</td><td rowspan="2">低级路面</td><td>粒料加固土</td></tr>
<tr><td>其他当地材料加固或改善土</td></tr>
</table>

（六）道路主要公共设施

道路主要公共设施主要包括停车场、公共交通站点、道路照明、人行天桥和人行地道、道路交通管理设施。道路交通管理设施包括交通标志、交通标线、交通信号灯。为保证视认性，同一地点需要设置两个以上标志时，可安装在一根立柱上，但最多不应超过四个，标志板在一根立柱上并设时，应按警告、禁令、指示的顺序，先上后下，先左后右排列。

二、桥梁分类、组成及构造

（一）桥梁分类及组成

桥梁包括上部结构和下部结构，上部结构由桥面构造、桥梁跨越部分的承载结构和桥梁支座组成，下部结构一般包括桥墩、桥台和墩台基础。

桥梁分类见表 2.2.9。

表 2.2.9　桥梁分类

判断标准	特大桥	大桥	中桥	小桥
跨径总长 /m	L>1 000	100≤L≤1 000	30<L<100	8≤L≤30
单孔跨径 /m	L_k>150	40≤L_k≤150	20≤L_k<40	5≤L_k<20

（二）桥梁上部结构

1. 桥面构造

桥面构造见表 2.2.10。

表 2.2.10　桥面构造

<table>
<tr><th colspan="3">桥面构造</th><th>具体要求</th></tr>
<tr><td rowspan="6">桥面铺装及排水、防水系统</td><td rowspan="2">桥面铺装</td><td>水泥混凝土或沥青混凝土铺装</td><td>厚度 60～80mm，强度不低于行车道混凝土强度等级；
单层式：50～80mm；
双层式：底层 40～50mm，面层 30～40mm</td></tr>
<tr><td>防水混凝土铺装</td><td>厚度 80～100mm，强度不低于行车道混凝土强度等级，其上一般可不另设面层而直接承受车轮荷载。
为使铺装层具有足够的强度和良好的整体性，联系各主梁共同受力作用，混凝土中铺设直径 4～6mm 的钢筋网</td></tr>
<tr><td rowspan="2">桥面纵横坡</td><td colspan="2">桥上纵坡，机动车道不宜大于 4.0%，非机动车道不宜大于 2.5%；桥头引道机动车道纵坡不宜大于 5.0%。高架桥桥面应设不小于 0.3%</td></tr>
<tr><td colspan="2">桥面的横坡，一般采用 1.5%～3.0% 通常是在桥面板顶面铺设混凝土三角垫层来构成</td></tr>
<tr><td rowspan="2">桥面排水和防水设施</td><td>排水口设置</td><td>行车道较低处设置排水口</td></tr>
<tr><td>防水层</td><td>桥面防水层设在铺装层下面，透过铺装层渗下来的雨水汇集到排水设施排出；
沥青混凝土铺装：采用柔性防水卷材或涂料；
水泥混凝土铺装：采用不影响铺装受力性能的防水涂料</td></tr>
</table>

续表 2.2.10

桥面构造			具体要求
伸缩缝	设置位置		为满足桥面变形的要求，通常在两梁端之间、梁端与桥台之间或桥梁的铰接位置上设置伸缩缝
	伸缩缝的构造要求		在设置伸缩缝处，栏杆与桥面铺装都要断开
	伸缩缝的类型	镀锌薄钢板伸缩缝	目前在中小跨径的装配式简支梁桥上，当梁的变形量在20～40mm以内时常选用
		钢伸缩缝	只有在温差较大的地区或跨径较大的桥梁上才采用
		橡胶伸缩缝	在变形量较大的大跨度桥上，可以采用橡胶和钢板组合的伸缩缝

2. 桥梁承载结构

桥梁承载结构见表 2.2.11。

表 2.2.11　桥梁承载结构

结构形式	类型	特　　点
梁式桥	简支梁式桥	主要有简支板桥、肋梁式简支梁桥、箱形简支梁桥
	连续梁式桥和悬臂梁式桥	连续梁式桥一般采用预应力混凝土结构；悬臂梁式桥相当于简支梁桥的梁体越过其支点向一端或两端延长所形成的梁式桥结构，其结构特点是悬臂跨与挂孔跨交替布置，通常为奇数跨布置
拱式桥	简单体系拱桥	桥上的全部荷载由主拱单独承受，拱的水平推力直接由墩台或基础承受
	组合体系拱桥	由拱和梁、桁架或刚架等两种以上的基本结构体系组合而成
刚架桥	—	由梁式桥跨结构与墩台整体相连而形成的结构体系，梁柱节点为刚结
悬索桥	—	悬索桥又称吊桥，是最简单的一种索结构。其特点是桥梁的主要承载结构由桥塔和悬挂在塔上的高强度柔性缆索及吊索、加劲梁和锚定结构组成。主缆索是悬索桥的主要承重构件，可采用钢丝绳钢缆或平行钢丝束钢缆，大跨度吊桥的主缆索多采用平行钢丝束钢缆。加劲梁是承受风荷载和其他横向水平力的主要构件，大跨度悬索桥的加劲梁均为钢结构，通常采用桁架梁或箱形梁。预应力混凝土加劲梁仅适用于跨径500m以下的悬索桥，大多采用箱形梁
组合式桥	—	组合式桥是有几个不同基本类型结构所组成的桥。斜拉桥是典型的悬索结构与梁式结构的组合式桥，由主梁、拉索及索塔组成。拉索式主要的承重构件

（三）桥梁下部结构

桥梁下部结构见表 2.2.12。

表 2.2.12 桥梁下部结构

结构形式	类型	特点
桥墩	实体桥墩	分为重力式桥墩和薄壁桥墩； 墩帽厚度：大跨径≥0.4m；中小跨径≥0.3m 并设有 50～100mm 的檐口
	空心桥墩	厚壁：壁厚与中面直径比值≥1/10； 薄壁：壁厚与中面直径比值 <1/10； 墩身最小壁厚：钢筋混凝土≥300mm；素混凝土≥500mm； 对 40m 以上的高墩，无论壁厚如何，均按 6～10m 间距设置横隔板； 薄壁空心墩按计算配筋，一般配筋率为 0.5%，也有只按构造要求配筋的
	柱式桥墩	沿桥横向由 1～4 根立柱组成，柱身为 0.6～1.5m 的大直径圆柱或方形、六角形等。当墩身高度大于 6～7m 时，可设横系梁加强柱身横向联系
	柔性墩	柔性墩是桥墩轻型化的途径之一，是在多跨桥的两端设置刚性较大的桥台，中间均为柔性墩。同时，在全桥除在一个中墩上设置活动支座外，其余墩台均采用固定支座。多用于墩台高度 5～7m，跨径≤13m 的中、小型桥梁上。 柔性排架桩墩分为单排架和双排架，单排适用于高度≤5m，双排架适用于高度大于 5m
	框架墩	以钢筋混凝土或预应力混凝土构件组成
桥台	重力式桥台	U 形桥台、埋置式桥台、八字式桥台和耳墙式桥台
	轻型桥台	适用于小跨径桥梁，桥跨孔数与轻型桥墩配合使用时不宜超过 3 个，单孔跨径≤13m，多孔全长≤20m
	框架式桥台	承受土压力小，适用于地基承载力较低、台身较高、跨径较大的桥梁。常见的有柱式、肋墙式、半重力式、双排架式和板凳式
	组合式桥台	目的是实现桥台轻型化。 常见的有锚定板式、过梁式、框架式以及桥台与挡土墙组合式
墩台基础	扩大基础	最常用形式，属于直接基础，将基础底板设在直接承载地基
	桩基础	地基浅层土质差，持力层埋藏深，需要深基础满足要求时使用
	管柱基础	施工方法和工艺较为复杂，所需机械设备较多，所以较少采用。当桥址处的水文地质条件复杂，如大型的深水或海中基础，特别是深水岩面不平、流速大或有潮汐影响等自然条件下，不宜修建其他类型基础时，可采用管柱基础。主要适用于岩层、紧密黏土等各类紧密土质的基底，并能穿过溶洞、孤石支承在紧密的土层或新鲜岩层上，不适用于有严重地质缺陷的地区，如断层挤压破碎带或严重的松散区域
	沉井基础	既是基础，又是施工时的挡土和挡土围堰结构物

三、涵洞分类、组成及构造

（一）涵洞分类及组成

1. 按构造形式分

（1）圆管涵：直径一般为 0.75 ~ 2m，圆管涵受力情况和适应基础的性能较好，两端仅设置端墙，不需设置墩台。

（2）盖板涵：有利于在低路堤上使用。

（3）拱涵：适用于跨越深沟或高路堤，超载潜力大，砌筑技术容易掌握，普遍使用。

（4）箱涵：适用于软土地基，施工困难造价高，使用较少。

2. 按洞顶填土分

（1）明涵：洞顶无填土，适用于低路堤及浅沟渠。

（2）暗涵：洞顶有填土，最小填土厚度≥0.5m，适用于高路堤和深沟渠。

3. 按水利性能分

（1）无压力式：水流在涵洞全部长度上保持自由水面。

（2）半压力式：涵洞进口被水淹没，洞内水全部或一部分为自由面。

（3）压力式：涵洞进口和出口都被淹没，涵洞全场范围内以全部断面泄水。

4. 按施工方法不同分类

涵洞可分为装配式涵、现浇涵和顶进涵三种。

（二）涵洞构造

涵洞构造见表 2.2.13。

表 2.2.13 涵洞构造

涵洞构造	洞身	洞身截面形式有圆形、拱形、矩形三类。 涵洞的孔径，应根据设计洪水流量、河沟断面形态、地质和进出水口沟床加固形式等条件，经水力验算确定。 一般情况同一涵洞的洞身截面不变，但为充分发挥洞身截面的泄水能力，有时在涵洞如拱涵、箱涵进口处采用提高节；交通涵、灌溉涵和涵前不允许有过高积水时，不采用提高节；圆形截面不便设置提高节，所以圆形管涵不采用提高节。 洞底应有适当的纵坡，最小值为 0.4%，一般不宜大于 5%，特别是圆管涵的纵坡不宜过大，以免管壁受急流冲刷。 盖板涵的过水能力较圆管涵大，与同孔径的拱涵相接近，施工期限较拱涵短，但钢材用量比拱涵多，对地基承载力的要求较拱涵低
	洞口	洞口建筑在洞身两端，连接洞身与路基边坡。 （1）涵洞与路线正交：端墙式、八字式、井口式； （2）涵洞与路线斜交：斜洞口、正洞口
	基础	洞身基础有圆管涵基础、拱涵基础和盖板涵基础
	沉降缝	为防止由于荷载分布不均及基底土壤性质不同引起的不均匀沉陷而导致涵洞不规则的断裂，将涵洞全长分为若干段，每段之间以及洞身与端墙之间设置沉降缝
	附属工程	包括锥体护坡、河床铺砌、路基边坡铺砌及人工水道等

第三节　地下工程的分类、组成及构造

真题解析

一、2023 年考题

1. 以下属于地下道路的建筑限界指标的是（　　）。

A. 富余量　　B. 人行道净高

C. 施工允许误差　　D. 照明设备所需空间

【答案】B

【解析】地下道路的建筑限界包括车道、路肩、路缘带、人行道等的宽度以及车道、人行道的净高。

【考点】地下交通工程——道路建筑限界。

2. 按照其功能定位，浅埋在人行道下、空间断面较小，不设通风、监控等设备的共同沟是（　　）。

A. 干线共同沟　　B. 支线共同沟

C. 缆线共同沟　　D. 主线共同沟

【答案】C

【解析】干线共同沟设置于道路中央下方。支线共同沟设于人行道下。缆线共同沟埋设在人行道下，空间断面较小，埋深浅，建设施工费用较少，不设通风、监控等设备，在维护及管理上较为简单。

【考点】地下市政管线工程——共同沟。

二、2022 年考题

1. 在设计城市地下管网时，常规做法是在人行道下方设置（　　）。

A. 热力管网　　B. 自来水管道

C. 污水管道　　D. 煤气管道

【答案】A

【解析】建筑物与红线之间的地带，用于敷设电缆；人行道用于敷设热力管网或通行式综合管道；分车带用于敷设自来水、污水、煤气管道及照明电缆；街道宽度超过 60m 时，自来水和污水管道都应设在街道内两侧。

【考点】地下市政管线工程——热力管网。

2. 市政的缆线共同沟应埋设在街道的（　　）。

A. 建筑物与红线之间的地带下方　　B. 分车带下方

C. 中心线下方　　D. 人行道下方

【答案】D

【解析】缆线共同沟埋设在人行道下方。

【考点】地下市政管线工程——共同沟。

三、2021 年考题

1. 地铁车站的主体除站台、站厅外，还应包括的内容为（　　）。

A. 设备用房　　B. 通风道

C. 地面通风亭　　D. 出入口及通道

【答案】A

【解析】地铁车站通常由车站主体（站台、站厅、设备用房、生活用房），出入口及通道，通风道及地面通风亭三大部分组成。

【考点】地下交通工程——地铁车站构造组成。

2. 将地面交通枢纽与地下交通枢纽有机组合，联合开发建设的大型地下综合体，其类型属于（　　）。

A. 道路交叉口型　　B. 站前广场型

C. 副都心型　　D. 中心广场型

【答案】B

【解析】站前广场型即在大城市的大型交通枢纽地带，结合该区域的改造、更新，进行整体设计、联合开发建设的大中型地下综合体。在综合体内，可将地面交通枢纽与地下交通枢纽有机组合，适当增设商业设施，充分利用商业赢利来补贴其他市政公用设施，通过加设一些供乘客休息、娱乐、观赏、小型防灾广场等，以满足地下活动人员的各种需要。

【考点】地下公共建筑工程——站前广场型城市地下综合体。

四、2020 年考题

1. 地铁车站中不宜分期建成的是（　　）。

A. 地面车站的土建工程　　B. 高架车站的土建工程

C. 车站地面建筑物　　D. 地下车站的土建工程

【答案】D

【解析】地下车站的土建工程宜一次建成。地面车站、高架车站及地面建筑可分期建设。

【考点】地下交通工程——地铁车站的形式。

2. 地下批发总贮库的布置应优先考虑（　　）。

A. 尽可能靠近铁路干线　　B. 与铁路干线有一定距离

C. 尽可能接近生活居住区中心　　D. 尽可能接近地面销售分布密集区域

【答案】B

【解析】贮库不应直接沿铁路干线两侧布置，最好布置在生活居住区的边缘地带，同铁路干线有一定的距离。

【考点】地下贮库工程——贮库布置与交通的关系。

五、2019 年考题

1. 城市交通建设地下铁路的根本决策依据是（ ）。

A. 地形与地质条件　　B. 城市交通现状

C. 公共财政预算收入　　D. 市民的广泛诉求

【答案】C

【解析】地铁建设投资巨大，真正制约地下铁路建设的因素是经济性问题。

【考点】地下交通工程——地铁建设前提。

2. 市政支线共同沟应设置于（ ）。

A. 道路中央下方　　B. 人行道下方

C. 非机车道下方　　D. 分隔带下方

【答案】B

【解析】支线共同沟，主要收容城市中的各种供给支线，为干线共同沟和终端用户之间联系的通道，设于人行道下，管线为通信、有线电视、电力、燃气、自来水等，结构断面以矩形居多。

【考点】地下市政管线工程——市政支线共同沟。

考点统计

通过对上述 5 年的考题统计，本节涉及的考点主要是地下工程分类、组成及构造中的地下交通工程、地下市政管线工程、地下贮库工程。近 5 年涉及本节的真题共有 10 题，具体考点的考核频次如表 2.3.1 所示。

表 2.3.1 第二章第三节考点考核频次表

序号	知识点	具体考点	考核频次
1	地下交通工程	地铁车站构造组成	1
		地铁车站的形式	1
		地铁建设前提	1
		道路建筑限界	1
2	地下市政管线工程	市政支线共同沟	1
		热力管网	1
		共同沟	2
		站前广场型城市地下综合体	1
3	地下贮库工程	贮库布置与交通的关系	1

知识点凝练

一、地下工程分类

地下工程按开发深度分类见表 2.3.2。

表 2.3.2　地下工程按开发深度分类

地下工程类别	深度	用　途
浅层地下工程	地表 ~ −10m	商业、文娱、部分业务空间
中层地下工程	−10 ~ −30m	地下交通，地下污水处理场，城市水、电、气、通信
深层地下工程	−30m 以下	高速地下交通轨道，危险品仓库、冷库、油库

二、地下交通工程

（一）地下铁路

1. 地铁建设前提

地铁建设投资巨大，真正制约地下铁路建设的因素是经济性问题。一般公共财政预算收入应在 300 亿元以上，地区生产总值在 3 000 亿元以上，市区常住人口在 300 万人以上。

2. 地铁车站

地下车站的土建工程宜一次建成。地面车站、高架车站及地面建筑可分期建设。

根据站台形式，地铁车站可以分为岛式站台、侧式站台、岛侧混合式站台等。

地铁车站通常由车站主体（站台、站厅、设备用房、生活用房），出入口及通道，通风道及地面通风亭等三大部分组成。

超高峰设计客流量为该站预测远期高峰小时客流量（或客流控制时期的高峰小时客流量）的 1.1 ~ 1.4 倍。

3. 区间隧道与地铁线路

地铁线路应为右侧行车的双线线路，并应采用 1 435mm 标准轨距。线路纵断面，正线的最大坡度不宜大于 30‰，困难地段可采用 35‰，联络线、出入线的最大坡度不宜大于 40‰（均不考虑各种坡度折减值）。隧道内和路堑地段的正线最小坡度不宜小于 3‰，困难地段在确保排水的条件下，可采用小于 3‰ 的坡度。

4. 地下铁路网

地下铁路路网的基本类型有单线式、单环式、多线式、蛛网式、棋盘式等。

蛛网式由多条辐射状线路与环形线路组合，其运送能力很大，可减少旅客的换乘次数，又能避免客流集中堵塞，还能减轻多线式存在的市中心区换乘的负担。

棋盘式地铁线路沿城市棋盘式的道路系统建设而成，线路网密度大，客流量分散，但乘客换乘次数增多，增加了车站设备的复杂性。

（二）地下道路

1. 地下道路形式

地下越江（海）道路、地下立交道路、地下快速道路、半地下道路。

2. 地下道路的线路与断面特点

地下道路隧道的纵坡通常应不小于0.3%，并不大于3%。

地下道路隧道净空，是指隧道衬砌内廓线所包围的空间，它包括道路的建筑限界、通风及其他需要的断面积。

建筑限界是指隧道衬砌等任何建筑物不得侵入的一种限界。地下道路的建筑限界包括车道、路肩、路缘带、人行道等的宽度，以及车道、人行道的净高。道路隧道的横断面净空，除了包括建筑限界之外，还包括通过管道、照明、防灾、监控、运行管理等附属设备所需的空间，以及富裕量和施工允许误差等。

三、地下市政管线工程

（一）市政管线工程分类

地下市政管线工程分类见表2.3.3。

表2.3.3　地下市政管线工程分类

分类方式	具体分类
按性能与用途	分为铁路、道路、给水管道、排水管沟、电力线路、通信线路、热力管道、城市垃圾输送管道、可燃和助燃气体管道等
按敷设形式	分为架空架设线路、地下埋设线路
按管线覆土深度	一般以覆土深度是否超过1.5m作为深埋和浅埋的分界线。 （1）北方地区： 1）深埋：给水、排水、含水分的煤气管道； 2）浅埋：热力管道、电力、电信。 （2）南方地区： 1）深埋：排水管道； 2）浅埋：给水、煤气、热力、电力、通信

（二）共同沟

1. 共同沟概念

共同沟也称“地下城市管道综合管廊”。共同沟中收容的各种管线是共同沟的核心和关键，共同沟发展的早期，以收容电力、通信、煤气、供水、污水为主，目前原则上各种城市管线都可以进入共同沟，如空调管线、垃圾真空运输管线等，但对于雨水管、污水管等各种重力流管线，进入共同沟将增加共同沟的造价，应慎重对待。

2. 支线共同沟

支线共同沟主要收容城市中的各种供给支线，为干线共同沟和终端用户之间联系的通道，设于人行道下。

四、地下公共建筑工程

城市地下综合体类型见表2.3.4。

表 2.3.4　城市地下综合体类型

类型	特　点
道路交叉口型	在城市中心区路面交通繁忙的道路交叉地带，以解决人行过街交通为主，适当设置一些商业设施，考虑民防因素，综合市政道路的改造，建设中小型初级的地下综合体
车站型	多功能整合，整体规划设计。提高地下交通综合效益，新型探索
站前广场型	城市大型交通枢纽地段，增设商业、休闲、小型广场
副都心型	满足大城市中心智能疏散，城市部分重点地区新建反磁力中心，功能齐全
中心广场型	城市起居室，利用地下空间修建大型地下综合体，补充地面单一功能

五、地下贮库工程

贮库最好布置在居住用地之外，离车站不远，以便把铁路支线引至贮库所在地。小城市的贮库布置，起决定作用的是对外运输设备的位置；大城市的贮库布置，考虑对外交通，室内供应线的长短。贮库不应直接布置在铁路干线两侧，尤其是地下部分，最好布置在生活区边缘，同铁路干线有一定的距离。

本章考分统计

本章考分统计表

节	2023 年	2022 年	2021 年	2020 年	2019 年
第一节	11	11	11	11	11
第二节	6	6	6	7	6
第三节	2	2	2	2	2

本章考点点评

第一节：民用建筑分类及组成，基础分类及构造，墙体构造，楼板分类及构造，屋顶构造，单层厂房承重结构考核较多，需要重点掌握。工业建筑分类及组成，阳台与雨篷构造，楼体构造，装饰构造考核较少。

第二节：道路分类、组成及构造，桥梁分类、组成及构造是重点考核内容，需要重点掌握。涵洞分类、组成及构造考核相对较多，也需要理解记忆。

第三节：地下交通工程，地下市政管线工程是重点考核内容，需要重点掌握。地下工程分类，地下公共建筑工程，地下贮库工程考核较少。

第三章 工程材料

第一节　建筑结构材料

真题解析

一、2023 年考题

1. 下列热轧钢筋中，抗拉强度最高的是（　　）。

A. HPB300　　B. HRB400　　C. HRB600　　D. HRBF500E

【答案】 C

【解析】 HPB300 抗拉强度为 420MPa，HRB400 抗拉强度为 540MPa，HRB600 抗拉强度为 730MPa，HRBF500E 抗拉强度为 630MPa。

【考点】 建筑钢材——热轧钢筋技术要求。

2. 下列钢材的化学成分中，决定钢材性质的主要元素是（　　）。

A. 碳　　B. 硫　　C. 磷　　D. 氧

【答案】 A

【解析】 碳是决定钢材性质的重要元素。

【考点】 建筑钢材——钢材化学成分。

3. 反映沥青温度敏感性的重要指标是（　　）。

A. 延度　　B. 针入度　　C. 相对黏度　　D. 软化点

【答案】 D

【解析】 沥青软化点是反映沥青的温度敏感性的重要指标。一般采用环球法软化点仪测定沥青软化点。

【考点】 沥青——石油沥青。

4. 在抢修工程和冬季施工用混凝土中宜加入的外加剂是（　　）。

A. 引气剂　　B. 早强剂　　C. 防水剂　　D. 泵送剂

【答案】 B

【解析】 混凝土早强剂是指能提高混凝土早期强度，并对后期强度无显著影响的外加剂。早强剂多用于抢修工程和冬季施工的混凝土。

【考点】 水泥混凝土——早强剂。

5. 设计工作年限为 50 年的钢筋混凝土构件，其混凝土强度等级不应低于（　　）。

A. C20　　B. C25　　C. C30　　D. C40

【答案】B

【解析】对设计工作年限为 50 年的混凝土结构，结构混凝土的强度等级尚应符合相关规定：素混凝土结构构件的混凝土强度等级不应低于 C20。钢筋混凝土结构构件的混凝土强度等级不应低于 C25。

【考点】水泥混凝土——结构混凝土强度等级要求。

6. 下列钢材性能技术指标中，表示抗拉性能的有（　　）。

A. 伸长率　　B. 硬度值

C. 屈服强度　　D. 抗拉强度

E. 冲击韧性值

【答案】ACD

【解析】抗拉性能是钢材的最主要性能，表征其性能的技术指标主要是屈服强度、抗拉强度和伸长率。

【考点】建筑钢材——钢材的抗拉性能。

7. 水化热较小的硅酸盐水泥有（　　）。

A. 硅酸盐水泥　　B. 普通硅酸盐水泥

C. 粉煤灰硅酸盐水泥　　D. 矿渣硅酸盐水泥

E. 火山灰硅酸盐水泥

【答案】CDE

【解析】矿渣硅酸盐水泥、火山灰硅酸盐水泥和粉煤灰硅酸盐水泥的水化热都较小。（见知识点凝练常用水泥的主要特性及适用范围）

【考点】水泥——常用水泥的主要特性及适用范围。

二、2022 年考题

1. 下列冷轧带肋钢筋中，既可作为普通钢筋混凝土用钢筋，也可作为预应力混凝土用钢筋的是（　　）。

A. CRB650　　B. CRB800　　C. CRB680H　　D. CRB800H

【答案】C

【解析】根据《冷轧带肋钢筋》GB/T 13788—2017 的规定，冷轧带肋钢筋分为 CRB550、CRB650、CRB800、CRB600H、CRB680H、CRB800H 六个牌号。CRB550、CRB600H 为普通钢筋混凝土用钢筋，CRB650、CRB800、CRB800H 为预应力混凝土用钢筋，CRB680H 既可作为普通钢筋凝土用钢筋，也可作为预应力混凝土用钢筋。

【考点】建筑钢材——冷轧带肋钢筋。

2. 决定石油沥青温度敏感性和黏性的重要组分是（　　）。

A. 油分　　B. 树脂　　C. 沥青质　　D. 沥青碳

【答案】C

【解析】地沥青质（沥青质）是决定石油沥青温度敏感性、黏性的重要组成部分，其含量越多，则软化点越高，黏性越大，即越硬脆。

【考点】沥青——石油沥青。

3. 下列关于粗骨料颗粒级配说法，正确的是（　　）。

A. 混凝土间断级配比连续级配和易性好

B. 混凝土连续级配比间断级配易离析

C. 相比于间断级配，混凝土连续级配适用于机械振捣流动性低的干硬性拌和物

D. 连续级配是现浇混凝土最常用的级配形式

【答案】D

【解析】连续级配比间断级配水泥用量稍多，但其拌制的混凝土流动性和黏聚性均较好，是现浇混凝土中最常用的一种级配形式。间断级配是省去一级或几级中间粒级的集料级配，其大颗粒之间的空隙由比它小几倍的小颗粒来填充，减少空隙率，节约水泥。但由于颗粒相差较大，混凝土拌和物易产生离析现象。因此，间断级配较适用于机械振捣流动性低的干硬性拌和物。

【考点】水泥混凝土——石子颗粒级配。

4. 既能改善混凝土流变性能，又能改善混凝土耐久性的外加剂是（　　）。

A. 速凝剂　　B. 引气剂　　C. 缓凝剂　　D. 加气剂

【答案】B

【解析】引气剂是在混凝土搅拌过程中，能引入大量分布均匀的稳定而封闭的微小气泡，以减少拌和物泌水离析、改善和易性，同时显著提高硬化混凝土抗冻融耐久性的外加剂。

【考点】水泥混凝土——外加剂中的引气剂。

5. 普通混凝土和易性最敏感的影响因素是（　　）。

A. 砂率　　B. 水泥浆　　C. 温度和时间　　D. 骨料品种与品质

【答案】B

【解析】水泥浆是普通混凝土和易性最敏感的影响因素。

【考点】水泥混凝土——普通混凝土的和易性。

6. 关于高性能混凝土，下列说法正确的有（　　）。

A. 体积稳定性高

B. 可减少结构断面，降低钢筋用量

C. 耐高温性好

D. 早期收缩率随着早期强度提高而增大

E. 具有较高的密实性和抗渗性

【答案】ADE

【解析】高性能混凝土体积稳定性高。高强混凝土可减少结构断面，降低钢筋用量，增加房屋使用面积和有效空间，减轻地基负荷。高性能混凝土在高温作用下会产生爆裂、剥落，耐高温（火）差。高性能混凝土的早期收缩率，随着早期强度的提高而增大。高性能混凝土具有较高的密实性和抗渗性，其抗化学腐蚀性能显著优于普通强度混凝土。

【考点】水泥混凝土——高性能混凝土。

7. 下列常用水泥中，适用于大体积混凝土工程的有（　　）。

A. 硅酸盐水泥

B. 普通硅酸盐水泥

C. 矿渣硅酸盐水泥

D. 火山灰质硅酸盐水泥

E. 粉煤灰硅酸盐水泥

【答案】CDE

【解析】大体积混凝土应该选择水化热较小的水泥，硅酸盐水泥和普通硅酸盐水泥

不宜用于大体积混凝土工程。

【考点】水泥——常用水泥的主要特性及适用范围。

三、2021 年考题

1. 钢筋强屈比越大，则（　　）。

A. 结构安全性越好　　B. 结构安全性越差

C. 利用率越高　　D. 冲击韧性越差

【答案】A

【解析】强屈比能反映钢材的利用率和结构安全可靠程度。强屈比越大，反映钢材受力超过屈服点工作时的可靠性越大，因而结构的安全性越高。但强屈比太大，则反映钢材不能被有效利用。

【考点】建筑钢材——钢材的抗拉性能。

2. 高温车间主体结构的混凝土配制优先选用的水泥品牌为（　　）。

A. 粉煤灰普通硅酸盐水泥　　B. 普通硅酸盐水泥

C. 硅酸盐水泥　　D. 矿渣硅酸盐水泥

【答案】D

【解析】矿渣硅酸盐水泥耐热性较好，适用于高温车间和有耐热、耐火要求的混凝土结构。

【考点】水泥——矿渣硅酸盐水泥。

3. 下列橡胶改性沥青中，既具有良好的耐高温又具有优异低温柔性和耐疲劳性的是（　）。

A. 丁基橡胶改性沥青　　B. 氯丁橡胶改性沥青

C. SBS 改性沥青　　D. 再生橡胶改性沥青

【答案】C

【解析】SBS 改性沥青具有良好的耐高温性、优异的低温柔性和耐疲劳性，是目前应用最成功和用量最大的一种改性沥青。主要用于制作防水卷材和铺筑高等级公路路面等。

【考点】沥青——改性石油沥青中的 SBS 改性沥青。

4. 泵送混凝土宜选用的细骨料为（　　）。

A. 粗砂　　B. 中砂　　C. 细砂　　D. 区砂

【答案】B

【解析】对于泵送混凝土，宜选用中砂。

【考点】水泥混凝土——砂。

5. 下列砖可用于沟道或基础砌筑的为（　　）。

A. 蒸养砖　　B. 烧结空心砖　　C. 烧结多孔砖　　D. 烧结普通砖

【答案】D

【解析】烧结普通砖具有较高的强度，良好的绝热性、耐久性、透气性和稳定性，且原料广泛，生产工艺简单，因而可用作墙体材料，砌筑柱、拱、窑炉、烟囱、沟道及基础等。

【考点】砌筑材料——烧结砖。

6. 下列钢筋品牌中，可用于预应力钢筋混凝土的钢筋有（　　）。

A. CRB600H　　B. CRB680H

C. CRB800H　　D. CRB650

E. CRB800

【答案】BCDE

【解析】CRB550、CRB600H 为普通钢筋混凝土用钢筋，CRB650、CRB800、CRB800H 为预应力混凝土用钢筋，CRB680H 既可作为普通钢筋混凝土用钢筋，也可作为预应力混凝土用钢筋。

【考点】建筑钢材——钢筋品牌适用范围。

7. 混凝土耐久性的主要性能指标包括（　　）。

A. 保水性　　B. 抗冻性

C. 抗渗性　　D. 抗侵蚀性

E. 抗碳化能力

【答案】BCDE

【解析】混凝土耐久性是指混凝土在实际使用条件下抵抗各种破坏因素作用，长期保持强度和外观完整性的能力，包括混凝土的抗冻性、抗渗性、抗侵蚀性及抗碳化能力等。

【考点】水泥混凝土——混凝土耐久性。

四、2020 年考题

1. 制作预应力混凝土轨枕采用的预应力混凝土钢材应为（　　）。

A. 钢丝　　B. 钢绞线　　C. 热处理钢筋　　D. 冷轧带肋钢筋

【答案】C

【解析】热处理钢筋强度高，用材省，锚固性好，预应力稳定，主要用作预应力钢筋混凝土轨枕，也可以用于预应力混凝土板、吊车梁等构件。

【考点】建筑钢材——预应力混凝土热处理钢筋。

2. 水泥的强度是指（　　）。

A. 水泥净浆的强度　　B. 水泥胶砂的强度

C. 水泥混凝土强度　　D. 水泥砂浆结石强度

【答案】B

【解析】水泥强度是指胶砂的强度而不是净浆的强度，它是评定水泥强度等级的依据。

【考点】水泥——水泥强度。

3. 耐酸、耐碱、耐热和绝缘的沥青制品应选用（　　）。

A. 滑石粉填充改性沥青　　B. 石灰石粉填充改性沥青

C. 硅藻土填充改性沥青　　D. 树脂改性沥青

【答案】A

【解析】滑石粉亲油性好（憎水），易被沥青润湿，可直接混入沥青中，以提高沥青的机械强度和抗老化性能，可用于具有耐酸、耐碱、耐热和绝缘性能的沥青制品中。

【考点】沥青——矿物填充料改性沥青。

4. 关于混凝土泵送剂，说法正确的是（　　）。

A. 应用泵送剂温度不宜高于25℃

B. 过量摄入泵送剂不会造成堵泵现象

C. 宜用于蒸汽养护法

D. 泵送剂包含缓凝及减水组分

【答案】D

【解析】泵送剂的组分包含缓凝及减水组分，增稠组分（保水剂），引气组分及高比表面无机掺和料。应用泵送剂温度不宜高于35℃，掺泵送剂过量可能造成堵泵现象。泵送剂不宜用于蒸汽养护混凝土和蒸压养护的预制混凝土。

【考点】水泥混凝土——外加剂中的泵送剂。

5. 沥青路面的面层集料采用玄武岩碎石主要是为了保证路面的（　　）。

A. 高温稳定性　　B. 低温抗裂性　　C. 抗滑性　　D. 耐久性

【答案】C

【解析】为保证抗滑性能，面层集料应选用质地坚硬具有棱角的碎石，通常采用玄武岩。

【考点】沥青混合料——技术性质中的抗滑性。

6. 表征钢材抗拉性能的技术指标主要有（　　）。

A. 屈服强度　　B. 冲击韧性

C. 抗拉强度　　D. 硬度

E. 伸长率

【答案】ACE

【解析】抗拉性能是钢材的最主要性能，表征其性能的技术指标主要是屈服强度、抗拉强度和伸长率。

【考点】建筑钢材——钢材的抗拉性能。

7. 干缩性较小的水泥有（　　）。

A. 硅酸盐水泥　　B. 普通硅酸盐水泥

C. 矿渣硅酸盐水泥　　D. 火山灰质硅酸盐水泥

E. 粉煤灰硅酸盐水泥

【答案】ABE

【解析】矿渣硅酸盐水泥、火山灰质硅酸盐水泥的干缩性较大。

【考点】水泥——常用水泥的主要特性及适用范围。

五、2019年考题

1. 钢材CDW550主要用于（　　）。

A. 地铁钢轨　　B. 预应力钢筋　　C. 吊车梁主筋　　D. 构造钢筋

【答案】D

【解析】冷拔低碳钢丝只有CDW550一个牌号。冷拔低碳钢丝宜作为构造钢筋使用，作为结构构件中纵向受力钢筋使用时应采用钢丝焊接网。冷拔低碳钢丝不得作预应力钢筋使用。

【考点】建筑钢材——冷拔低碳钢丝。

2. 有耐火要求的混凝土应采用（　　）。

A. 硅酸盐水泥　　B. 普通硅酸盐水泥

C. 矿渣硅酸盐水泥　　D. 火山灰质硅酸盐水泥

【答案】C

【解析】矿渣硅酸盐水泥适用于高温车间和有耐热、耐火要求的混凝土结构。

【考点】水泥——常用水泥的主要特性及适用范围。

3. 高等级公路路面铺筑应选用（　　）。

A. 树脂改性沥青　　B. SBS 改性沥青

C. 橡胶树脂改性沥青　　D. 矿物填充料改性沥青

【答案】B

【解析】SBS 改性沥青具有良好的耐高温性、优异的低温柔性和耐疲劳性，是目前应用最成功和用量最大的一种改性沥青，主要用于制作防水卷材和铺筑高等级公路路面等。

【考点】沥青——改性石油沥青中的 SBS 改性沥青。

4. 除了所用水泥和骨料的品种外，通常对混凝土强度影响最大的因素是（　　）。

A. 外加剂　　B. 水灰比　　C. 养护温度　　D. 养护湿度

【答案】B

【解析】当用同一品种及相同强度等级水泥时，混凝土强度等级主要取决于水灰比。

【考点】水泥混凝土——影响混凝土强度的因素。

5. 烧结多孔砖的孔洞率不应小于（　　）。

A. 20%　　B. 25%　　C. 30%　　D. 40%

【答案】B

【解析】烧结多孔砖是以黏土、页岩、煤矸石、粉煤灰等为主要原料烧制的主要用于结构承重的多孔砖。多孔砖大面有孔，孔多而小，孔洞垂直于大面（即受压面），孔洞率不小于 25%。

【考点】砌筑材料——烧结多孔砖。

6. 选定了水泥、砂和石子的品种后，混凝土配合比设计实质上是要确定（　　）。

A. 石子颗粒级配　　B. 水灰比

C. 灰砂比　　D. 单位用水量

E. 砂率

【答案】BDE

【解析】从表面上看，混凝土配合比只是计算水泥、砂、石子、水这四种组成材料的用量。实质上是根据组成材料的情况，确定满足四项基本要求的三大参数：水灰比、单位用水量和砂率。

【考点】水泥混凝土——混凝土配合比设计。

7. 常用于普通钢筋混凝土的冷轧带肋钢筋有（　　）。

A. CRB650　　B. CRB800

C. CRB550　　D. CRB600H

E. CRB680H

【答案】CDE

【解析】冷轧带肋钢筋分为 CRB550、CRB650、CRB800、CRB600H、CRB680H、CRB800H 6 个牌号。CRB550、CRB600H 为普通钢筋混凝土用钢筋，CRB650、CRB800、CRB800H 为预应力混凝土用钢筋，CRB680H 既可作为普通钢筋混凝土用钢筋，又可作为预应力混凝土用钢筋。

【考点】建筑钢材——冷轧带肋钢筋。

考点统计

通过对上述 5 年的考题统计，本节涉及的考点主要是建筑钢材、水泥、沥青、水泥混凝土、沥青混合料、砌筑材料。近 5 年涉及本节的真题共有 36 题，具体考点的考核频次如表 3.1.1 所示。

表 3.1.1 第三章第一节考点考核频次表

序号	知识点	具体考点	考核频次
1	建筑钢材	钢筋品牌适用范围	1
		钢材的抗拉性能	4
		预应力混凝土热处理钢筋	1
		热轧钢筋技术要求	1
		冷拔低碳钢丝	1
		冷轧带肋钢筋	2
		钢材化学成分	1
2	水泥	矿渣硅酸盐水泥	1
		水泥强度	1
		常用水泥的主要特性及适用范围	4
3	沥青	矿物填充料改性沥青	1
		改性石油沥青中的 SBS 改性沥青	2
		石油沥青	2
4	水泥混凝土	混凝土耐久性	1
		混凝土和易性	1
		泵送剂	1
		引气剂	1
		早强剂	1
		影响混凝土强度的因素	1
		结构混凝土强度等级要求	1

续表 3.1.1

序号	知识点	具体考点	考核频次
4	水泥混凝土	混凝土配合比设计	1
		砂	1
		高性能混凝土	1
		石子颗粒级配	1
5	沥青混合料	技术性质中的抗滑性	1
6	砌筑材料	烧结砖	2

知识点凝练

一、建筑钢材

（一）常用的建筑钢材

钢筋类型见表 3.1.2。

表 3.1.2 钢筋类型

类型	种类	特　点
热轧	光圆	HPB300； 强度低，塑性好，伸长率高，用于中小型混凝土结构受力筋或箍筋
	带肋	HRB400、HRBF400、HRB400E、HRBF400E、HRB500、HRBF500、HRB500E、HRBF500E、HRB600； 带肋钢筋具有较高的强度，塑性和可焊性好，用于混凝土结构受力筋，以及预应力钢筋
冷加工	冷拉热轧钢筋	提高钢筋强度、降低塑性和韧性；冷拉时效
	冷轧带肋钢筋	强度高、握裹力强、节约钢材、质量稳定； CRB550、CRB600H 用于普通钢筋混凝土；CRB650、CRB800、CRB800H 用于预应力混凝土；CRB680H 既可用于普通混凝土，也可用于预应力混凝土
	冷拔低碳钢丝	冷拔低碳钢丝宜作为构造钢筋使用，作为结构构件中纵向受力钢筋使用时应采用钢丝焊接网，只有 CDW550 一个牌号
预应力热处理钢筋		强度高，用材省，锚固性好，预应力稳定，用于预应力钢筋混凝土轨枕、预应力混凝土板、吊车梁
预应力混凝土用钢丝与钢绞线		预应力钢丝与钢绞线均属于冷加工强化及热处理钢材，拉伸试验时无屈服点，但抗拉强度远远超过热轧钢筋和冷轧钢筋，并具有很好的柔韧性，应力松弛率低，适用于大荷载、大跨度及需要曲线配筋的预应力混凝土结构，如大跨度屋架、薄腹梁、吊车梁等大型构件的预应力结构

（二）钢材的性能

钢材的性能见表 3.1.3。

表 3.1.3　钢材的性能

性能		特　点
抗拉性能	屈服强度	在结构计算时，以屈服点作为材料的屈服强度的标准值
	抗拉强度	强屈比能反映钢材的利用率和结构安全可靠程度。强屈比越大，反映钢材受力超过屈服点工作时的可靠性越大，因而结构的安全性越高，但强屈比太大，则反映钢材不能有效地被利用
	伸长率	伸长率的大小与标距长度有关。塑性变形在标距内的分布是不均匀的，颈缩处的伸长较大，离颈缩部位越远变形越小
冲击性能		脆性临界温度越低，钢材的低温冲击韧性越好。承受动荷载的结构物应选择时效敏感性较小的钢材
硬度		表面抵抗硬物压入的能力。数值越大，钢材越硬
耐疲劳性		交变应力越大，断裂时交变循环次数越少，反之亦然
冷弯性能		弯曲角度越大、弯心直径越小，冷弯性能越好
焊接性能		含碳超过 0.3% 时，可焊性显著下降。正确选择材料、工艺是提高焊接质量的主要措施

二、胶凝材料

（一）水泥

1. 硅酸盐水泥、普通硅酸盐水泥

硅酸盐水泥和普通硅酸盐水泥技术性质见表 3.1.4。

表 3.1.4　硅酸盐水泥和普通硅酸盐水泥技术性质

项目	具体内容
细度	比表面积≥300m²/kg；颗粒越细，水化速度快，早期强度高，但硬化收缩较大
凝结时间	初凝时间为水泥加水拌和起，至水泥浆开始失去塑性所需的时间； 终凝时间从水泥加水拌和起，至水泥浆完全失去塑性并开始产生强度所需的时间； 硅酸盐水泥初凝时间≥45min，终凝时间≤6.5h； 普通硅酸盐水泥初凝时间≥45min，终凝时间≤10h
体积安定性	硬化过程中，体积变化是否均匀的性能称为安定性。安定性不合格不得用于工程，应废弃
强度	指的是胶砂强度而非净浆强度，是评定水泥强度等级的依据
碱含量	水泥碱含量将影响构件（制品）的质量或引起质量事故
水化热	水化热大，对大体积混凝土不利

2. 掺混合材料硅酸盐水泥

混合材料分为活性混合材料和非活性混合材料。常用的活性混合材料有符合国家相关标准的粒化高炉矿渣、粒化高炉矿渣粉、粉煤灰、火山灰质混合料。水泥熟料中掺入活性混合材料，可以改善水泥性能、调节水泥强度等级、扩大水泥使用范围、提高水泥产量、利用工业废料、降低成本，有利于环境保护。

3. 常用水泥的主要特性及适用范围

常用水泥特性及适用范围见表 3.1.5。

表 3.1.5 常用水泥特性及适用范围

<table>
<tr><td>项目</td><td colspan="5">项目内容</td></tr>
<tr><td>水泥品种</td><td>硅酸盐水泥</td><td>普通硅酸盐水泥</td><td>矿渣硅酸盐水泥</td><td>火山灰质硅酸盐水泥</td><td>粉煤灰硅酸盐水泥</td></tr>
<tr><td rowspan="2">主要特性</td><td rowspan="2">（1）早强、水化热较大、耐冻；
（2）耐热性、耐腐蚀性、耐水性差；
（3）干缩性较小</td><td rowspan="2">（1）早期强度较高，水化热较大；
（2）耐冻性较好；
（3）耐热性、耐腐蚀性、耐水性较差；
（4）干缩性较小</td><td colspan="3">（1）早期强度低，后期强度增长较快；
（2）水化热较小；
（3）抗冻性较差，抗碳化能力差</td></tr>
<tr><td>耐热性较好</td><td>耐热性较差；干缩性较大</td><td>干缩性小</td></tr>
<tr><td rowspan="2">适用范围</td><td rowspan="2">适用于快硬早强的工程，配制高强度等级混凝土</td><td rowspan="2">适用于制造地上、地下及水中混凝土、钢筋混凝土及预应力钢筋混凝土结构，包括受反复冰冻的结构</td><td>适用于高温车间和有耐火、耐热要求的混凝土结构</td><td>适用于有抗渗要求的工程</td><td>地上、地下水中及大体积混凝土工程</td></tr>
<tr><td colspan="3">（1）适用于大体积混凝土工程；
（2）适用于有抗硫酸盐侵蚀要求的一般工程</td></tr>
<tr><td>不适用范围</td><td colspan="2">不宜用于大体积混凝土工程；
不宜用于受化学侵蚀、压力水作用及软水作用及海水侵蚀的工程</td><td>不适用于严寒地区并处在水位升降范围内的混凝土工程</td><td>不适用于处在干燥环境的混凝土工程</td><td>不适用于有抗碳化要求的工程</td></tr>
</table>

4. 其他水泥的主要特性及适用范围

（1）铝酸盐水泥。

用于工期紧急的工程，如国防、道路和特殊抢修工程等，也可用于抗硫酸盐腐蚀的工程和冬季施工的工程。

（2）硫铝酸盐水泥。

分为快硬硫铝酸盐水泥、低碱度硫铝酸盐水泥和自应力硫铝酸盐水泥。不宜用于高温施工及处于高温环境的工程。

（3）道路硅酸盐水泥。

道路硅酸盐水泥是由道路硅酸盐水泥熟料、适量石膏和混合材料，磨细制成的水硬性胶凝材料。根据《道路硅酸盐水泥》GB/T 13693—2017，道路硅酸盐水泥按照 28d 抗折强度分为 7.5 和 8.5 两个等级。其初凝时间不得早于 1.5h，终凝时间不得迟于 12h。

道路硅酸盐水泥主要用于公路路面、机场跑道等工程结构，也可用于要求较高的工厂地面和停车场等工程。

（二）沥青

1. 石油沥青

石油沥青的组分、技术性质和选用见表 3.1.6。

表 3.1.6　石油沥青的组分、技术性质和选用

项目		具体内容
石油沥青的组分	油分	是沥青分子量最小和密度最小的组分
	树脂	使石油沥青具有良好的塑性和黏结性
	地沥青质	是决定石油沥青温度敏感性、黏性的重要组成部分，含量越多，软化点越高，黏性越大，即越硬脆
技术性质	防水性	具有良好的防水性，广泛用作土木工程的防潮、防水材料
	黏滞性	以绝对黏度表示，在一定温度范围内，温度升高，黏滞性随之降低，反之则随之增大
	塑性	沥青的塑性对冲击振动荷载有一定吸收能力，并能减少摩擦时的噪声，故沥青是一种优良的道路路面材料
	温度敏感性	土木工程中宜选用温度敏感性较小的沥青
	大气稳定性	蒸发损失百分数越小和蒸发后针入度比越人，大气稳定性越高，“老化”越慢
石油沥青的选用	建筑石油沥青	建筑石油沥青针入度较小（黏性较大），软化点较高（耐热性较好），但延伸度较小（塑性较小），主要用作制造油纸、油毡、防水涂料和沥青嵌缝膏。绝大部分用于屋面及地下防水、沟槽防水防腐蚀及管道防腐等工程
	道路石油沥青	重交通道路石油沥青主要用于高速公路、一级公路路面，机场道面及重要的城市道路路面工程，中、轻交通道路沥青主要用于一般的道路路面，车间地面等工程

2. 改性石油沥青

改性石油沥青见表 3.1.7。

表 3.1.7　改性石油沥青

项目	具体内容
橡胶改性沥青	SBS 改性沥青具有良好的耐高温性、优异的低温柔性和耐疲劳性，是目前应用最成功和用量最大的一种改性沥青。主要用于自作防水卷材和铺筑高等级公路路面
树脂改性沥青	树脂改性沥青，可以改进沥青的耐寒性、耐热性、黏结性和不透气性，EVA 和 APP 多用于防水卷材、密封材料和防水涂料等。聚乙烯树脂改性沥青的耐高温性和耐疲劳性有显著改善，低温柔性也有所改善

续表 3.1.7

项目	具体内容
橡胶和树脂改性沥青	主要有卷材、片材、密封材料、防水涂料等
矿物填充料改性沥青	主要矿物填充料有滑石粉、石灰石粉、硅藻土和石棉等。 （1）滑石粉亲油性好（憎水），易被沥青润湿，可直接混入沥青中，以提高沥青的机械强度和抗老化性能，可用于具有耐酸、耐碱、耐热和绝缘性能的沥青制品中。 （2）石灰石粉，碱性。 （3）硅藻土，酸性，是制作轻质、绝热、吸声的沥青制品的主要填料

三、水泥混凝土

（一）普通混凝土组成材料

普通混凝土组成材料见表 3.1.8。

表 3.1.8 普通混凝土组成材料

组成材料	具体要求		
水泥	影响混凝土强度、耐久性及经济性的重要因素； 泵送混凝土：选用硅酸盐、普通硅酸盐、矿渣硅酸盐和粉煤灰硅酸盐水泥； 道路工程：采用强度高、收缩小、耐磨性强、抗冻性好的水泥		
砂	分类	细度模数	3.7～3.1 粗砂，3.0～2.3 中砂，2.2～1.6 细砂，均可作为普通混凝土用砂，但以中砂为佳
		技术要求	建设用砂按颗粒级配、含泥量（石粉含量）、亚甲蓝（MB）值、泥块含量、有害物质、坚固性、压碎指标、片状颗粒含量分为Ⅰ类、Ⅱ类、Ⅲ类
	粗粒程度及颗粒级配	若砂子过粗，拌制混凝土黏聚性较差，容易产生离析、泌水现象	
		若砂子过细，拌制混凝土黏聚性较好，不易产生离析、泌水现象，水泥用量增大	
		用级配良好的砂配制，水泥浆用量少、节约水泥，可提高混凝土的和易性、密实度和强度	
	含泥量或石灰含量、亚甲蓝值、泥块含量	对于有抗渗、抗冻、抗腐蚀、耐磨或其他特殊要求的混凝土，砂的含泥量和泥块含量分别不应大于 3.0% 和 1.0%；高强混凝土用砂的含泥量和泥块含量分别不应大于 2.0% 和 0.5%；机制砂应按石粉的亚甲蓝值指标和石粉的流动比指标控制石粉含量	
	坚固性	建设用砂的坚固性指标不应大于 10%。对于有抗渗、抗冻、抗腐蚀、耐磨或其他特殊要求的混凝土，砂的坚固性指标不应大于 8%	
	有害杂质含量	钢筋混凝土用砂的氯离子含量不应大于 0.03%，预应力混凝土用砂的氯离子含量不应大于 0.01%	
石子	含泥量、泥块含量	对于有抗渗、抗冻、抗腐蚀、耐磨或其他特殊要求的混凝土，粗骨料中含泥量和泥块含量分别不应大于 1.0% 和 0.5%；高强混凝土用粗骨料的含泥量和泥块含量分别不应大于 0.5% 和 0.2%	

续表 3.1.8

组成材料	具体要求	
石子	颗粒级配	连续级配：水泥用量稍多，但其拌制的混凝土流动性和黏聚性均较好，最常用
		间断级配：减少孔隙率，节约水泥。混凝土拌和物易产生离析现象。适用于机械振捣流动性低的干硬性拌和物
		泵送混凝土的粗骨料应采用连续级配
	强度	石子的强度可以用岩石立方体抗压强度或压碎指标表示
	坚固性	结构混凝土用粗骨料的坚固性指标不应大于 12%；对于有抗渗、抗冻、抗腐蚀、耐磨或其他特殊要求的混凝土，粗骨料坚固性指标不应大于 8%
	有害杂质含量	对于重要工程混凝土所用的卵石、碎石，还应进行碱活性检验，以确定其适用性
水	混凝土拌和用水应控制 pH、硫酸根离子含量、氯离子含量、不溶物含量、可溶物含量；当混凝土骨料具有碱活性时，还应控制碱含量；地表水、地下水、再生水在首次使用前应检测放射性	
外加剂	减水剂	混凝土掺入减水剂的技术经济效果：一是保持坍落度不变，掺减水剂可降低单位混凝土用水量，从而降低了水灰比，提高混凝土强度，同时改善混凝土的密实度，提高耐久性；二是保持用水量不变，掺减水剂可增大混凝土坍落度（流动性）；三是保持强度不变，掺减水剂可节约水泥用量
	早强剂	目前常用的早强剂有氯盐、硫酸盐、三乙醇胺和以它们为基础的复合早强剂。氯盐早强剂不能用于预应力混凝土结构。硫酸盐等无机盐类早强剂不宜用于：①处于水位变化的结构；②露天结构及经常受水淋、受水流冲刷的结构；③相对湿度大于 80% 环境中使用的结构；④直接接触酸、碱或其他侵蚀性介质的结构；⑤有装饰要求的混凝土，特别是要求色彩一致或表面有金属装饰的混凝土。三乙醇胺早强剂对钢筋无锈蚀作用，但三乙醇胺等有机胺类早强剂不宜用于蒸养混凝土。早强剂多用于抢修工程和冬季施工的混凝土。炎热条件以及环境温度低于 −5℃时不宜使用早强剂。早强剂不宜用于大体积混凝土
	引气剂	改善和易性，提高耐久性；常在道路、桥梁、港口和大坝等工程上采用松香热聚物、松脂皂
	缓凝剂	延缓混凝土凝结时间，并不显著降低混凝土后期强度
	泵送剂	改善混凝土拌合物的泵送性能，使混凝土具有能顺利通过输送管道，不阻塞，不离析，黏塑性良好的外加剂； 组分包含缓凝及减水组分，增稠组分（保水剂），引气组分。 应用泵送剂温度不宜高于 35℃，掺泵送剂过量可能造成堵泵现象。 泵送剂不宜用于蒸汽养护混凝土和蒸压养护的预制混凝土
	膨胀剂	膨胀剂能使混凝土产生一定的体积膨胀，其与水反应生成膨胀性水化物，与水泥混凝土凝结硬化过程中产生的收缩相抵消

（二）普通混凝土的技术性质

普通混凝土的技术性质见表 3.1.9。

表 3.1.9 普通混凝土的技术性质

<table>
<tr><th>技术指标</th><th colspan="3">具体内容</th></tr>
<tr><td rowspan="6">强度</td><td>抗压强度</td><td colspan="2">混凝土的强度等级是根据立方体抗压强度标准值来确定的</td></tr>
<tr><td>抗拉强度</td><td colspan="2">混凝土的抗拉强度只有抗压强度的 1/10 ~ 1/20，且强度等级越高，该比值越小</td></tr>
<tr><td>抗折强度</td><td colspan="2">在道路和机场工程中，混凝土抗折强度是结构设计和质量控制的重要指标，而抗压强度作为参考强度指标</td></tr>
<tr><td rowspan="3">影响因素</td><td>水灰比和水泥强度等级</td><td>混凝土强度等级主要取决于水灰比</td></tr>
<tr><td>养护的温度和湿度</td><td>温度升高，混凝土强度发展也快；湿度应适当</td></tr>
<tr><td>龄期</td><td>强度随着龄期增加而提高</td></tr>
<tr><td rowspan="5">和易性</td><td rowspan="4">概念</td><td>流动性</td><td>产生流动并均匀密实的充满模板的能力</td></tr>
<tr><td>黏聚性</td><td>使混凝土保持整体均匀性的能力</td></tr>
<tr><td>保水性</td><td>混凝土拌合物在施工中不致发生严重的泌水现象</td></tr>
<tr><td colspan="2">混凝土拌合物的黏聚性和保水性主要通过目测结合经验进行评定</td></tr>
<tr><td>影响因素</td><td colspan="2">影响混凝土拌合物和易性的主要因素包括单位体积用水量、砂率、组成材料的性质、时间和温度等。①单位体积用水量决定水泥浆的数量和稠度，它是影响混凝土和易性的最主要因素。②砂率是指混凝土中砂的质量占砂、石总质量的百分率。③组成材料的性质包括水泥的需水量和泌水性、骨料的特性、外加剂和掺合料的特性等几方面</td></tr>
<tr><td rowspan="5">耐久性</td><td>抗冻性</td><td colspan="2">是评定混凝土耐久性的主要指标</td></tr>
<tr><td>抗渗性</td><td colspan="2">影响混凝土抗渗性的因素有水灰比、水泥品种、骨料的粒径、养护方法、外加剂及掺合料等，其中水灰比对抗渗性起决定性作用</td></tr>
<tr><td>抗侵蚀性</td><td colspan="2">混凝土的抗侵蚀性与密实度有关，水泥品种、混凝土内部孔隙特征对抗侵蚀性也有较大影响</td></tr>
<tr><td>混凝土碳化</td><td colspan="2">发生化学反应，使混凝土碱度降低，减弱了混凝土对钢筋的保护作用</td></tr>
<tr><td>提高耐久性措施</td><td colspan="2">（1）根据工程环境及要求，合理选用水泥品种。
（2）控制水灰比及保证足够的水泥用量。
（3）选用质量良好、级配合理的骨料和合理的砂率。
（4）掺用合适的外加剂</td></tr>
</table>

续表 3.1.9

技术指标	具体内容
配合比设计	配合比设计要满足四项要求： （1）满足混凝土设计的强度等级； （2）满足施工要求的混凝土和易性； （3）满足混凝土适用要求的耐久性； （4）满足上述条件系做到节约水泥和降低混凝土成本。 结构混凝土强度等级的选用应满足工程结构的承载力、刚度及耐久性需求。 素混凝土结构构件的混凝土强度等级不应低于 C20。钢筋混凝土结构构件的混凝土强度等级不应低于 C25。预应力混凝土楼板结构的混凝土强度等级不应低于 C30，其他预应力混凝土结构构件的混凝土强度等级不应低于 C40。型钢混凝土组合结构构件的混凝土强度等级不应低于 C30。 承受重复荷载作用的钢筋混凝土结构构件，混凝土强度等级不应低于 C30。 抗震等级不低于二级的钢筋混凝土结构构件，混凝土强度等级不应低于 C30。 采用 500MPa 及以上等级钢筋的钢筋混凝土结构构件，混凝土的强度等级不应低于 C30

（三）特种混凝土

特种混凝土种类及特点见表 3.1.10。

表 3.1.10　特种混凝土种类及特点

种类	特　点
高性能混凝土	自密实性好、体积稳定性高、强度高、水化热低、收缩量小、徐变少、耐久性好、耐高温（火）差
高强混凝土	抗压性能与普通混凝土差别大； 早期与后期强度：早期强度发展较快； 抗拉强度随抗压强度的提高而提高，但它们的比值随着强度增加而降低； 初期收缩大，但最终收缩量与普通混凝土大体相同； 耐久性明显优于普通混凝土
轻骨料混凝土	表观密度小、耐久性好、保温隔热性能好、导热系数小
防水混凝土	减小水灰比、提高水泥用量、砂率和灰砂比，改善颗粒级配，以提高密实度； 掺入外加剂以提高密实度：减水剂、三乙醇胺早强剂或氯化铁防水剂； 使用膨胀水泥提高密实度； 改善混凝土内部孔隙结构，加引气剂或引气减水剂
碾压混凝土	内部结构密实、强度高；干缩性小、耐久性好；节约水泥、水化热低
纤维混凝土	掺入纤维的目的是提高混凝土抗拉强度与降低其脆性

四、沥青混合料

沥青混合料组成与结构、技术性质见表 3.1.11。

表 3.1.11 沥青混合料组成与结构、技术性质

项目	具体内容
组成	由沥青、粗集料、细集料、矿粉组成，有的还加入聚合物和木纤维素
组成结构	悬浮密实结构
	骨架空隙结构
	骨架密实结构
技术性质	高温稳定性：承受多次重复荷载作用而不发生过大的累积塑性变形的能力
	低温抗裂性：保证路面在冬季低温时不产生裂缝
	耐久性：与组成材料的性质和配合比有密切关系
	抗滑性：为保障抗滑性能，面层集料应选用质地坚硬具有棱角的碎石，通常采用玄武岩
	施工和易性：使混合料易于拌和、摊铺和碾压施工

五、砌筑材料

（一）砖

砖的分类及特点见表 3.1.12。

表 3.1.12 砖的分类及特点

<table>
<tr><th>分类</th><th colspan="2">特　点</th></tr>
<tr><td rowspan="4">烧结砖</td><td>普通砖</td><td>标准尺寸：240mm × 115mm × 53mm。
五个强度等级：MU30、MU25、MU20、MU15、MU10。
较高的强度，良好的绝热性、耐久性、透气性和稳定性</td></tr>
<tr><td>多孔砖</td><td>大面有孔，孔多而小，孔洞垂直于大面（即受压面），孔洞率不小于 25%。主要用于 6 层以下建筑物的承重墙体</td></tr>
<tr><td>空心砖</td><td>顶面有孔，孔大而少，孔洞率不小于 40%。多用于非承重墙，如多层建筑内隔墙或框架结构的填充墙等</td></tr>
<tr><td colspan="2">砖的耐久性应符合规范规定，其耐久性包括抗风化性、泛霜和石灰爆裂等指标</td></tr>
<tr><td>蒸养（压）砖</td><td colspan="2">与烧结普通砖尺寸规格相同。按抗压、抗折强度值可划分为 MU25、MU20、MU15、MU10 四级。
MU15 以上可用于基础及其他建筑部位；MU10 砖可用于防潮层以上的建筑部位。
不得用于长期经受 200℃高温、急冷急热或有酸性介质侵蚀的建筑部位</td></tr>
</table>

（二）砌块

砌块的分类及特点见表 3.1.13。

表 3.1.13 砌块的分类及特点

分类	特　点
普通混凝土小型空心砌块	可用于承重结构和非承重结构。吸水率小，砌筑前不浇水，气候炎热时可喷水
轻骨料混凝土小型空心砌块	主要用于非承重的隔墙和围护墙
蒸压加气混凝土砌块	用于多层建筑物的非承重墙及隔墙或低层建筑的承重墙，体积密度级别低的砌块还用于屋面保温

（三）砌筑砂浆

砌筑砂浆的组成及技术性质见表 3.1.14。

表 3.1.14 砌筑砂浆的组成及技术性质

<table>
<tr><th>项目</th><th colspan="2">具体内容</th></tr>
<tr><td rowspan="5">组成</td><td>胶凝材料</td><td>有水泥、石灰、石膏等。
M15 及以下强度等级的砌筑砂浆宜选用 32.5 级的通用硅酸盐水泥或砌筑水泥；M15 以上强度等级的砌筑砂浆宜选用 42.5 级通用硅酸盐水泥</td></tr>
<tr><td>细骨料</td><td>优先选用中砂。毛石砌体宜选用粗砂</td></tr>
<tr><td>掺合料</td><td>掺合料是指为改善砂浆和易性而加入的无机材料，如石灰膏、电石膏、黏土膏、粉煤灰、沸石粉等。掺和料对砂浆强度无直接影响。消石灰粉不能直接用于砌筑砂浆</td></tr>
<tr><td>水</td><td>不含有害物质的洁净水，食用水可用来拌制各类砂浆</td></tr>
<tr><td>纤维</td><td>改善砂浆韧性，提高抗裂性</td></tr>
<tr><td rowspan="3">技术性质</td><td>流动性</td><td>砂浆在自重或外力作用下流动的性能，用稠度表示</td></tr>
<tr><td>保水性</td><td>砂浆拌和物保持水分的能力，用分层度表示</td></tr>
<tr><td>抗压强度与强度等级</td><td>水泥砂浆及预拌砂浆的强度等级可分为 M5、M7.5、M10、M15、M20、M25、M30。
水泥混合砂浆的强度等级可分为 M5、M7.5、M10、M15</td></tr>
<tr><td rowspan="2">预拌砂浆</td><td>湿拌砂浆</td><td>因特种用途的砂浆黏度较大，无法采用湿拌的形式生产，因而湿拌砂浆仅包含普通砂浆</td></tr>
<tr><td>干混砂浆</td><td>普通干混砂浆主要用于砌筑、抹灰、地面及普通防水工程</td></tr>
</table>

第二节 建筑装饰材料

真题解析

一、2023 年考题

1. 木材各种力学强度中最高的是（ ）。

A. 顺纹抗压强度　　B. 顺纹抗弯强度

C. 顺纹抗拉强度　　D. 横纹抗压强度

【答案】C

【解析】木材在顺纹方向的抗拉和抗压强度都比横纹方向高得多，其中在顺纹方向的抗拉强度是木材各种力学强度中最高的，顺纹抗压强度仅次于顺纹抗拉强度和抗弯强度。

【考点】建筑装饰木材——木材的强度。

2. 外墙涂料应满足的基本要求有（　　）。

A. 耐候性良好　　B. 透气性良好

C. 耐磨性良好　　D. 抗冲击性良好

E. 耐污染性良好

【答案】AE

【解析】外墙涂料基本要求：①装饰性良好；②耐水性良好；③耐候性良好；④耐污染性好；⑤施工及维修容易。

【考点】建筑装饰涂料——外墙涂料。

3. 以下塑料管，可用于冷热水及饮用水的是（　　）。

A. 硬聚氯乙烯管　　B. 氯化聚乙烯管

C. 无规共聚聚丙烯　　D. 丁烯管

E. 交联聚乙烯管

【答案】CDE

【解析】见知识点凝练塑料管材及配件表。

【考点】建筑装饰塑料——塑料管材。

二、2022 年考题

1. 与花岗石板材相比，天然大理石板材的缺点是（　　）。

A. 耐火性差　　B. 抗风化性能差

C. 吸水率低　　D. 高温下会发生晶型转变

【答案】B

【解析】大理石板材因其抗风化性能较差，故除个别品种（含石英为主的砂岩及石曲岩）外一般不宜用作室外装饰。

【考点】建筑饰面材料——天然大理石板材特点。

2. 下列饰面陶瓷中，可用作室外铺贴的是（　　）。

A. 瓷砖　　B. 釉面砖　　C. 墙地砖　　D. 马赛克

【答案】C

【解析】墙地砖是墙砖和地砖的总称。该类产品作为墙面、地面装饰都可使用，故称为墙地砖，实际上包括建筑物外墙装饰贴面用砖和室内外地面装饰铺贴用砖。釉面砖又称瓷砖，不应用于室外。陶瓷锦砖俗称马赛克，主要用于室内地面铺装。

【考点】建筑饰面材料——饰面陶瓷。

3. 下列建筑装饰玻璃中，兼具保温、隔热和隔声性能的是（　　）。

A. 中空玻璃　　B. 夹层玻璃

C. 真空玻璃　　D. 钢化玻璃

E. 镀膜玻璃

【答案】AC

【解析】中空玻璃具有光学性能良好、保温隔热、降低能耗、防结露、隔声性能好等优点。通过采用不同的原片玻璃，夹层玻璃可具有耐久、耐热、耐湿、耐寒等性能。

真空玻璃比中空玻璃有更好的隔热、隔声性能。钢化玻璃机械强度高、弹性好、热稳定性好，碎后不易伤人，但可发生自爆。阳光控制镀膜玻璃是对太阳光具有一定控制作用的镀膜玻璃。这种玻璃具有良好的隔热性能。

【考点】建筑装饰玻璃——节能装饰型玻璃。

4. 下列常用的塑料管材中，应用于饮用水管的有（ ）。

A. PVC–U　　B. PVC–C

C. PP–R　　D. PB

E. PEX

【答案】CDE

【解析】硬聚氯乙烯（PVC–U）管主要应用于给水管道（非饮用水）、排水管道、雨水管道。氯化聚氯乙烯（PVC–C）管因其使用的胶水有毒性，一般不用于饮用水管道系统。

【考点】建筑装饰塑料——塑料管材。

三、2021 年考题

1. 天然花岗石板材作为装饰面材料缺点是耐火性差，其根本原因是（ ）。

A. 吸水率极高　　B. 含有石英　　C. 含有云母　　D. 具有块状构造

【答案】B

【解析】由于花岗岩石中含有石英，在高温下会发生晶型转变，产生体积膨胀，因此，花岗石耐火性差，但适宜制作火烧板。

【考点】建筑饰面材料——花岗石板材。

2. 下列饰面砖中，接近且可替代天然饰面石材的为（ ）。

A. 釉面砖　　B. 墙地砖　　C. 陶瓷锦砖　　D. 瓷质砖

【答案】D

【解析】瓷质砖具有天然石材的质感，而且更具有高光度、高硬度、高耐磨、吸水率低、色差少以及规格多样化和色彩丰富等优点。瓷质砖是 20 世纪 80 年代后期发展起来的建筑装饰材料，正逐渐成为天然石材装饰材料的替代产品。

【考点】建筑饰面材料——瓷质砖。

3. 下列饰面砖中，普遍用于室内和室外装饰的有（ ）。

A. 墙地砖　　B. 釉面砖一等品

C. 釉面砖优等品　　D. 陶瓷锦砖

E. 瓷质砖

【答案】AE

【解析】釉面砖不应用于室外，陶瓷锦砖（俗称马赛克）主要用于室内地面铺装。

【考点】建筑饰面材料——饰面陶瓷。

4. 下列涂料中，常用于外墙的有（ ）。

A. 苯乙烯－丙烯酸酯乳液涂料　　B. 聚乙烯醇水玻璃涂料

C. 聚醋酸乙烯乳液涂料　　D. 合成树脂乳液砂壁状涂料

E. 醋酸乙烯－丙烯酸酯有光乳液涂料

【答案】AD

【解析】常用于外墙的涂料有苯乙烯－丙烯酸酯乳液涂料、丙烯酸酯系外墙涂料、聚氨酯系外墙涂料、合成树脂乳液砂壁状涂料等。

【考点】建筑装饰涂料——外墙涂料。

四、2020年考题

1. 与天然大理石板材相比，装饰用天然花岗岩板材的缺点是（　　）。

A. 吸水率高　　B. 耐酸性差

C. 耐久性差　　D. 耐火性差

【答案】D

【解析】由花岗石板材加工的板材质地坚硬密实、强度高、密度大、吸水率极低、质地坚硬，耐磨、耐酸，抗风化、耐久性好，使用年限长。但由于花岗岩石中含有石英，在高温下会发生晶型转变，产生体积膨胀，因此，花岗石耐火性差，但适宜制作火烧板。

【考点】建筑饰面材料——花岗岩板材特点。

2. 可以较好替代天然石材装饰材料的装饰陶瓷是（　　）。

A. 陶瓷锦砖　　B. 瓷质砖

C. 墙地砖　　D. 釉面砖

【答案】B

【解析】瓷质砖是20世纪80年代后期发展起来的建筑装饰材料，正逐渐成为天然石材装饰材料的替代产品。

【考点】建筑饰面材料——瓷质砖。

3. 建筑塑料装饰制品在建筑物中应用越来越广泛，常用的有（　　）。

A. 塑料门窗　　B. 塑料地板

C. 塑料墙板　　D. 塑料壁纸

E. 塑料管材

【答案】ABDE

【解析】建筑塑料装饰制品包括：塑料门窗、塑料地板、塑料壁纸、塑料管材及配件。

【考点】建筑装饰塑料——塑料装饰制品。

五、2019年考题

1. 作为建筑饰面材料的天然花岗岩有很多优点，但其不能被忽视的缺点是（　　）。

A. 耐酸性差　　B. 抗风化差

C. 吸水率低　　D. 耐火性差

【答案】D

【解析】由花岗石加工的板材质地坚硬密实、强度高、密度大、吸水率极低、质地坚硬，耐磨、耐酸，抗风化、耐久性好，使用年限长。但由于花岗岩石中含有石英，在高温下会发生晶型转变，产生体积膨胀，因此，花岗石耐火性差，但适宜制作火烧板。

【考点】建筑饰面材料——花岗岩板材特点。

2. 型号为 YX75-230-600 的彩色涂层压型钢板的有效覆盖宽度是（　　）mm。

A. 750　　B. 230　　C. 600　　D. 1 000

【答案】C

【解析】压型钢板的代号（YX），波高 H，波距 S，有效覆盖宽度 B。如型号 YX75-230-600 表示压型钢板的波高为 75mm，波距为 230mm，有效覆盖宽度为 600mm。

【考点】建筑装饰钢材——彩色涂层压型钢板型号表示方法。

考点统计

通过对上述 5 年的考题统计，本节涉及的考点主要是建筑饰面材料、建筑装饰玻璃、建筑装饰塑料、建筑装饰钢材、建筑装饰木材。近 5 年涉及本节的真题共有 16 题，具体考点的考核频次如表 3.2.1 所示。

表 3.2.1　第三章第二节考点的考核频次表

序号	知识点	具体考点	考核频次
1	建筑饰面材料	花岗岩板材特点	3
		天然大理石板材特点	1
		瓷质砖	2
		饰面陶瓷	2
		节能装饰型玻璃	1
3	建筑装饰涂料	外墙涂料	2
4	建筑装饰塑料	塑料管材	2
		塑料装饰制品	1
5	建筑装饰钢材	彩色涂层压型钢板型号表示方法	1
6	建筑装饰木材	木材的强度	1

知识点凝练

一、建筑饰面材料

建筑饰面材料分类及特点见表 3.2.2。

表 3.2.2　建筑饰面材料分类及特点

材料分类			特　点
饰面石材	天然饰面石材	花岗石板材	坚硬密实、强度高、密度大、吸水率极低，耐磨、耐酸，抗风化、耐久性好，使用年限长；花岗石耐火性差，但适宜制作火烧板
			应用于大型公共建筑或装饰等级要求较高的室内外装饰工程
		大理石板	吸水率小、耐磨性好、耐久性好；抗风化性能较差
			理想的室内高级装饰材料，故除个别品种外一般不宜用作室外装饰
	人造饰面石材	水泥型	铝酸盐水泥所制人造石材优于硅酸盐水泥所制人造石材
		聚酯型	与天然大理石相比，有强度高、密度小、厚度薄、耐酸碱腐蚀及美观，但其耐老化性能不及天然花岗石，故多用于室内装饰
		复合型	由无机胶结料和有机胶结料共同组合而成
		烧结型	仿花岗石瓷砖、仿大理石陶瓷艺术板
饰面陶瓷	釉面砖		表面平整、光滑，坚固耐用，色彩鲜艳，易于清洁，防火、防水、耐磨、耐腐蚀等，但不应用于室外
	墙地砖		包括建筑物外墙装饰贴面用砖和室内外地面装饰铺贴用砖
	陶瓷锦砖		俗称马赛克，主要用于室内地面铺装
	瓷质砖		又称同质砖、通体砖、玻化砖。装饰在建筑物外墙壁上能起到隔声、隔热的作用。瓷质砖是 20 世纪 80 年代后期发展起来的建筑装饰材料，正逐渐成为天然石材装饰材料的替代产品

二、建筑装饰玻璃

建筑玻璃分类及特点见表 3.2.3。

表 3.2.3　建筑玻璃分类及特点

类别		特　点
平板玻璃		良好的透视、透光性能；隔声，有一定的保温性能，抗拉强度远小于抗压强度，脆性材料；有较高的化学稳定性；热稳定性差，急冷急热，易发生炸裂
装饰玻璃		有彩色平板玻璃、釉面玻璃、压花玻璃、喷花玻璃、乳花玻璃、刻花玻璃和冰花玻璃
安全玻璃	防火玻璃	主要用于有防火隔热要求的建筑幕墙、隔断等构造和部位
	钢化玻璃	用物理或化学方法，在玻璃表面形成一个压力层，而内部处于较大的拉应力状态，内外拉压应力处于平衡状态。强度高、弹性好、热稳定性好、碎后不易伤人，但可发生自爆，使用时不能切割、磨削，边角也不能碰击挤压，需加工定制
	夹丝玻璃	安全性、防火性和防盗抢性，应用于建筑的天窗、采光屋顶、阳台及有防盗、防抢功能要求的营业柜台的遮挡部位，可以切割
	夹层玻璃	透明度好，抗冲击性好，耐久、耐热、耐湿、耐寒；适用于高层建筑门窗等，不能切割，需要选用定型产品或按尺寸定制

续表 3.2.3

<table>
<tr><th colspan="2">类别</th><th colspan="2">特　点</th></tr>
<tr><td rowspan="5">节能装饰型玻璃</td><td>着色玻璃</td><td colspan="2">有效吸收太阳的辐射热，产生“冷室效应”，可达到蔽热节能的效果。一般多用作建筑物的门窗或玻璃幕墙</td></tr>
<tr><td rowspan="2">镀膜玻璃</td><td>阳光控制镀膜玻璃</td><td>良好的隔热性能，可用作建筑门窗玻璃、幕墙玻璃，还可用于制作高性能中空玻璃；具有良好的节能和装饰效果</td></tr>
<tr><td>低辐射镀膜玻璃</td><td>Low–E 玻璃，有利于自然采光，可节省照明费用，此外还具有较强的阻止紫外线透射的功能</td></tr>
<tr><td>中空玻璃</td><td colspan="2">主要用于保温隔热、隔声等功能要求较高的建筑物，如宾馆、住宅、医院、商场、写字楼等，也广泛用于车船等交通工具</td></tr>
<tr><td>真空玻璃</td><td colspan="2">真空玻璃比中空玻璃有更好的隔热、隔声性能</td></tr>
</table>

三、建筑装饰涂料

建筑涂料基本类别及特性见表 3.2.4。

表 3.2.4　建筑涂料基本类别及特性

类别	特性	常用涂料
外墙涂料	（1）装饰性良好； （2）耐水性良好； （3）耐候性良好； （4）耐污染性好； （5）施工及维修容易	常用于外墙的涂料有苯乙烯－丙烯酸酯乳液涂料、丙烯酸酯系外墙涂料、聚氨酯系外墙涂料、合成树脂乳液砂壁状涂料等
内墙涂料	（1）色彩丰富、细腻、调和； （2）耐碱性、耐水性、耐粉化性良好； （3）透气性良好； （4）涂刷方便，重涂容易	常用于内墙的涂料有聚乙烯醇水玻璃涂料、聚醋酸乙烯乳液涂料、醋酸乙烯－丙烯酸酯有光乳液涂料、多彩涂料等
地面涂料	（1）耐碱性良好； （2）耐水性良好； （3）耐磨性良好； （4）抗冲击性良好； （5）与水泥砂浆有好的黏结性能； （6）涂刷施工方便，重涂容易	一是用于木质地板的涂饰，如常用的聚氨酯漆、钙酯地板漆和酚醛树脂地板漆； 二是用于地面装饰，做成无缝涂布地面等，如常用的过氯乙烯地面涂料、聚氨酯地面涂料、环氧树脂厚质地面涂料等

四、建筑装饰塑料

建筑塑料装饰制品有塑料门窗、塑料地板、塑料壁纸、塑料管材及配件。塑料管材及配件分类、特点及用途见表 3.2.5。

表 3.2.5 塑料管材及配件分类、特点及用途

产品	特点	用途
硬聚氯乙烯管（PVC-U）	不结垢，无毒，耐腐蚀，温度不大于 40℃，冷水管抗老化性能好、难燃	用于非饮用水给水管道、排水、雨水管道
氯化聚氯乙烯管（PVC-C）	高温机械强度高，适于受压的场合。阻燃、防火、导热性能低、管道热损失少，热膨胀系数低，产品尺寸全、安装附件少、安装费用低	用于冷热水管、消防水管、工业管道，一般不用于饮用水管道系统
无规共聚聚丙烯管（PP-R）	各种性能良好，尤其防腐防氯，光照易老化、属于可燃性材料，绿色环保、无污染、价格适中	主要用于饮用水管、冷热水管，不得用于消防给水系统
丁烯管（PB）	高强、无毒、易燃，韧性好，热胀系数大，价格高	用于饮用水管、冷热水管，特别适用于薄壁小口径压力管道
交联聚乙烯管（PEX）	无毒透明、具有折弯记忆性；不可热熔连接，光照易老化	可输送冷、热水、饮用水及其他液体，用于地板辐射采暖系统的盘管

五、建筑装饰钢材

建筑装饰钢材及特点见表 3.2.6。

表 3.2.6 建筑装饰钢材及特点

类别	特点
不锈钢及制品	含铬量在 12% 以上的铁基合金钢。含铬量越高，钢的抗腐蚀性越好
轻钢龙骨	以连续热镀锌钢板或以连续热镀锌钢板为基材的彩色涂层钢板作原料，采用冷弯工艺生产的薄壁型钢，是木龙骨的换代产品
彩色涂层钢板	发挥金属材料与有机材料各自的特性，具有较高的强度、刚性，良好的可加工性，多变的色泽和丰富的表面质感，且涂层耐腐蚀、耐湿热、耐低温
彩色涂层压型钢板	压型钢板的型号表示方法由四部分组成：压型钢板的代号、波高、波距、有效覆盖宽度，如 YX75-230-600 表示压型钢板的波高为 75mm，波距为 230mm，有效覆盖宽度为 600mm； 广泛用于外墙、屋面、吊顶及夹芯保温板材的面板等

六、建筑装饰木材

（一）木材的含水率

1. 含水率

含水率指木材所含水的质量占木材干燥质量的百分比。

2. 含水率指标

影响木材物理力学性质和应用的最主要的含水率指标是纤维饱和点和平衡含水率。纤维饱和点是木材仅细胞壁中的吸附水达到饱和而细胞腔和细胞间隙中无自由水存

在时的含水率，是木材物理力学性质是否随含水率的变化而发生变化的转折点。

平衡含水率指木材中的水分与周围空气中的水分达到吸收与挥发动态平衡时的含水率。

（二）木材的湿胀干缩与变形

由于木材构造的不均匀性，木材的变形在各个方向上也不同：顺纹方向最小，径向较大，弦向最大。

（三）木材的强度

按受力状态分为抗拉、抗压、抗弯和抗剪四种强度。木材的强度除由本身组成构造因素决定外，还与含水率、疵病、外力持续时间、温度等因素有关。

第三节 建筑功能材料

真题解析

一、2023年考题

1. 下列纤维状绝热材料中可承受使用温度最高的是（　　）。

A. 矿棉，矿渣棉　B. 石棉　C. 玻璃棉　D. 陶瓷纤维

【答案】D

【解析】陶瓷纤维最高使用温度为1 100～1 350℃，可用于高温绝热、吸声；破璃棉是玻璃纤维的一种，包括短棉、超细棉，最高使用温度为400℃；岩棉及矿渣棉统称为矿物棉，最高使用温度约600℃；石棉是一种天然矿物纤维，具有耐火、耐热、耐酸碱、绝热、防腐、隔声及编缘等特性，最高使用温度可达500～600℃。

【考点】保温隔热材料——各种材料的最高使用温度。

2. 下列防火堵料中，以快硬水泥为胶凝材料的是（　　）。

A. 耐火包　B. 有机防火堵料

C. 速固型防火堵料　D. 可塑性防火堵料

【答案】C

【解析】无机防火堵料又称速固型防火堵料，是以快干水泥为基料，添加防火剂、耐火材料等经研磨、混合而成的防火堵料，使用时加水拌和即可。

【考点】防火材料——防火堵料。

二、2022年考题

以下卷材类型中，特别适用于强烈阳光照射条件的卷材是（　　）。

A. SBS改性沥青防水卷材　B. APP改性沥青防水卷材

B. 氯化聚乙烯防水卷材　D. 氯化聚乙烯－橡胶共混防水卷材

【答案】B

【解析】APP改性沥青防水卷材广泛适用于各类建筑防水、防潮工程，尤其适用于

高温或有强烈太阳辐射地区的建筑物防水。

【考点】防水材料——防水卷材的适用范围。

三、2021 年考题

混凝土和金属框架的接缝粘贴，优先选用的接缝材料为（　　）。

A. 硅酮密封胶　　B. 聚氨酯密封胶

C. 聚氯乙烯接缝膏　　D. 沥青嵌缝油膏

【答案】A

【解析】硅酮建筑密封胶按用途分为 F 类和 G 类两种类别。其中 F 类为建筑接缝用密封胶，适用于预制混凝土墙板、水泥板、大理石板的外墙接缝，混凝土和金属框架的黏结，卫生间和公路缝的防水密封等；G 类为镶装玻璃用密封胶，主要用于镶嵌玻璃和建筑门、窗的密封。

【考点】防水材料——不定型密封材料。

四、2020 年考题

1. 下列绝热材料中可用温度最高的是（　　）。

A. 玻璃棉　　B. 泡沫塑料　　C. 陶瓷纤维　　D. 泡沫玻璃

【答案】C

【解析】玻璃棉最高使用温度为 400℃。泡沫塑料中的聚苯乙烯泡沫塑料和聚氯乙烯泡沫塑料，最高使用温度约 70℃，聚氨酯泡沫塑料最高使用温度达 120℃，最低使用温度为 -60℃。陶瓷纤维最高使用温度为 1 100 ~ 1 350℃。泡沫玻璃最高使用温度为 500℃。

【考点】保温隔热材料——各种材料的最高使用温度。

2. 在众多防水卷材中，相比之下尤其适用于寒冷地区建筑物防水的有（　　）。

A. SBS 改性沥青防水卷材　　B. APP 改性沥青防水卷材

C. PVC 防水卷材　　D. 氯化聚乙烯防水卷材

E. 氯化聚乙烯 - 橡胶共混型防水卷材

【答案】AE

【解析】SBS 防水卷材广泛适用于各类建筑防水、防潮工程，尤其适用于寒冷地区和结构变形频繁的建筑物防水，并可采用热熔法施工。氯化聚乙烯 - 橡胶共混型防水卷材特别适用于寒冷地区或变形较大的土木建筑防水工程。

【考点】防水材料——防水卷材的适用范围。

五、2019 年考题

1. 下列纤维状绝热材料中，最高使用温度限值最低的是（　　）。

A. 岩棉　　B. 石棉　　C. 玻璃棉　　D. 陶瓷纤维

【答案】C

【解析】岩棉及矿渣棉统称为矿物棉，最高使用温度约 600℃。石棉最高使用温度可达 500 ~ 600℃。玻璃棉最高使用温度为 400℃。陶瓷纤维最高使用温度为 1 100 ~

1 350℃，可用于高温绝热、吸声。

【考点】保温隔热材料——各种材料的最高使用温度。

2. 关于保温隔热材料，下列说法正确的有（　　）。

A. 装饰材料燃烧性能 B_2 级属于难燃性

B. 高效保温材料的导热系数不大于 0.14W/（m·K）

C. 保温材料主要是防止室外热量进入室内

D. 装饰材料按其燃烧性能划分为 A、B_1、B_2、B_3 四个等级

E. 采用 B_2 级保温材料的外墙保温系统中每层应设置水平防火隔离带

【答案】DE

【解析】装饰材料按其燃烧性能划分 A（不燃性）、B_1（难燃性）、B_2（可燃性）、B_3（易燃性）四个等级。通常导热系数不大于 0.05W/（m·K）的材料称为高效保温材料。在建筑工程中，常把用于控制室内热量外流的材料称为保温材料，将防止室外热量进入室内的材料称为隔热材料，两者统称为绝热材料。应在保温系统中每层设置水平防火隔离带，防火隔离带应采用燃烧性能等级为 A 级的材料，防火隔离带的宽度不应小于 300mm。

【考点】保温隔热材料性能。

3. 下列防水卷材中更适于寒冷地区建筑工程防水的有（　　）。

A. SBS 改性沥青防水卷材　　B. APP 改性沥青防水卷材

C. 沥青复合胎柔性防水卷材　　D. 氯化聚乙烯防水卷材

E. 氯化聚乙烯 – 橡胶共混型防水卷材

【答案】AE

【解析】SBS 改性沥青防水卷材广泛适用于各类建筑防水、防潮工程，尤其适用于寒冷地区和结构变形频繁的建筑物防水，并可采用热熔法施工。氯化聚乙烯 – 橡胶共混型防水卷材特别适用于寒冷地区或变形较大的土木建筑防水工程。

【考点】防水材料——防水卷材的适用范围。

考点统计

通过对上述 5 年的考题统计，本节涉及的考点主要是防水材料、保温隔热材料、吸声隔声材料。近 5 年涉及本节的真题共有 9 题，具体考点的考核频次如表 3.3.1 所示。

表 3.3.1　第三章第三节考点考核频次表

序号	知识点	具体考点	考核频次
1	防水材料	防水卷材的适用范围	3
		不定型密封材料	1
2	保温隔热材料	各种材料的最高使用温度	3
		概述	1
3	防火材料	防火堵料	1

知识点凝练

一、防水材料

（一）防水卷材

防水卷材分类及适用范围见表 3.3.2。

表 3.3.2　防水卷材分类及适用范围

类别		适用范围
聚合物改性沥青防水卷材	SBS 改性沥青防水卷材	适用于各类建筑防水、防潮工程，尤其适用于寒冷地区和结构变形频繁的建筑物防水，并可采用热熔法施工
	APP 改性沥青防水卷材	属塑性体沥青防水卷材中的一种，适用于各类建筑防水、防潮工程，尤其适用于高温或有强烈太阳辐射地区的建筑物防水
	沥青复合胎柔性防水卷材	适用于工业与民用建筑的屋面、地下室、卫生间等的防水防潮，也可用于桥梁、停车场、隧道等建筑物的防水
合成高分子防水卷材	三元乙丙（EPDM）橡胶防水卷材	广泛适用于防水要求高、耐用年限长的土木建筑工程的防水
	聚氯乙烯（PVC）防水卷材	尺度稳定性、耐热性、耐腐蚀性、耐细菌性等均较好，适用于各类建筑的屋面防水工程和水池、堤坝等防水抗渗工程
	氯化聚乙烯防水卷材	适用于各类工业、民用建筑的屋面防水、地下防水、防潮隔气、室内墙地面防潮、地下室卫生间防水，以及冶金、化工、水利、环保、采矿业防水防渗工程
	氯化聚乙烯－橡胶共混型防水卷材	有塑料和橡胶的特点。它不仅具有氯化聚乙烯所特有的高强度和优异的耐臭氧、耐老化性能，而且具有橡胶类材料所特有的高弹性、高延伸性和良好的低温柔性。 特别适用于寒冷地区或变形较大的土木建筑防水工程

（二）防水涂料

防水涂料分类及特点见表 3.3.3。

表 3.3.3　防水涂料分类及特点

品种	特点	种类
高聚物改性沥青防水涂料	柔韧性、抗裂性、拉伸强度、耐高低温性能、使用寿命等比沥青基涂料有很大改善	（1）再生橡胶改性防水涂料； （2）氯丁橡胶改性沥青防水涂料； （3）SBS 橡胶改性沥青防水涂料； （4）聚氯乙烯改性沥青防水涂料
合成高分子防水涂料	高弹性、高耐久性及优良的耐高低温性能	（1）聚氨酯防水涂料； （2）丙烯酸酯防水涂料； （3）环氧树脂防水涂料； （4）有机硅防水涂料

（三）建筑密封材料

建筑密封材料的分类及特征见表 3.3.4。

表 3.3.4 建筑密封材料的分类及特征

分类		性能及用途
不定型	沥青嵌缝油膏	屋面、墙面、沟槽的防水嵌缝
	聚氯乙烯接缝膏和塑料油膏	良好的黏结性、防水、弹塑性、耐热、耐寒、耐腐蚀、抗老化。 各种嵌缝和表面涂布，用于水渠、管道接缝。 用于工业厂房自防水屋面嵌缝、大型屋面板嵌缝
	丙烯酸类密封胶	黏性、弹性和低温柔性、无毒、耐候性、抗紫外线。 用于屋面、墙板、门、窗嵌缝。 耐水性差，不宜用于经常泡在水中的工程。 不能用于广场、公路、桥面等有交通往来的接缝中。 也不宜用于水池、污水厂、灌溉系统、堤坝等水下接缝
	聚氨酯密封胶	弹性、黏结性及耐候性特别好，不需要打底。 可用作屋面、墙面水平垂直接缝，尤其适用于游泳池，还可用于公路、机场跑道补缝、接缝，也可用于玻璃、金属材料嵌缝
	硅酮密封胶	耐热、耐寒性好、耐候性好，黏结性好，耐疲劳、耐水性好。 F 类：建筑接缝使用密封膏。 G 类：镶装玻璃使用密封膏
定型	材料分类	密封条带和止水带
	密封机理分类	遇水膨胀型和遇水非膨胀型

二、保温隔热材料

保湿隔热材料分类及特点见表 3.3.5。

表 3.3.5 保温隔热材料分类及特点

项目	具体内容
概念	控制室内热量外流的材料称为保温材料，防止室外热量进入室内的材料称为隔热材料，两者统称为绝热材料
导热系数	保温功能性指标的好坏由材料导热系数大小决定，导热系数越小保温性能越好。 绝热材料：导热系数小于 0.23W/（m·K）。 保温材料：导热系数小于 0.14W/（m·K）。 高效保温材料：导热系数小于 0.05W/（m·K）
影响因素	材料化学成分、微观结构、孔结构、温度、湿度和热流方向，其中孔结构和湿度影响最大
按燃烧性能分	A 不燃性、B_1 难燃性、B_2 可燃性、B_3 易燃性四个等级

续表 3.3.5

项目		具体内容
外墙外保温		采用燃烧性能为 B_1、B_2 的保温材料时，应在保温系统中每层设置水平防火隔离带
纤维状绝热材料	岩棉及矿渣棉	统称为矿物棉，可用作建筑物的墙体、屋顶、天花板等处的保温隔热和吸声材料，以及热力管道的保温材料。最高使用温度约 600℃。缺点：吸水性大，弹性小
	石棉	由于石棉中的粉尘对人体有害，因而民用建筑很少使用，目前主要用于工业建筑的隔热、保温及防火覆盖等。最高使用温度可达 500～600℃
	玻璃棉	广泛用在温度较低的热力设备和房屋建筑中的保温隔热。同时它还是良好的吸声材料。最高使用温度为 400℃
	陶瓷纤维	最高使用温度为 1 100～1 350℃
多孔状绝热材料	膨胀蛭石	作为绝热、隔声材料。但吸湿性大、电绝缘性不好，使用时应注意防潮，以免吸水后影响绝热效果。最高使用温度为 1 000～1 100℃
	膨胀珍珠岩	安全使用温度和最高使用温度相同，不大于 600℃
	玻化微珠	防火、吸声、隔热，应用于外墙内外保温砂浆、装饰板、保温板的轻质骨料
	泡沫玻璃	最高使用温度为 500℃
有机绝热材料	泡沫塑料	聚苯乙烯泡沫塑料，最高使用温度约 70℃。 聚氯乙烯泡沫塑料，最高使用温度约 70℃。 聚氨酯泡沫塑料，最高使用温度达 120℃
	植物纤维类绝热板	可用作墙体、地板、顶棚等，也可用于冷藏库、包装箱等

三、吸声隔声材料

吸声隔声材料分类及特征见表 3.3.6。

表 3.3.6 吸声隔声材料分类及特征

材料分类		特 征
吸声材料	薄板振动吸声结构	低频吸声特性
	柔性吸声结构	在一定频率范围内出现一个或多个吸收频率
	悬挂空间吸声结构	增加有效面积、提高吸声效果

续表 3.3.6

材料分类		特　征
吸声材料	帘幕吸声结构	对中、高频有一定的吸声效果。安装拆卸方便，兼具装饰作用
隔声材料	密实、质量大的材料	黏土砖、钢板、混凝土、钢筋混凝土
	结构间加弹性垫	毛毡、软木、橡胶

四、防火材料

防火材料分类及特征见表 3.3.7。

表 3.3.7　防火材料分类及特征

分类	特　征
物体的阻燃和防火	对燃烧三要素可燃物、助燃物和火源中的任何一种因素加以抑制，达到阻燃的目的
阻燃剂	主要针对高分子材料的阻燃设计。按使用方法有添加型和反应型
防火涂料	薄型和超薄型防火涂料的耐火极限一般与涂层厚度无关，而与膨胀后的发泡层厚度有关
水性防火阻燃液	专门对木材、织物、纸张进行防火阻燃处理的液体
防火堵料	有机防火堵料、无机防火堵料、阻火包

本章考分统计

本章考分统计表

节	2023 年	2022 年	2021 年	2020 年	2019 年
第一节	9	9	9	9	9
第二节	5	6	6	4	2
第三节	2	1	1	3	5

本章考点点评

第一节：建筑钢材中常用建筑钢材种类及特点，钢材的性能是重点考核内容，需要重点理解记忆。硅酸盐水泥和普通硅酸盐水泥的各种指标，掺混合材料，常用水泥的主要特性及适用范围是重点考核内容，需要较全面掌握。沥青中的石油沥青的组分、技术性质，改性沥青种类考核较少。水泥混凝土中普通混凝土的组成材料、技术性质，特种混凝土种类及特点等也是重点考核内容，需要重点理解。沥青混合料考核较少。砌筑材料中砖的分类及特点、砌块分类及特点、砌筑砂浆的组成及技术性质是重点考核内容，需要重点掌握。

第二节：建筑饰面材料分类及特点是重点考核内容，需要重点掌握。建筑装饰玻璃、塑料、钢材、木材等考核较少。

第三节：防水材料中防水卷材分类及适用范围，是重点考核内容，需要重点掌握。保温隔热材料的最高使用温度和应用是重点考核内容，需要重点掌握。吸声隔声材料和防火材料考核较少。

第四章 工程施工技术

第一节 建筑工程施工技术

真题解析

一、2023 年考题

1. 开挖较窄的沟槽时，适用于湿度较高的松散土质，且挖土深度不限的基坑支护形式是（　　）。

A. 重力式支护结构　　B. 垂直挡土板式支撑

C. 间断式水平挡土板支撑　　D. 连续式水平挡土板支撑

【答案】B

【解析】湿度小的黏性土挖土深度小于 3m 时，可用间断式水平挡土板支撑，对松散、湿度大的土可用连续式水平挡土板支撑，挖土深度可达 5m。对松散和湿度很高的土可用垂直挡土板式支撑，其挖土深度不限。

【考点】土石方工程施工技术——基坑（槽）支护。

2. 抓铲挖掘机，铲土特点是（　　）。

A. 直上直下、自重切土　　B. 直上直下，强制切土

C. 后退向下，强制切土　　D. 前进向上，强制切土

【答案】A

【解析】正铲挖掘机：前进向上，强制切土；反铲挖掘机：后退向下，强制切土。拉铲挖掘机：后退向下，自重切土；抓铲挖掘机：直上直下，自重切土。

【考点】土石方工程施工技术——单斗挖掘机施工。

3. 锤击沉桩施工钢筋混凝土预制桩，通常采用的锤击方式是（　　）。

A. 重锤高击　　B. 轻锤高击　　C. 重锤低击　　D. 轻锤低击

【答案】C

【解析】在施工中，宜采用“重锤低击”，即锤的重量大而落距小，这样，桩锤不易产生回跃，不致损坏桩头，且桩易打入土中，效率高。

【考点】地基与基础工程施工技术——钢筋混凝土预制桩。

4. 抗震设防烈度 7 度地区的砖砌体工程，直处加设拉结钢筋的埋入长度应（　　）。

A. 从留槎处算起每边均不应小于 500mm

B. 从间断处算起每边均不应小于 500mm

C. 从留槎处算起每边均不应小于 1 000mm

D. 从间断处算起每边均不应小于 1 000mm

【答案】C

【解析】拉结钢筋埋入长度从留搓处算起每边均不应小于 500mm，对抗震设防烈度 6 度、7 度的地区，不应小于 1 000mm。

【考点】主体结构工程施工技术——砖砌体工程。

5. 对于设计无具体要求时，跨度为 6m 的板底模拆除时混凝土强度为设计强度的（　　）。

A. 50%　　B. 75%　　C. 100%　　D. 30%

【答案】B

【解析】底模及其支架拆除时的混凝土强度应符合设计要求，当设计无具体要求时，混凝土强度应符合表 4.1.15 的规定。（见知识点凝练底模及其支架拆除时的混凝土强度要求表）

【考点】主体结构工程施工技术——模板拆除。

6. 与综合吊装法相比，分件吊装法的特点是（　　）。

A. 构件的校正困难

B. 有利于各工种交叉平行流水作业，缩短工期

C. 开行线路短，停机点少

D. 可减少起重机变幅和索具的更换次数，从而提高吊装效率

【答案】D

【解析】分件吊装法的优点：由于每次均吊装同类型构件，可减少起重机变幅和索具的更换次数，从而提高吊装效率，能充分发挥起重机的工作能力，构件供应与现场平面布置比较简单，也能给构件校正、接头焊接、灌注混凝土和养护提供充分的时间。

分件吊装法缺点：不能为后继工序及早提供工作面，起重机的开行路线较长。分件吊装法是目前单层工业厂房结构吊装中采用较多的一种方法。

【考点】主体结构工程施工技术——单层工业厂房结构吊装。

7. 下列关于墙面铺装工程施工的说法，正确的是（　　）

A. 湿作业施工现场环境温度宜在 0℃以上

B. 砂浆宜采用 1∶3 水泥砂浆，厚度为 6～10mm

C. 墙面砖铺贴前应进行挑选，并浸水 2h 以上，保持表面水分

D. 每面墙不宜有两列非整砖，非整砖宽度不宜小于整砖的 1/3

【答案】D

【解析】湿作业施工现场环境温度宜在 5℃以上。结合砂浆宜采用 1∶2 水泥砂浆，砂浆厚度宜为 6～10mm。墙面砖铺贴前应进行挑选，并应浸水 2h 以上，晾干表面水分。

【考点】装饰装修工程施工技术——墙面砖铺贴。

8. 涂膜防水屋面防水层的施工顺序是（　　）。

A. 先低后高，先近后远　　B. 先低后高，先远后近

C. 先高后低，先近后远　　D. 先高后低，先远后近

【答案】D

【解析】涂膜防水层的施工应按“先高后低、先远后近”的原则进行。

【考点】防水工程施工技术——涂膜防水屋面施工。

9. 聚苯板、硬质聚氨酯泡沫塑料等有机材料作为屋面保温层时，其保温层厚度应为（　　）mm。

A. 10 ~ 20　　B. 90 ~ 120　　C. 25 ~ 80　　D. 150 ~ 260

【答案】C

【解析】常用屋面保温材料有聚苯板、硬质聚氨酯泡沫塑料等有机材料，保温层厚度为 25 ~ 80mm；水泥膨胀珍珠岩板、水泥膨胀蛭石板、加气混凝土等无机材料，保温层厚度为 80 ~ 260mm。

【考点】节能工程施工技术——屋面保温层施工。

10. 下列关于扣件式外脚手架搭设要求的说法，正确的有（　　）。

A. 必须设置横向扫地杆，一般不设纵向扫地杆

B. 高度 24m 以上的双排脚手架必须采用刚性连墙件

C. 一次搭设高度不应超过相邻连墙件以上两步

D. 纵向水平杆应设置在立杆内侧，其长度不小于 2 跨

E. 主节点处必须设置一根横向水平杆，用直角扣件扣接且严禁拆除

【答案】BCE

【解析】脚手架必须设置纵、横向扫地杆。对高度 24m 以上的双排脚手架，必须采用刚性连墙件与建筑物可靠连接。脚手架必须配合施工进度搭设，一次搭设高度不应超过相邻连墙件以上两步。纵向水平杆应设置在立杆内侧，其长度不应小于 3 跨。主节点处必须设置一根横向水平杆，用直角扣件扣接且严禁拆除。

【考点】主体结构工程施工技术——砌筑用脚手架。

11. 大体积混凝土结构施工方案，常用的施工方案有（　　）。

A. 全面分层　　B. 全面分段

C. 斜面分层　　D. 斜面分段

E. 分段分层

【答案】ACE

【解析】大体积混凝土结构的浇筑方案，一般分为全面分层、分段分层和斜面分层三种。

【考点】主体结构工程施工技术——混凝土浇筑。

二、2022 年考题

1. 开挖深度为 3m，湿度小的黏性土沟槽，适合采用的支护方式是（　　）。

A. 重力式支护结构　　B. 垂直挡土板支撑

C. 板式支护结构　　D. 水平挡土板支撑

【答案】D

【解析】湿度小的黏性土挖土深度小于 3m 时，可用间断式水平挡土板支撑；对松散、湿度大的土可用连续式水平挡土板支撑，挖土深度可达 5m；对松散、湿度很高的

土可用垂直挡土板式支撑，其挖土深度不限。

【考点】土石方工程施工技术——基坑（槽）支护。

2. 关于施工机械，以下说法正确的是（　　）。

A. 铲运机适用于坡度在20°以上的大面积场地平整

B. 分批集中，一次推送法，能减少土的散失

C. 铲运机的运距为30～60m时效率最高

D. 抓铲挖掘机特别适于水下挖土

【答案】D

【解析】铲运机常用于坡度在20°以内的大面积场地平整。并列推土法能减少土的散失。推土机的经济运距在100m以内，以30～60m为最佳运距。

【考点】土石方工程施工技术——机械化施工。

3. 为保证填方工程质量，下列工程中可作为填方材料的是（　　）。

A. 膨胀土　　B. 有机物含量大于5%的土

C. 砂土、爆破石渣　　D. 含水量大的黏土

【答案】C

【解析】碎石类土、砂土、爆破石渣及含水量符合压实要求的黏性土可作为填方土料。淤泥、冻土、膨胀土及有机物含量大于5%的土，以及硫酸盐含量大于5%的土均不能作填土。填方土料为黏性土时，填土前应检验其含水量是否在控制范围以内，含水量大的黏土不宜作填土用。

【考点】土石方工程施工技术——土料选择与填筑方法。

4. 地基加固处理方法中，排水固结法的关键问题是（　　）。

A. 预压荷载　　B. 预压时间

C. 防震隔震措施　　D. 竖向排水体设置

【答案】A

【解析】预压地基又称排水固结法地基。预压荷载是排水固结法的关键问题，因为施加预压荷载后才能引起地基土的排水固结。

【考点】地基与基础工程施工技术——预压地基。

5. 混凝土预制桩的起吊和运输所达到的强度分别为（　　）。

A. 70%和95%　　B. 85%和100%

C. 85%和95%　　D. 70%和100%

【答案】D

【解析】钢筋混凝土预制桩应在混凝土达到设计强度的70%方可起吊；达到100%方可运输和打桩。

【考点】地基与基础工程施工技术——钢筋混凝土预制桩。

6. 正常施工条件下，石砌体每日砌筑的高度宜控制在（　　）m以内。

A. 1.2　　B. 1.5　　C. 1.8　　D. 2.3

【答案】A

【解析】正常施工条件下，砖砌体、小砌块砌体每日砌筑高度宜控制在1.5m或一步脚手架高度内；石砌体不宜超过1.2m。

【考点】主体结构工程施工技术——砌体结构施工基本规定。

7. 适用于竖向较大直径变形钢筋的连接方式的是（　　）。

A. 钢筋螺纹套管连接　　B. 钢筋套筒挤压连接

C. 电渣压力焊　　D. 钢筋绑扎连接

【答案】B

【解析】钢筋套筒挤压连接适用于竖向、横向及其他方向的较大直径变形钢筋的连接。

【考点】主体结构工程施工技术——钢筋连接。

8. 预应力混凝土工程中，后张法预应力传递主要依靠（　　）。

A. 预应力筋　　B. 预应力筋两端的锚具

C. 孔道灌浆　　D. 锚固夹具

【答案】B

【解析】后张法预应力的传递主要靠预应力筋两端的锚具。锚具作为预应力构件的组成部分，永远留在构件上，不能重复使用。

【考点】主体结构工程施工技术——后张法预应力混凝土构件施工。

9. 关于扣件式钢管脚手架的搭设与拆除，下列说法正确的是（　　）。

A. 垫板应准确地放在定位线上，宽度不大于 200mm

B. 高度 24m 的双排脚手架必须采用刚性连墙件

C. 同层杆件必须按先内后外的顺序拆除

D. 连墙件必须随脚手架逐层拆除

【答案】D

【解析】本题考查的是砌体结构工程施工。底座、垫板均应准确地放在定位线上；垫板应采用长度不少于 2 跨、厚度不小于 50mm、宽度不小于 200mm 的木垫板。对高度 24m 及以下的单、双排脚手架，宜采用刚性连墙件与建筑物可靠连接，也可采用钢筋与顶撑配合使用的附墙连接方式，严禁使用只有钢筋的柔性连墙件；对高度 24m 以上的双排脚手架，必须采用刚性连墙件与建筑物可靠连接。同层杆件和构配件必须按先外后内的顺序拆除。连墙件必须随脚手架逐层拆除，严禁先将连墙件整层拆除后再拆脚手架。

【考点】主体结构工程施工技术——砌筑用脚手架。

10. 关于轻型井点的布置，下列说法正确的有（　　）。

A. 环形布置适用于大面积基坑

B. 双排布置适用于土质不良的情况

C. U 形布置适用于宽度不大于 6m 的情况

D. 单排布置适用于基坑宽度小于 6m，且降水深度不超过 5m 的情况

E. U 形布置时，井点管不封闭的一段应该在地下水的下游方向

【答案】ABDE

【解析】单排布置适用于基坑、槽宽度小于 6m，且降水深度不超过 5m 的情况。双排布置适用于基坑宽度大于 6m 或土质不良的情况。如采用 U 形布置，则井点管不封闭的一段应设在地下水的下游方向。环形布置适用于大面积基坑。

【考点】土石方工程施工技术——轻型井点。

11. 单层工业厂房的结构吊装中，与分件吊装法相比，综合吊装法的优点有（　　）。

A. 停机点少　　B. 开行路线短

C. 工作效率高　　D. 构件供应与现场平面布置简单

E. 起重机变幅和索具更换次数少

【答案】AB

【解析】综合吊装法的优点是开行路线短，停机点少；吊完一个节间，其后续工种就可进入节间内工作，使各个工种进行交叉平行流水作业，有利于缩短工期。其缺点是每次吊装不同构件需要频繁变换索具，工作效率低；使构件供应紧张和平面布置复杂；构件的校正困难。因此，目前较少采用。

【考点】主体结构工程施工技术——单层工业厂房结构吊装。

三、2021 年考题

1. 开挖深度 4m，最小边长 30m 的基坑时，宜采用（　　）的支撑方式。

A. 横撑式支撑　　B. 板式支护

C. 水泥土搅拌桩　　D. 墙板支护

【答案】C

【解析】水泥土搅拌桩支护结构是近年来发展起来的一种重力式支护结构。由于采用重力式结构，开挖深度不宜大于 7m。

【考点】土石方工程施工技术——基坑（槽）支护。

2. 大型建筑群场地平整，场地坡度最大 15°，距离 300 ~ 500m，土壤含水量低，可选用的机械有（　　）。

A. 推土机　　B. 装载机

C. 铲运机　　D. 正铲挖掘机

【答案】C

【解析】铲运机常用于坡度在 20° 以内的大面积场地平整，开挖大型基坑、沟槽，以及填筑路基等土方工程。可在Ⅰ ~ Ⅲ类土中直接挖土、运土，适宜运距为 600 ~ 1 500m，当运距为 200 ~ 350m 时效率最高。

【考点】土石方工程施工技术——土石方工程机械化施工。

3. 在一般灰土桩挤密地基中，灰土桩所占面积小但可以承担总荷载的 50%，其主要原因为（　　）。

A. 灰土桩有规律的均匀分布

B. 桩间土的含水率比灰土桩含水率高

C. 灰土桩变形模量远大于桩间土变形模量

D. 灰土桩变形模量远小于桩间土变形模量

【答案】C

【解析】在灰土桩挤密地基中，由于灰土桩的变形模量远大于桩间土的变形模量，因此，只占地基面积约 20% 的灰土桩可以承担总荷载的 1/2，而占地基总面积 80% 的桩间土仅承担其余1/2。

【考点】地基与基础工程施工技术——土桩和灰土桩。

4. 在浇筑与混凝土柱和墙相连的梁和板混凝土时，正确的施工顺序应为（ ）。

A. 与柱同时进行

B. 与墙同时进行

C. 与柱和墙协调同时进行

D. 在浇筑柱和墙完毕后1.0~1.5h后进行

【答案】D

【解析】在浇筑与柱和墙连成整体的梁和板时，应在柱和墙浇筑完毕后停歇1.0~1.5h，再继续浇筑。

【考点】主体结构工程施工技术——混凝土的浇筑。

5. 下列预应力混凝土结构中，通常使用先张法施工的构件是（ ）。

A. 桥跨结构　　B. 现场生产的大型构件

C. 特种结构　　D. 大型构筑物构件

【答案】A

【解析】先张法多用于预制构件厂生产定型的中小型构件，也常用于生产预应力桥跨结构等。后张法宜用于现场生产大型预应力构件、特种结构和构筑物，可作为一种预应力预制构件的拼装手段。

【考点】主体结构工程施工技术——先张法预应力混凝土构件施工。

6. 关于自行杆式起重机的特点，以下说法正确的是（ ）。

A. 履带式起重机的稳定性高

B. 轮胎起重机不适合在松软地面上工作

C. 汽车起重机可以负荷行驶

D. 履带式起重机的机身回转幅度小

【答案】B

【解析】履带式起重机由行走装置、回转机构、机身及起重杆等组成。采用链式履带的行走装置，对地面压力大为减小，装在底盘上的回转机构使机身可回转360°。机身内部有动力装置、卷扬机及操纵系统。它操作灵活，使用方便，起重杆可分节接长，在装配式钢筋混凝土单层工业厂房结构吊装中得到广泛的使用。其缺点是稳定性较差，未经验算不宜超负荷吊装。轮胎起重机不适合在松软或泥泞的地面上工作。汽车起重机不能负荷行驶。汽车起重机机动灵活性好，能够迅速转移场地，广泛用于土木工程。

【考点】主体结构工程施工技术——起重机具。

7. 与内贴法相比，地下防水施工外贴法的优点是（ ）。

A. 施工速度快

B. 占地面积小

C. 墙与底板结合处不容易受损

D. 外墙和基础沉降时，防水层不容易受损

【答案】D

【解析】外贴法的优点是构筑物与保护墙有不均匀沉降时，对防水层影响较小；防水层做好后即可进行漏水试验，修补方便。其缺点是工期较长，占地面积较大；底板与墙身接头处卷材易受损。

【考点】防水工程施工技术——外贴法。

8. 关于屋面保温工程中保温层的施工要求，下列说法正确的为（　　）。

A. 倒置式屋面高女儿墙和山墙内侧的保温层应铺到压顶下

B. 种植屋面的绝热层应采用黏结法和机械固定法施工

C. 种植屋面宜设计为倒置式

D. 坡度不大于 3% 的倒置式上人屋面，保温层板材施工可采用干铺法

【答案】B

【解析】高女儿墙和山墙内侧的保温层应铺到顶部。种植坡屋面的绝热层应采用黏结法和机械固定法施工。种植屋面不宜设计为倒置式屋面。保温层板材施工，坡度不大于 3% 的不上人屋面可采用干铺法，上人屋面宜采用黏结法；坡度大于 3% 的屋面应采用黏结法，并应采用固定防滑措施。

【考点】节能工程施工技术——屋面保温层施工。

9. 浮雕涂饰工程中，水性涂料面层应选用的施工方法（　　）。

A. 喷涂法　　B. 刷漆法　　C. 滚涂法　　D. 粘贴法

【答案】A

【解析】浮雕涂饰的中层涂料应颗粒均匀，用专用塑料辊蘸煤油或水均匀滚压，薄厚一致，待完全干燥固化后，才可进行面层涂饰，面层为水性涂料，应采用喷涂，溶剂型涂料应采用刷涂，间隔时间宜在 4h 以上。

【考点】装饰装修工程施工技术——涂饰工程。

10. 关于钢结构高强螺栓连接，下列说法正确的有（　　）。

A. 高强螺栓可兼作安装螺栓

B. 摩擦连接是目前广泛采用的基本连接方式

C. 同一接头中连接副的初拧、复拧、终拧应在 12h 内完成

D. 高强度螺栓群连接副施拧时，应从中央向四周顺序进行

E. 设计文件无规定的高强螺栓和焊接并用的连接节点宜先焊接再紧固

【答案】BD

【解析】高强度螺栓不得兼作安装螺栓。高强度螺栓按连接形式通常分为摩擦连接、张拉连接和承压连接等。其中，摩擦连接是目前广泛采用的基本连接形式。同一接头中，高强度螺栓连接副的初拧、复拧、终拧应在 24h 内完成。高强度螺栓连接副初拧、复拧和终拧原则上应以接头刚度较大的部位向约束较小的方向、螺栓群中央向四周的顺序进行。高强度螺栓和焊接并用的连接节点，当设计文件无规定时，宜按先螺栓紧固后焊接的施工顺序。

【考点】主体结构工程施工技术——钢结构构件的连接。

11. 关于涂膜防水屋面施工方法，下列说法正确的有（　　）。

A. 高低跨屋面，一般先涂高跨屋面，后涂低跨屋面

B. 相同高度屋面，按照距离上料点“先近后远”的原则进行涂布

C. 同一屋面，先涂布排水较集中的节点部位，再进行大面积涂布

D. 采用双层胎体增强材料时，上下层应互相垂直铺设

E. 膜应根据防水涂料的品种分层分遍涂布，且前后两遍涂布方向平行

【答案】AC

【解析】涂膜防水层的施工应按“先高后低、先远后近”的原则进行。遇高低跨屋面时，一般先涂高跨屋面，后涂低跨屋面；对相同高度屋面，要合理安排施工段，先涂布距离上料点远的部位，后涂布近处；对同一屋面上，先涂布排水较集中的水落口、天沟、檐沟、檐口等节点部位，再进行大面积涂布。采用双层胎体增强材料时，上下层不得相互垂直铺设，搭接缝应错开，其间距不应小于幅宽的1/3。膜应根据防水涂料的品种分层分遍涂布，待先涂的涂层干燥成膜后，方可涂后一遍涂料，且前后两遍涂料的涂布方向应相互垂直。

【考点】防水工程施工技术——涂膜防水屋面施工。

四、2020年考题

1. 基坑开挖的电渗井点降水适用于饱和（　　）。

A. 黏土层　　B. 砾石层　　C. 砂土层　　D. 砂砾层

【答案】A

【解析】在饱和黏土中，特别是淤泥和淤泥质黏土中，由于土的透水性较差，持水性较强，用一般喷射井点和轻型井点降水效果较差，此时宜增加电渗井点来配合轻型或喷射井点降水，以便对透水性较差的土起疏干作用，使水排出。

【考点】土石方工程施工技术——电渗井点。

2. 与正铲挖掘机相比，反铲挖掘机的显著优点是（　　）。

A. 对开挖土层的类别适用度宽　　B. 对基坑大小适用度宽

C. 对开挖土层的地下水位适用度宽　　D. 便于上车

【答案】C

【解析】正铲挖掘机：开挖停机面以内的Ⅰ～Ⅳ级土；适宜在土质较好、无地下水的地区工作。反铲挖掘机：开挖停机面以下的Ⅰ～Ⅲ级的砂土或黏土；适宜开挖深度4m以内的基坑，对地下水位较高处也适用。

【考点】土石方工程施工技术——单斗挖掘机施工。

3. 钢筋混凝土预制桩在砂夹卵石层和坚硬土层中沉桩，主要沉桩方式应优先考虑（　　）。

A. 静力压桩　　B. 锤击沉桩　　C. 振动沉桩　　D. 射水沉桩

【答案】D

【解析】射水沉桩法的选择应视土质情况而异，在砂夹卵石层或坚硬土层中，一般以射水为主，锤击或振动为辅；在亚黏土或黏土中，为避免降低承载力，一般以锤击或振动为主，以射水为辅。

【考点】地基与基础工程施工技术——射水沉桩。

4. 超高层为提高混凝土浇筑效率，施工现场混凝土输送优先考虑（　　）。

A. 自升式　　B. 泵送

C. 轨道式塔式起重机　　　　　　　　D. 内爬式塔式起重机

【答案】B

【解析】目前，混凝土输送宜采用泵送方式。

【考点】主体结构工程施工技术——混凝土的浇筑。

5. 石材幕墙的石材与幕墙骨架的连接方式，其中使石材面受力较好的连接方式是（　　）。

A. 钢销式连接　　B. 短槽式连接　　C. 通槽式连接　　D. 背栓式连接

【答案】D

【解析】钢销式连接需要在石材的上下两边或四周开设销孔，石材通过钢销以及连接板与幕墙骨架连接。它拓孔方便，但受力不合理，容易出现应力集中导致石材局部破坏，使用受到限制。背栓式连接与钢销式及槽式连接不同，它将连接石材面板的部位放在面板背部，改善了面板的受力。

【考点】装饰装修工程施工技术——石材幕墙施工。

6. 在钢筋混凝土结构构件中同一钢筋连接区段内纵向受力钢筋的接头，对设计无规定的，应满足的要求有（　　）。

A. 在受拉区接头面积百分率≤50%

B. 直接承受动荷载的结构中，必须采用焊接连接

C. 直接承受动荷载的结构中，采用机械连接其接头面积百分率≤50%

D. 必要时可在构件端部箍筋加密区设高质量机械连接接头，但面积百分率≤50%

E. 一般在梁端箍筋加密区不宜设置接头

【答案】ACDE

【解析】同一连接区段内，纵向受力钢筋的接头面积百分率应符合设计要求；当设计无具体要求时，应符合下列规定：

（1）在受拉区不宜大于50%。

（2）接头不宜设置在有抗震设防要求的框架梁端、柱端的箍筋加密区；当无法避开时，对等强度高质量机械连接接头，不应大于50%。

（3）直接承受动力荷载的结构构件中，不宜采用焊接接头；当采用机械连接接头时，不应大于50%。

【考点】主体结构工程施工技术——钢筋连接。

7. 地下防水工程防水混凝土正确的防水构造措施有（　　）。

A. 竖向施工缝应设置在地下水和裂缝水较多的地段

B. 竖向施工缝尽量与变形缝相结合

C. 贯穿防水混凝土的铁件应在铁件上加焊止水铁片

D. 贯穿铁件端部混凝土覆盖厚度不少于250mm

E. 水平施工缝应避开底板与侧墙交接处

【答案】BCDE

【解析】垂直施工缝应避开地下水和裂隙水较多的地段，并宜与变形缝相结合。为保证地下建筑的防水要求，可在铁件上加焊一道或数道止水铁片，延长渗水路径、减小渗水压力，达到防水目的。埋设件端部或预留孔、槽底部的混凝土厚度不得少于

250mm。墙体水平施工缝不应留在剪力与弯矩最大处或底板与侧墙的交接处。

【考点】防水工程施工技术——地下防水工程防水混凝土。

8. 屋面保温层施工应满足的要求有（　　）。

A. 先施工隔汽层再施工保温层

B. 隔汽层沿墙面高于保温层

C. 纤维材料保温层不宜采用机械固定法施工

D. 现浇泡沫混凝土保温层现浇的自落高度≤1m

E. 泡沫混凝土一次浇筑厚度≤200mm

【答案】ABDE

【解析】当设计有隔汽层时，先施工隔汽层，然后施工保温层。隔汽层四周应向上沿墙面连续铺设，并高出保温层表面不得小于 150mm。纤维材料保温层施工时，应避免重压，并应采取防潮措施，屋面坡度较大时，宜采用机械固定法施工。现浇泡沫混凝土保温层施工时，浇筑出口离基层的高度不宜超过 1m，泵送时应采取低压泵送。泡沫混凝土应分层浇筑，一次浇筑厚度不宜超过 200mm。

【考点】节能工程施工技术——屋面保温层施工。

五、2019 年考题

1. 在松散且湿度很大的土中挖 6m 深的沟槽，支护应优先选用（　　）。

A. 水平挡土板式支撑　　B. 垂直挡土板式支撑

C. 重力式支护结构　　D. 板式支护结构

【答案】B

【解析】湿度小的黏性土挖土深度小于 3m 时，可用间断式水平挡土板支撑；对松散、湿度大的土可用连续式水平挡土板支撑，挖土深度可达 5m。对松散和湿度很高的土可用垂直挡土板式支撑，其挖土深度不限。

【考点】土石方工程施工技术——基坑（槽）支护。

2. 在淤泥质黏土中开挖近 10m 深的基坑时，降水方法应优先选用（　　）。

A. 单级轻型井点　　B. 管井井点　　C. 电渗井点　　D. 深井井点

【答案】C

【解析】在饱和黏土中，特别是淤泥和淤泥质黏土中，由于土的透水性较差，持水性较强，用一般喷射井点和轻型井点降水效果较差，此时宜增加电渗井点来配合轻型或喷射井点降水，以便对透水性较差的土起疏干作用，使水排出。

【考点】土石方工程施工技术——电渗井点。

3. 水下开挖独立基坑，工程机械应优先选用（　　）。

A. 正铲挖掘机　　B. 反铲挖掘机　　C. 拉铲挖掘机　　D. 抓铲挖掘机

【答案】D

【解析】抓铲挖掘机可以挖掘独立基坑、沉井，特别适于水下挖土。

【考点】土石方工程施工技术——单斗挖掘机施工。

4. 某建筑物设计基础底面以下有 2～3m 厚的湿陷性黄土需采用换填加固，回填材料应优先采用（　　）。

A. 灰土　　B. 粗砂　　C. 砂砾土　　D. 粉煤灰

【答案】A

【解析】换填地基法是先将基础底面以下一定范围内的软弱土层挖去，然后回填强度较高、压缩性较低，并且没有侵蚀性的材料，如中粗砂、碎石或卵石、灰土、素土、石屑、矿渣等，再分层夯实后作为地基的持力层。换填地基按其回填的材料可分为灰土地基、砂和砂石地基、粉煤灰地基等。灰土地基适用于加固深 1 ~ 4m 厚的软弱土、湿陷性黄土、杂填土等，还可用作结构的辅助防渗层。

【考点】地基与基础工程施工技术——换填地基法。

5. 在含水砂层中施工钢筋混凝土预制桩基础，沉桩方法应优选用（　　）。

A. 锤击沉桩　　B. 静力压桩

C. 射水沉桩　　D. 振动沉桩

【答案】D

【解析】振动沉桩主要适用于砂土、砂质黏土、亚黏土层。在含水砂层中的效果更为显著，但在沙砾层中采用此法时，尚需配以水冲法。

【考点】地基与基础工程施工技术——振动沉桩。

6. 砌筑砂浆试块强度验收合格的标准是同一验收批砂浆试块强度平均值应不小于设计强度等级值的（　　）。

A. 90%　　B. 100%　　C. 110%　　D. 120%

【答案】C

【解析】砌筑砂浆试块强度验收时，其强度合格标准应符合下列规定：同一验收批砂浆试块强度平均值应大于或等于设计强度等级值的 1.10 倍；同一验收批砂浆试块抗压强度的最小一组平均值应大于或等于设计强度等级值的 85%。

【考点】主体结构工程施工技术——砌筑砂浆。

7. 关于钢筋安装，下列说法正确的是（　　）。

A. 框架梁钢筋应安装在柱纵向钢筋的内侧

B. 牛腿钢筋应安装在纵向钢筋的外侧

C. 柱帽钢筋应安装在纵向钢筋的外侧

D. 墙钢筋的弯钩应沿墙面朝下

【答案】A

【解析】框架梁、牛腿及柱帽等钢筋，应放在柱子纵向钢筋内侧。墙钢筋的弯钩应朝向混凝土内。

【考点】主体结构工程施工技术——钢筋安装。

8. 混凝土浇筑应符合的要求为（　　）。

A. 梁、板混凝土应分别浇筑，先浇梁、后浇板

B. 有主、次梁的楼板宜顺着主梁方向浇筑

C. 单向板宜沿板的短边方向浇筑

D. 高度大于 1.0m 的梁可单独浇筑

【答案】D

【解析】梁和板宜同时浇筑混凝土，有主次梁的楼板宜顺着次梁方向浇筑，单向板

宜沿着板的长边方向浇筑；拱和高度大于 1m 的梁等结构，可单独浇筑混凝土。

【考点】主体结构工程施工技术——混凝土浇筑。

9. 关于装配式混凝土施工，下列说法正确的是（　　）。

A. 水平运输梁、柱构件时，叠放不宜超过 3 层

B. 水平运输板类构件时，叠放不宜超过 7 层

C. 钢筋套筒连接灌浆施工时，环境温度不得低于 10℃

D. 钢筋套筒连接施工时，连接钢筋偏离孔洞中心线不宜超过 10mm

【答案】A

【解析】水平运输时，预制梁、柱构件叠放不宜超过 3 层，板类构件叠放不宜超过 6 层。灌浆施工时，环境温度不应低于 5℃。连接钢筋偏离套筒或孔洞中心线不宜超过 5mm。

【考点】主体结构工程施工技术——装配式混凝土施工。

10. 关于混凝土灌注桩施工，下列说法正确的有（　　）。

A. 泥浆护壁成孔灌注桩实际成桩的桩顶标高应比设计标高高出 0.8 ~ 1.0m

B. 地下水位以上地层可采用人工成孔工艺

C. 泥浆护壁正循环钻孔灌注桩适用于桩径 2.0m 以下桩的成孔

D. 干作业成孔灌注桩采用短螺旋钻孔机一般需分段多次成孔

E. 爆扩成孔灌注由桩柱、爆扩部分和桩底扩大头三部分组成

【答案】ABD

【解析】爆扩成孔灌注桩又称爆扩桩，是由桩柱和扩大头两部分组成。正循环钻孔灌注桩可用于桩径小于 1.5m、孔深小于或等于 50m 的场地。反循环钻孔灌注桩可用于桩径小于 2m，孔深小于或等于 60m 的场地。

【考点】地基与基础工程施工技术——混凝土灌注桩施工。

考点统计

本章考点较多，近 5 年涉及本节的真题共有 51 题，具体考点的考核频次如表 4.1.1 所示。

表 4.1.1　第四章第一节考点考核频次表

序号	知识点	具体考点	考核频次
1	土石方工程施工技术	基坑（槽）支护	4
		机械化施工	2
		单斗挖掘机施工	3
		轻型井点	1
		电渗井点	2
		土方石的填筑与压实	1

续表 4.1.1

序号	知识点	具体考点	考核频次
2	地基与基础工程施工技术	射水沉桩	1
		振动沉桩	1
		土桩和灰土桩	1
		换填地基法	1
		预压地基法	1
		混凝土灌注桩施工	1
		钢筋混凝土预制桩	2
3	主体结构工程施工技术	砌筑砂浆	1
		砌体结构施工基本规定	2
		砖砌体工程	1
		钢筋安装	1
		钢筋连接	1
		钢结构构件的连接	1
		先张法预应力混凝土构件施工	1
		后张法预应力混凝土构件施工	1
		混凝土的运输	1
		混凝土浇筑	3
		装配式混凝土施工	2
		模板拆除	1
		砌筑用脚手架	1
		起重机具	1
		单层工业厂房结构吊装	2
4	装饰装修工程施工技术	石材幕墙施工	1
		墙面砖铺贴	1
		涂饰工程	1
5	防水工程施工技术	涂膜防水屋面施工	2
		防水混凝土	1
		外贴法	1
6	节能工程施工技术	屋面保温层施工	3

知识点凝练

一、土石方工程施工技术

（一）土石方工程分类

1. 场地平整

场地平整前必须确定场地设计标高，计算挖方和填方的工程量，确定挖方、填方的平衡调配，选择土方施工机械，拟定施工方案。

2. 基坑（槽）开挖

一般开挖深度在5m以内的称为浅基坑（槽），挖深大于或等于5m的称为深基坑（槽）。

3. 基坑（槽）回填

为确保填方的强度和稳定性，必须正确选择填方土料和填方方法。填土须有一定的密实度。填方应分层进行。

4. 地下工程大型土石方开挖

对人防工程、大型建筑物的地下室、深基础施工等进行的地下大型土石方开挖涉及降水、排水、边坡稳定、支护地面沉降与位移等问题。

5. 路基修筑

建设工程所在地的场内外道路，以及公路铁路专用线，均需修筑路基，路基挖方称为路堑，填方称为路堤。

（二）土石方工程的准备与辅助工作

1. 土石方工程施工前应做好下述准备工作

（1）场地清理，包括清理地面及地下各种障碍。

（2）排除地面水。地面水的排除一般采用排水沟、截水沟、挡水土坝等措施。

（3）修筑好临时道路及供水、供电等临时设施。

（4）做好材料、机具及土方机械的进场工作。

（5）做好土方工程测量、放线工作。

（6）根据土方施工设计做好土方工程的辅助工作，如边坡稳定、基坑（槽）支护、降低地下水等。

2. 土方边坡及其稳定性

（1）土方边坡坡度以其高度 H 与底宽度 B 之比表示。

（2）边坡可做成直线形、折线形或踏步形。

（3）边坡坡度应根据土质、开挖深度、开挖方法、施工工期、地下水位、坡顶荷载、气候条件等因素确定。

3. 基坑（槽）支护（根据受力状态分）

沟槽、基坑、一般土方的划分为：底宽≤7m 且底长 >3 倍底宽为沟槽；底长≤3 倍底宽且底面积≤150m² 为基坑；超出上述范围则为一般土方。

开挖基坑（槽），如果地质条件及周围环境许可，采用放坡开挖是较经济的。基坑（槽）支护见表 4.1.2。

表 4.1.2 基坑（槽）支护

<table>
<tr><td rowspan="4">横撑式支撑</td><td colspan="3">开挖较窄的沟槽，多用横撑式土壁支撑</td></tr>
<tr><td rowspan="2">水平挡土板</td><td>间断式</td><td>湿度小的黏性土，挖土深度小于 3m</td></tr>
<tr><td>连续式</td><td>松散、湿度大的土，挖土深度可达 5m</td></tr>
<tr><td colspan="2">垂直挡土板式</td><td>松散、湿度很高的土，挖土深度不限</td></tr>
<tr><td rowspan="3">重力式支护结构</td><td colspan="3">主要通过加固基坑周边土形成一定厚度的重力式墙，以达到挡土的目的</td></tr>
<tr><td colspan="3">水泥土搅拌桩（或称深层搅拌桩）。具有防渗和挡土的双重功能。由于采用重力式结构，开挖深度不宜大于 7m</td></tr>
<tr><td>搅拌桩成桩工艺</td><td colspan="2">（1）水泥掺量较小，土质较松时，可用“一次喷浆、二次搅拌”。即：定位→预埋下沉→提升并喷浆搅拌→重复下沉搅拌→重复提升搅拌→成桩结束。
（2）水泥掺量较多，土质较硬时，可用“二次喷浆、三次搅拌”</td></tr>
<tr><td>板式支护结构</td><td colspan="3">挡墙系统常用的材料有槽钢、钢板桩、钢筋混凝土板桩（打入法）、灌注桩及地下连续墙（现浇）等</td></tr>
</table>

4. 降水与排水

降水方法可分为重力降水（如积水井、明渠等）和强制降水（如轻型井点、深井泵、电渗井点等）。土石方工程中采用较多的是明排水法和轻型井点降水。

（1）明排水法施工。

定义：在基坑开挖过程中，在坑底设置集水坑，并沿坑底周围或中央开挖排水沟，使水流入集水坑，然后用水泵抽走。

适用范围：宜用于粗粒土层，也用于渗水量小的黏土层。

设置要求：集水坑应设置在基础范围以外，地下水走向的上游，集水坑每隔 20 ~ 40m 设置一个；集水坑的直径或宽度一般为 0.6 ~ 0.8m，随着挖土的加深而加深，要经常低于挖土面 0.7 ~ 1.0m。

（2）井点降水施工见表 4.1.3。

表 4.1.3 井点降水施工

井点类型	具体内容
轻型井点	构造：沿基坑四周以一定间距埋入直径较细的井点管至地下蓄水层内，井点管的上端通过弯联管与总管相连接，利用抽水设备将地下水从井点管内不断抽出，使原有地下水位降至坑底以下。 适用范围： 单级：土的渗透系数为 0.005 ~ 20m/d，可降低水位深度小于 6m。 多级：土的渗透系数为 0.005 ~ 20m/d，可降低水位深度小于 20m。 布置：①需要考虑的因素：基坑平面的大小与深度、土质、地下水位高低与流向、降水深度要求；②方式：单排布置、双排布置、环形布置、U 形布置；③适用范围：单排布置适用于基坑、槽宽度小于 6m，且降水深度不超过 5m 的情况。井点管应布置在地下水的上游一侧，两端延伸长度不宜小于坑、槽的宽度；双排布置适用于基坑宽度大于 6m 或土质不良的情况；环形布置适用于大面积基坑；如采用 U 形布置，则井点管不封闭的一段应设在地下水的下游方向

续表 4.1.3

井点类型	具体内容
喷射井点	适用范围：土的渗透系数为 0.005～20m/d，可降低水位深度小于 20m，当降水深度超过 8m 时，宜采用喷射井点。 平面布置：当基坑宽度小于或等于 10m 时，井点可作单排布置；当大于 10m 时，可作双排布置；当基坑面积较大时，宜采用环形布置
电渗井点	适用范围：土的渗透系数 <0.1m/d。在饱和黏土中，特别是淤泥和淤泥质黏土中，由于土的透水性较差，持水性较强，宜增加电渗井点。 施工：先埋设轻型井点或喷射井点管，预留出布置电渗井点阳极的位置，待轻型井点降水不能满足降水要求时，再埋设电渗阴极，以改善降水性能
深井井点	适用范围：土的渗透系数为 0.1～200m/d，可降低水位深度大于 15m
管井井点	适用范围：在土的渗透系数大、地下水量大的土层中，宜采用管井井点。土的渗透系数为 0.1～200m/d，可降低水位深度不限

（三）土石方工程机械化施工

1. 推土机施工

（1）运距：经济运距在 100m 以内，以 30～60m 为最佳运距。

（2）特点：操作灵活、运输方便，所需工作面较小，行驶速度较快，易于转移。推土机可以单独使用，也可以卸下铲刀牵引其他无动力的土方机械。

（3）施工方法：

1）下坡推土法：适用于推土丘、回填管沟。

2）分批集中，一次推送法：适用于在较硬的土中，推土机的切土深度较小，一次铲土不多，可分批集中，再整批地推送到卸土区。

3）并列推土法：适用于较大面积的平整场地施工；一般采用 2 台或 3 台推土机并列推土，但并列台数不宜超过 4 台，否则互相影响。

4）沟槽推土法：可以和分批集中、一次推送法联合运用。

5）斜角推土法：一般适用于在管沟回填且无倒车余地的情况。

2. 铲运机施工

（1）特点：能独立完成铲土、运土、卸土、填筑、压实等工作，对行驶道路要求较低，行驶速度快，操纵灵活，运转方便，生产效率高。

（2）适用范围：常用于坡度在 20°以内的大面积场地平整，开挖大型基坑、沟槽以及填筑路基等土方工程。铲运机可在Ⅰ～Ⅲ类土中直接挖土、运土。

（3）运距：适宜运距为 600～1 500m，当运距为 200～350m 时效率最高。

（4）开行路线：

1）环形路线：适用于施工地段较短、地形起伏不大的挖、填工程；当挖土和填土交替，而挖填之间距离又较短时，可采用大环形路线，其优点是一个循环能完成多次铲土和卸土，减少了铲运机的转弯次数，提高了工作效率。

2）8 字形路线：适用于挖、填相邻，地形起伏较大，且工作地段较长的情况；其特点是铲运机行驶一个循环能完成两次作业，而每次铲土只需转弯一次，比环形路线可缩短运行时间，提高生产效率。同时，一个循环中两次转弯方向不同，机械磨损较均匀。

（5）施工方法：

1）下坡铲土：适用于一般地面坡度在5°～7°的范围。

2）跨铲法：适用于土埂高度不应大于300mm，宽度以不大于拖拉机两履带间净距为宜。

3）助铲法：在地势平坦、土质较坚硬时，可采用推土机助铲以缩短铲土时间。一般每3～4台铲运机配1台推土机助铲。

3. 单斗挖掘机施工

（1）分类：按其行走装置的不同，分为履带式和轮胎式两种；按其工作装置的不同，可以分为正铲、反铲、拉铲和抓铲四种；按其传动装置，又可分为机械传动和液压传动两种。

（2）适用范围：当场地起伏高差较大、土方运输距离超过1 000m，且工程量大而集中时，可采用挖土机挖土，配合自卸汽车运土，并在卸土区配备推土机平整土堆。

（3）按其工作装置的不同分类：

1）正铲挖掘机。特点：前进向上，强制切土。挖掘力大，生产率高，能开挖停机面以内的Ⅰ～Ⅳ级土，开挖大型基坑时需设下坡道，适宜在土质较好、无地下水的地区工作。

2）反铲挖掘机。特点：后退向下，强制切土。挖掘力比正铲小，能开挖停机面以下的Ⅰ～Ⅲ级的砂土或黏土，适宜开挖深度4m以内的基坑，对地下水位较高处也适用。

3）拉铲挖掘机。特点：后退向下，自重切土。挖掘半径和挖土深度较大，能开挖停机面以下的Ⅰ～Ⅱ级土，适宜开挖大型基坑及水下挖土。

4）抓铲挖掘机。特点：直上直下，自重切土。挖掘力较小，只能开挖Ⅰ～Ⅱ级土，可以挖掘独立基坑、沉井，特别适于水下挖土。

（四）土石方填筑与压实

1. 填筑压实的施工要求

（1）填方的边坡坡度，应根据填方高度、土的类别、使用期限及其重要性确定。

（2）填方宜采用同类土填筑，如采用不同透水性的土分层填筑时，下层宜填筑透水性较大、上层宜填筑透水性较小的填料，或将透水性较小的土层表面做成适当坡度，以免形成水囊。

（3）基坑（槽）回填前，应清除沟槽内积水和有机物，检查基础的结构混凝土达到一定的强度后方可回填。

（4）填方应按设计要求预留沉降量，如无设计要求时，可根据工程性质、填方高度、填料类别、压实机械及压实方法等，同有关部门共同确定。

（5）填方压实工程应由下至上分层铺填，分层压（夯）实，分层厚度及压（夯）实数，根据压（夯）实机械、密实度要求、填料种类及含水量确定。

填土施工时的分层厚度及压实遍数见表4.1.4。

表 4.1.4　填土施工时的分层厚度及压实遍数

压实机具	分层厚度 /mm	每层压实遍数 / 次
平碾	250 ~ 300	6 ~ 8
振动压实机	250 ~ 350	3 ~ 4
柴油打夯机	200 ~ 250	3 ~ 4
人工打夯	<200	3 ~ 4

2. 土料选择与填筑方法

（1）可作为填方土料：碎石类土、砂土、爆破石渣及含水量符合压实要求的黏性土。

（2）不能作为填土：淤泥、冻土、膨胀性土及有机物含量大于 5% 的土，以及硫酸盐含量大于 5% 的土。

3. 填土压实方法

（1）分类：碾压法、夯实法及振动压实法。

（2）适用范围：平整场地等大面积填土多采用碾压法；小面积的填土工程多用夯实法；振动压实法主要用于压实非黏性土。

二、地基与基础工程施工技术

（一）基坑验槽

若地基为必须加固处理的天然地基，当基坑（槽）挖至基底设计标高后，施工单位必须会同勘察、设计、监理单位和业主共同进行验槽，合格后方能进行基础工程施工。

1. 观察验槽

（1）基坑（槽）开挖后，对新鲜且未扰动的岩土直接观察，并与勘察报告核对，注意坑（槽）内是否有填土、坑穴、古墓、古井等分布，是否有因施工不当而使土质扰动、因排水不及时而使土质软化、因保护不当而使土体冰冻等现象。

（2）除观察基坑（槽）的位置、断面尺寸、标高和边坡等是否符合设计要求外，还应对整个坑（槽）底的土质进行全面观察：

1）土质和颜色是否一样；

2）土的坚硬程度是否均匀一致，有无局部过软或过硬；

3）土的含水量是否异常，有无过干或过湿；

4）在坑（槽）底行走或夯拍时有无振颤或空穴声音等现象。

（3）对难以鉴别的土质，应采用洛阳铲等手段挖至一定深度仔细鉴别。

（4）在进行直接观察时，可用袖珍贯入仪作为辅助手段。

（5）观察的重点应以柱基、墙角、承重墙下或其他受力较大的部位为主，如有异常部位，应会同勘察、设计等有关单位进行处理。

2. 轻型动力触探

轻型动力触探是用标准质量的重锤，以一定高度的自由落距，将标准规格的圆锥形探头贯入土中，根据打入土中一定距离所需的锤击数，判定土的力学特性，具有勘探和测试双重功能。

（1）采用轻型动力触探进行基坑（槽）检验时，应检查：

1）地基持力土层的强度和均匀性；

2）是否有浅部埋藏的软弱下卧层；

3）是否有浅部埋藏直接观察难以发现的坑穴、古墓、古井等。

（2）当贯入 30cm 锤击数大于 100 击或贯入 15cm 锤击数超过 50 击，可停止试验。

（3）检验完毕后，触探孔要灌砂填实。

（4）基坑（槽）底部深处有承压水层，轻型动力触探可能造成冒水涌砂时，不宜进行轻型动力触探；持力层为砾石或卵石时，且厚度符合设计要求时，一般不需进行轻型动力触探。

（二）地基加固处理

1. 地基问题

（1）强度和稳定性问题。

（2）压缩及不均匀沉降问题。

（3）地基的渗漏量超过容许值时，会发生水量损失导致事故发生。

（4）地震、机器以及车辆的振动、波浪作用和爆破等动力荷载可能引起地基土，特别是饱和无黏性土的液化、失稳和震陷等危害。

2. 地基加固处理方法

地基加固处理方法见表 4.1.5。

表 4.1.5 地基加固处理方法

项目		具体内容
换填地基法	灰土地基	适用于加固 1 ~ 4m 厚的软弱土、湿陷性黄土、杂填土等，还可用作结构的辅助防渗层
	砂和砂石地基	适于处理 3m 以内的软弱、透水性强的黏性土地基，包括淤泥、淤泥质土；不宜用于加固湿陷性黄土地基及渗透系数小的黏性土地基
	粉煤灰地基	可用于各种软弱土层换填地基的处理以及作大面积地坪的垫层等
土工合成材料地基	土工织物地基	在软弱地基中或边坡上埋设土工织物作为加筋，以提高土体承载力，减少沉降和增加地基的稳定
	加筋土地基	由填土、填土中布置的一定量带状筋体（或称拉筋）以及直立的墙面板三部分组成
重锤夯实法		适用：地下水距地面 0.8m 以上稍湿的黏土、砂土、湿陷性黄土、杂填土和分层填土； 不适用：有效夯实深度内存在软黏土层
强夯法		适用：加固碎石土、砂土、低饱和度粉土、黏性土、湿陷性黄土、高填土、杂填土以及“围海造地”地基、工业废渣、垃圾地基等的处理；也可用于防止粉土及粉砂的液化，消除或降低大孔隙土的湿陷性等级；对于高饱和度淤泥、软黏土、泥炭、沼泽土，如采取一定技术措施也可采用，还可用于水下夯实。 不适用：不得用于不允许对工程周围建筑物和设备有一定振动影响的地基加固，必需时，应采取防振、隔振措施

续表 4.1.5

项目	具体内容
预压地基	适用于处理道路、仓库、罐体、飞机跑道、港口等各类大面积淤泥质土、淤泥及冲填土等饱和黏性土地基，预压荷载是其中的关键问题
砂桩、碎石桩	适用于在软弱地基中成孔
水泥粉煤灰碎石桩	适用于多层和高层建筑地基。近年来一种新技术
褥垫层	材料宜用中砂、粗砂、级配砂石和碎石，最大粒径不宜大于30mm。不宜采用卵石
土桩、灰土桩	适用：在地下水位以上，深度5～15m的湿陷性黄土或人工填土地基； 不适用：地下水位以下或含水量超过25%的土； 土桩：用于消除湿陷性黄土地基的湿陷性； 灰土桩：用于提高人工填土地基的承载力
深层搅拌桩地基	适用：淤泥质土、黏土和粉质黏土；增加软土地基承载力、减少沉降、提高边坡稳定性、各种坑槽工程施工时的挡水帷幕
柱锤冲扩桩	适用于处理杂填土、粉土、黏性土、素填土、黄土等地基，对地下水位以下饱和松软土层应通过现场试验确定其适用性。地基处理深度不宜超过6m，复合地基承载力特征值不宜超过160kPa
高压喷射注浆桩	适用于处理淤泥、淤泥质土、流塑、软塑或可塑黏性土、粉土、砂土、黄土、素填土和碎石土等地基。自下而上进行喷射作业

（三）桩基础施工

根据桩在土中受力情况不同，可分为端承桩和摩擦桩；根据施工方法的不同，桩身可分为预制桩和灌注桩两大类；根据成孔方法的不同可分为钻孔灌注桩、挖孔灌注桩、冲孔灌注桩，沉管灌注桩和爆扩桩等。

1. 钢筋混凝土预制桩施工

（1）桩的制作。长度在10m以下的短桩，一般多在工厂预制，较长的桩，通常就在打桩现场附近露天预制。

（2）起吊和运输。钢筋混凝土预制桩应在混凝土达到设计强度的70%方可起吊；达到设计强度的100%才能运输和打桩。

（3）堆放。桩堆放时应设置垫木，堆放层数不宜超过4层。不同规格的桩应分别堆放。

钢筋混凝土预制桩见表4.1.6。

表 4.1.6 钢筋混凝土预制桩

项目		具体内容
沉桩	锤击沉桩	锤击沉桩是预制桩最常用的沉桩方法。 （1）适用范围：适用于桩径较小（一般桩径0.6m以下），地基土土质为可塑性黏土、砂性土、粉土、细砂以及松散的碎卵石类土的情况。施工速度快，机械化程度高，适应范围广。 （2）桩锤的选择：锤重应大于或等于桩重；当锤重大于桩重的1.5～2倍时，能取得良好的效果；当桩重大于2t时，可采用比桩轻的桩锤，但也不能小于桩重的75%，宜采用“重锤低击”。

续表 4.1.6

项目	具体内容	
沉桩	锤击沉桩	（3）打桩顺序：一般当基坑不大时，打桩应从中间开始分头向两边或四周进行；当基坑较大时，应将基坑分为数段，而后在各段范围内分别进行。打桩应避免自外向内，或从周边向中间进行。当桩基的设计标高不同时，打桩顺序宜先深后浅；当桩的规格不同时，打桩顺序宜先大后小、先长后短
	静力压桩	（1）特点：施工时无冲击力，噪声和振动较小，桩顶不易损坏且无污染，对周围环境的干扰小；适用于软土地区、城市中心或建筑物密集处的桩基础工程，以及精密工厂的扩建工程。 （2）施工工艺程序：测量定位→压桩机就位→吊桩、插桩→桩身对中调制→静压沉桩→接桩→再静压沉桩→送桩→终止压桩→切割桩头。当第一节桩压入土中，其上端距地面 0.5 ~ 1.0m 时，将第二节桩接上，继续压入
	射水沉桩	（1）适用范围：砂土和碎石土，有时对于特别长的预制桩，单靠锤击有一定困难时，可用水冲法辅助。 （2）应用：在砂夹卵石层或坚硬土层中，一般以射水为主，锤击或振动为辅；在亚黏土或黏土中，为避免降低承载力，一般以锤击或振动为主，以射水为辅，并应适当控制射水时间和水量；下沉空心桩，一般用单管内射水
	振动沉桩	（1）适用范围：砂土，砂质黏土，亚黏土层，在含水砂层中的效果更为显著。但在砂砾层中采用此法时，尚需配以水冲法。 （2）优点：设备构造简单，使用方便，效能高，所消耗的动力少，附属机具设备亦少。 （3）缺点：适用范围较窄，不宜用于黏性土以及土层中夹有孤石的情况
接桩与拔桩	接桩	（1）分类：焊接、法兰或硫黄胶泥锚接，焊接接桩应用最多。 （2）适用范围：焊接和法兰接桩适用于各类土层；硫黄胶泥锚接适用于软弱土层。 （3）材料要求：焊接接桩钢板宜用低碳钢，焊条宜用 E43。法兰接桩时钢板和螺栓也宜用低碳钢并紧固牢靠。硫黄胶泥锚接桩使用的硫黄胶泥配合比应通过试验确定
	拔桩	（1）长桩可用拔桩机进行，一般桩可用人字桅杆借卷扬机或用钢丝绳捆紧桩头部借横梁用液压千斤顶抬起。 （2）采用气锤打桩可直接用蒸汽锤拔桩
桩头处理	（1）截桩头时不能破坏桩身，要保证桩身的主筋伸入承台，长度应符合设计要求。 （2）当桩顶标高在设计标高以下时，在桩位上挖成喇叭口，凿掉桩头混凝土，剥出主筋并焊接接长至设计要求长度、与承台钢筋绑扎在一起，用桩身同强度等级的混凝土与承台一起浇筑接长桩身	

2. 钢管桩

钢管桩适用于加固沿海及内陆冲积平原地区，土质常为很厚（深达 50 ~ 60m）的软土层地基。钢管桩的优点是重量轻、刚性好，承载力高，桩长易于调节，排土量小，对邻近建筑物影响小，接头连接简单，工程质量可靠，施工速度快。缺点是钢材用量大，工程造价较高；打桩机具设备较复杂，振动和噪声较大；桩材保护不善、易腐蚀等。在软土地区，一般表层土承载力尚可，深部地基承载力则往往很差，且地下水位较高，较难以排干。为避免基坑长时间大面积暴露被扰动，同时也为了便于施工作业，一般采取先打桩后挖土的施工法。

3. 混凝土灌注桩

（1）定义：直接在桩位上就地成孔，然后在孔内安放钢筋笼（也有直接插筋或省却钢筋的），再灌注混凝土而成。

（2）优点：能适应地层的变化，无需接桩，施工时无振动、无挤土和噪声小，适宜在建筑物密集地区使用。

（3）缺点：其操作要求严格，施工后需一定的养护期方可承受荷载，成孔时有大量土基或泥浆排出。

（4）常用的施工方法：泥浆护壁成孔、干作业成孔、人工挖孔、套管成孔和爆扩成孔等。

混凝土灌注桩施工方法见表 4.1.7。

表 4.1.7　混凝土灌注桩施工方法

<table>
<tr><td rowspan="3">泥浆护壁成孔灌注桩</td><td colspan="2">按成孔工艺和成孔机械不同分为：正循环钻孔灌注桩、反循环钻孔灌注桩、钻孔扩底灌注桩和冲击成孔灌注桩</td></tr>
<tr><td>使用范围</td><td>正循环钻孔灌注桩适用于黏性土、砂土、强风化、中等～微风化岩石。可用于桩径小于 1.5m、孔深一般小于或等于 50m 的场地。
反循环钻孔灌注桩适用于黏性土、砂土、细粒碎石土及强风化、中等～微风化岩石，可用于桩径小于 2.0m，孔深小于或等于 60m 的场地。
钻孔扩底灌注桩适用于黏性土、砂土、细粒碎石土、全风化、强风化、中等风化岩石时，孔深　般小丁或等丁 40m。
冲击成孔灌注桩适用于黏性土、砂土、碎石土和各种岩层。对厚砂层软塑－流塑状态的淤泥及淤泥质土应慎重使用</td></tr>
<tr><td>施工流程</td><td>灌注桩的桩顶标高至少比设计标高高出 1.0m，桩底清孔质量按不同成桩工艺有不同的要求，应按规范规定执行</td></tr>
<tr><td>干作业成孔灌注桩</td><td colspan="2">定义：指在地下水位以上地层可采用机械或人工成孔并灌注混凝土的成桩工艺。
优点：施工振动小、噪声低、环境污染少</td></tr>
<tr><td>人工挖孔灌注桩</td><td colspan="2">定义：采用人工挖土成孔，浇筑混凝土成桩。
特点：
单桩承载力高，结构受力明确，沉降量小。
可直接检查桩直径、垂直度和持力层情况，桩质量可靠。
施工机具设备简单，工艺操作简单，占场地小。
施工无振动、无噪声、无环境污染，对周边建筑无影响</td></tr>
<tr><td>套管成孔灌注桩</td><td colspan="2">套管成孔灌注桩施工可选用单打法、复打法或反插法。单打法适用于含水量较小的土层，复打法或反插法适用于饱和土层。
施工要求：桩管沉到设计标高并停止振动后应立即浇筑混凝土。管内灌满混凝土后应先振动，再拔管。拔管过程中，应分段添加混凝土，保持管内混凝土面不低于地表面或高于地下水位 1～1.5m。桩身配钢筋笼时，第一次混凝土应先浇至钢筋笼笼底标高，然后放置钢筋笼，再浇混凝土到桩顶标高。沉管灌注桩全长复打桩施工时，第一次灌注混凝土应达到自然地面，复打施工应在第一次浇筑的混凝土初凝之前完成。初打与复打的桩中心线应重合</td></tr>
<tr><td>爆扩成孔灌注桩</td><td colspan="2">定义：爆扩成孔灌注桩又称爆扩桩，是由桩柱和扩大头两部分组成。
特点：桩成孔方法简便，能节省劳动力，降低成本，做成的桩承载力也较大。
适用范围：适用范围较广，除较软土和新填土外，其他各种土层中均可使用</td></tr>
</table>

4. 钻孔压浆桩

（1）优点。

1）振动小，噪声低。

2）能在流沙、淤泥、砂卵石、易塌孔和地下水的地质条件成孔成桩。

3）可解决断桩、缩颈、桩底虚土等问题，还有局部膨胀扩径现象，提高承载力。

4）因不用泥浆护壁，就没有因大量泥浆制备和处理而带来的污染环境、影响施工速度和质量等弊端。

5）施工速度快、工期短。

6）单桩承载力较高。

（2）缺点。

1）因为桩身用无砂混凝土，故水泥消耗量较普通钢筋混凝土灌注桩多，其脆性比普通钢筋混凝土桩要大。

2）桩身上部的混凝土密实度比桩身下部差，静载试验时有发生桩顶压裂现象。

3）注浆结束后，地面上水泥浆流失较多。

4）遇到厚流沙层，成桩较难。

（3）使用范围。适应性较广，几乎可用于各种地质土层条件施工，既能在地下水位以上干作业成孔成桩，也能在地下水位以下成孔成桩；既能在常温下施工，也能在低温条件下施工；采用特制钻头可在风化岩层、盐渍土层及砂卵石层中成孔；采用特殊措施可在厚流沙层中成孔；还能在紧邻持续振动源的困难环境下施工。钻孔压浆桩的桩长最大可达 31m。

（4）施工流程。钻孔压浆桩施工设备主要有长螺旋钻孔机、导流器、钻杆、钻头、注浆泵及管路系统、注水器、浆液制备装置等。

5. 灌注桩后压浆

灌注桩后注浆是钻孔灌注桩在成桩后，由预埋的注浆通道用高压注浆泵将一定压力的水泥浆压入桩端土层和桩侧土层，通过浆液对桩端沉渣和桩端持力层及桩周泥皮起到渗透、填充、压密、劈裂、固结等作用来增强桩侧土和桩端土的强度，从而达到提高桩基极限承载力，减少群桩沉降量的一项技术措施。钻孔灌注桩后压浆施工技术主要有桩底后压浆、桩侧后压浆、复式压浆（桩底和桩侧同时后压浆）三类。

灌注桩后压浆的施工流程：准备工作→管阀制作→灌注桩施工（后压浆管埋设）→压浆设备选型及加筋软管与桩身压浆管连接安装→打开排气阀并开泵放气调试→关闭排气阀压清水开塞→按设计水灰比拌制水泥浆液→水泥浆经过滤至储浆桶（不断搅拌）→待压浆管道通畅后压注水泥浆液→桩检测。

三、主体结构工程施工技术

（一）砌体结构工程施工

1. 砌筑砂浆

（1）对水泥的要求。

1）水泥进场时应对其品种、等级、包装或散装仓号、出厂日期等进行检查，并应对其强度、安定性进行复验。

2）当在使用中对水泥质量有怀疑或水泥出厂超过三个月（快硬硅酸盐水泥超过一个月）时，应复查试验，并按复验结果使用。

3）不同品种的水泥，不得混合使用。

（2）建筑生石灰、建筑生石灰粉熟化为石灰膏，分别不得少于7d和2d；沉淀池中储存的石灰膏，其熟化时应防止干燥、冻结和污染，严禁采用脱水硬化的石灰膏；建筑生石灰粉、消石灰粉不得替代石灰膏配制水泥石灰砂浆。

（3）砌筑砂浆应进行配合比设计。

（4）施工中不应采用强度等级小于M5水泥砂浆替代同强度等级水泥混合砂浆，如需替代，应将水泥砂浆提高一个强度等级。

（5）砌筑砂浆应采用机械搅拌，搅拌时间自投料完起算应符合下列规定：

1）水泥砂浆和水泥混合砂浆不得少于120s。

2）水泥粉煤灰砂浆和掺用外加剂的砂浆不得少于180s。

3）掺增塑剂的砂浆，从加水开始，搅拌时间不得少于210s。

（6）现场拌制的砂浆应随拌随用，拌制的砂浆应在3h内使用完毕；当施工期间最高气温超过30℃时，应在2h内使用完毕。

（7）砌筑砂浆试块强度验收时其强度合格标准应符合下列规定：

1）同一验收批砂浆试块强度平均值应大于或等于设计强度等级值的1.10倍。

2）同一验收批砂浆试块抗压强度的最小一组平均值应大于或等于设计强度等级值的85%。

2. 砌体结构施工基本规定

（1）砌筑顺序应符合下列规定：

1）基底标高不同时，应从低处砌起，并应由高处向低处搭砌。当设计无要求时，搭接长度L不应小于基础底的高差H，搭接长度范围内下层基础应扩大砌筑。

2）砌体的转角处和交接处应同时砌筑，当不能同时砌筑时，应按规定留槎、接槎。

（2）砌筑墙体应设置皮数杆。

（3）在墙上留置临时施工洞口，其侧边离交接处墙面不应小于500mm，洞口净宽度不应超过1m。抗震设防烈度为9度地区建筑物的临时施工洞口位置，应会同设计单位确定。临时施工洞口应做好补砌。

（4）不得在下列墙体或部位设置脚手眼：

1）120mm厚墙、清水墙、料石墙、独立柱和附墙柱。

2）过梁上与过梁成60°角的三角形范围及过梁净跨度1/2的高度范围内。

3）宽度小于1m的窗间墙。

4）门窗洞口两侧石砌体300mm，其他砌体200mm范围内；转角处石砌体600mm，其他砌体450mm范围内。

5）梁或梁垫下及其左右500mm范围内。

6）设计不允许设置脚手眼的部位。

7）轻质墙体。

8）夹芯复合墙外叶墙。

（5）设计要求的洞口、沟槽、管道应于砌筑时正确留出或预埋，未经设计同意，不得打凿墙体和在墙体上开凿水平沟槽。宽度超过 300mm 的洞口上部，应设置钢筋混凝土过梁。不应在截面长边小于 500mm 的承重墙体、独立柱内埋设管线。

（6）砌体施工质量控制等级分为 A、B、C 三级，砌体施工质量控制等级为 A 级的砌筑工人要求为中级工以上，其中高级工不少于 30%，B 级的要求高、中级工不少于 70%，C 级的要求为初级工以上。

（7）正常施工条件下，砖砌体、小砌块砌体每日砌筑高度宜控制在 1.5m 或一步脚手架高度内；石砌体不宜超过 1.2m。

（8）砌体结构工程检验批的划分应同时符合下列规定：

1）所用材料类型及同类型材料的强度等级相同。

2）不超过 $250m^3$ 砌体。

3）主体结构砌体一个楼层（基础砌体可按一个楼层计）；填充墙砌体量少时可多个楼层合并。

3. 砖砌体工程

砖砌体工程见表 4.1.8。

表 4.1.8 砖砌体工程

项目	内　容
产品龄期	砖砌体的产品龄期≥ 28d
材料	有冻胀环境的地区，地面以下或防潮层以下的砌体，不应采用多孔砖，不同品种的砖不得在同一楼层混合砌筑
铺浆长度	一般情况：≤ 750mm；施工期间气温超过 30℃：≤ 500mm
灰缝宽度	一般为 10mm，且大于或等于 8mm，小于或等于 12mm
斜槎	抗震设防烈度≥ 8 度时设置； 普通砖砌体斜槎的水平投影长度≥ 2/3 斜槎高度；多孔砖砌体斜槎的长高比≥ 1/2
直槎拉结筋	除转角处外，可留直槎，但直槎必须做成凸槎，且应加设拉结钢筋。 规定：①每 120mm 墙厚放置 1ϕ6 拉结钢筋，120mm 厚墙放置 2ϕ6 拉结钢筋；②间距沿墙高≤ 500mm，竖向间距偏差≤ 100mm；③埋入长度从留槎处算起每边≥ 500mm，抗震设防烈度 6、7 度地区≥ 1 000mm；④末端有 90° 弯钩

4. 混凝土小型空心砌块砌体工程

混凝土小型空心砌块砌体工程见表 4.1.9。

表 4.1.9 混凝土小型空心砌块砌体工程

项目	内　容
产品龄期	≥28d
搭接长度	单排孔小砌块：搭接长度为块体长度的 1/2； 多排孔小砌块：搭接长度≥砌块长度的 1/3，且≥90mm
灰缝饱满度	水平和竖向灰缝的砂浆饱满度，按净面积计算≥90%

5. 配筋砌体工程

（1）填充墙在平面和竖向的布置，宜均匀对称，宜避免形成薄弱层或短柱。

（2）砌筑填充墙时，轻骨料混凝土小型空心砌块和蒸压加气混凝土砌块的产品龄期不应小于28d，蒸压加气混凝土砌块的含水率宜小于30%。

（3）砌体的砂浆强度等级不应低于M5；实心块体的强度等级不宜低于MU2.5；空心块体的强度等级不宜低于MU3.5；墙顶应与框架梁密切结合。

（4）填充墙应沿框架柱全高每隔500～600mm设2ϕ6拉筋；拉筋伸入墙内的长度：6、7度抗震设防时宜沿墙全长贯通，8、9度抗震设防时应全长贯通。

（5）墙长大于5m时，墙顶与梁宜有拉结；墙长超过8m或层高2倍时，宜设置钢筋混凝土构造柱；墙高超过4m时，墙体半高宜设置与柱连接且沿墙全长贯通的钢筋混凝土水平系梁。

（6）植筋工艺流程：钻孔→清孔→填胶粘剂→安装钢筋→凝胶。

（7）楼梯间和人流通道的填充墙，尚应采用钢丝网砂浆面层加强。

（8）在厨房、卫生间、浴室等处采用轻骨料混凝土小型空心砌块、蒸压加气混凝土砌块砌筑墙体时，墙底部宜现浇混凝土坎台，其高度宜为150mm。

（9）蒸压加气混凝土砌块、轻骨料混凝土小型空心砌块不应与其他块体混砌，不同强度等级的同类块体也不得混砌。

（10）填充墙砌体砌筑，应待承重主体结构检验批验收合格后进行。填充墙与承重主体结构间的空（缝）隙部位施工，应在填充墙砌筑14d后进行。

6. 砌筑脚手架

（1）外脚手架。

1）多立杆式脚手架，具体搭设要求如下：①底座、垫板均应准确地放在定位线上。②脚手架必须配合施工进度搭设，一次搭设高度不应超过相邻连墙件以上两步。③纵向水平杆应设置在立杆内侧，其长度不应小于3跨。④主节点处必须设置一根横向水平杆，用直角扣件扣接且严禁拆除。主节点处的两个直角扣件的中心距不应大于150mm。⑤脚手架必须设置纵、横向扫地杆，纵向扫地杆应固定在距底座上皮小于或等于200mm处的立杆上。当立杆的基础不在同一高度上时，必须将高处的纵向扫地杆向低处延长两跨与立杆固定，高低差不应大于1m。靠边坡上方的立杆轴线到边坡的距离不应小于500mm。⑥立杆接长除顶层顶步可采用搭接外，其余各层各步接头必须采用对接扣件连接。⑦高度在24m以下的单、双排脚手架，均必须在外侧两端、转角及中间不超过15m的立面上，各设置一道剪刀撑，并应由底至顶连续设置；高度在24m及以上的双排脚手架在外侧全立面连续设置剪刀撑。

2）门式脚手架。门式脚手架又称多功能门型脚手架。其可用于搭设外脚手架、里脚手架，施工操作平台和模板支架等。但门式脚手架不得用于搭设满堂承重支撑架体系。

（2）里脚手架。里脚手架是搭设在施工对象内部的脚手架。主要用于在楼层上砌墙和进行内部装修等施工作业。

（3）脚手架的拆除。

1）拆除作业必须由上而下逐层进行，严禁上下同时作业。

2）同层杆件和构配件必须按先外后内的顺序拆除；剪刀撑、斜撑杆等加固杆件必须在拆卸至该部位杆件时再拆除。

3）连墙件必须随脚手架逐层拆除，严禁先将连墙件整层拆除后再拆脚手架；分段拆除高差不应大于 2 步，如高差大于 2 步，应增设连墙件加固。

4）拆除的构配件应采用起重设备吊运或人工传递到地面，严禁抛掷。

（二）混凝土结构工程施工

1. 钢筋工程

（1）钢筋验收。

1）钢筋进场时，钢筋应平直、无损伤，表面不得有裂纹、油污、颗粒状或片状老锈。

2）对有抗震设防要求的结构其纵向受力钢筋的性能应满足设计要求：当设计无具体要求时，对按一、二、三级抗震等级设计的框架和斜撑构件（含梯段）中的纵向受力钢筋应采用 HRB400E、HRB500E、HRBF400E 或 HRBF500E 钢筋，其强度和最大力下总伸长率的实测值应符合下列规定：①钢筋的抗拉强度实测值与屈服强度实测值的比值不应小于 1.25。②钢筋的屈服强度实测值与屈服强度标准值的比值不应大于 1.30。③钢筋的最大力下总伸长率不应小于 9%。

3）当发现钢筋脆断、焊接性能不良或力学性能显著不正常等现象时，应停止使用该批钢筋，并应对该批钢筋进行化学成分检验或其他专项检验。

（2）钢筋加工包括冷拉、调直、除锈、剪切和弯曲等，宜在常温状态下进行，加工过程中不应对钢筋进行加热。钢筋应一次弯折到位。钢筋的加工见表 4.1.10。

表 4.1.10 钢筋的加工

调直	当采用冷拉方法调直时，HPB235、HPB300 光圆钢筋的冷拉率不宜大于 4%；HRB400、HRE500、HRBF400、HRBF500 及 RRB400 带肋钢筋的冷拉率不宜大于 1%
剪切	（1）手动剪切器一般只用于剪切直径小于 12mm 的钢筋； （2）钢筋剪切机可剪切直径小于 40mm 的钢筋； （3）直径大于 40mm 的钢筋则需用锯床锯断或用氧－乙炔焰或电弧割切
弯曲	（1）受力钢筋的弯钩和弯折应符合下列规定： 1）HPB300 级钢筋末端应做 180° 弯钩，其弯弧内直径不应小于钢筋直径的 2.5 倍。弯钩的弯后平直部分长度不应小于钢筋直径的 3 倍。 2）当设计要求钢筋末端做 135° 弯钩时，HRB335 级、HRB400 级钢筋的弯弧内直径不应小于钢筋直径的 4 倍。弯钩的弯后平直部分长度应符合设计要求。 3）钢筋做不大于 90° 的弯折时，弯折处的弯弧内直径不应小于钢筋直径的 5 倍。 （2）除焊接封闭环式箍筋外，箍筋的末端应做弯钩，弯钩形式应符合设计要求，当设计无要求时，应符合下列规定： 1）箍筋弯钩的弯弧内直径除满足受力钢筋的弯钩和弯折的有关规定外，尚应不小于受力钢筋的直径。 2）箍筋弯钩的弯折角度：对一般结构，不应小于 90°，对有抗震等要求的结构，应为 135°。 3）箍筋弯后平直部分长度：对一般结构，不宜小于箍筋直径的 5 倍，对有抗震要求的结构，不应小于箍筋直径的 10 倍

（3）钢筋的连接见表 4.1.11–1 和表 4.1.11–2。

表 4.1.11–1 钢筋连接基本要求

项目	具体内容
连接方法	钢筋的连接方法有焊接连接、绑扎搭接连接和机械连接。
基本要求	（1）同一个纵向受力钢筋不宜设置两个或两个以上接头，接头末端至钢筋弯起距离不应小于钢筋直径的 10 倍。 （2）纵向受力钢筋机械连接接头及焊接接头连接区段的长度为 35 倍 d（d 为纵向受力钢的较大直径）且大于或等于 500mm。 （3）接头面积在受拉区不宜大于 50%。 （4）直接承受动力荷载的结构构件中，不宜采用焊接接头，当采用机械连接接头时，不应大于 50%

表 4.1.11–2 钢筋连接基本分类及具体规定

<table>
<tr><th>分类</th><th colspan="2">具体内容</th></tr>
<tr><td rowspan="6">焊接连接</td><td colspan="2">（1）要求：直接承受动力荷载的结构构件中，纵向钢筋不宜采用焊接接头。
（2）方法：闪光对焊、电弧焊、电阻点焊、电渣压力焊、埋弧压力焊、气压焊等</td></tr>
<tr><td>闪光对焊</td><td>适用范围：广泛应用于钢筋纵向连接及预应力钢筋与螺丝端杆的焊接</td></tr>
<tr><td>电弧焊</td><td>适用范围：广泛应用于钢筋接头、钢筋骨架焊接、装配式结构接头的焊接、钢筋与钢板的焊接及各种钢结构的焊接</td></tr>
<tr><td>电阻点焊</td><td>适用范围：主要用于小直径钢筋的交叉连接，如用来焊接钢筋骨架、钢筋网中交叉钢筋的焊接</td></tr>
<tr><td>电渣压力焊</td><td>适用于现浇钢筋混凝土结构中直径为 14 ~ 40mm 的竖向或斜向钢筋的焊接接长</td></tr>
<tr><td>气压焊</td><td>适用范围：不仅适用于竖向钢筋的连接，也适用于各种方位布置的钢筋连接。当不同直径钢筋焊接时，两钢筋直径差不得大于 7mm</td></tr>
<tr><td>绑扎搭接连接</td><td colspan="2">绑扎搭接接头的规定：
（1）同一构件中相邻纵向受力钢筋的绑扎搭接接头宜相互错开。绑扎搭接接头中钢筋的横向净距不应小于钢筋直径且不应小于 25mm。
（2）钢筋绑扎搭接接头连接区段的长度为 1.3L_l（L_l 为搭接长度）。同一连接区段内，纵向受拉钢筋搭接接头面积百分比应符合设计要求；当设计无具体要求时，应符合下列规定：
1）对梁类、板类及墙类构件，不宜大于 25%。
2）对柱类构件，不宜大于 50%。
3）当工程中确有必要增大接头面积百分比时，对梁类构件不应大于 50%；对其他构件，可根据实际情况放宽。
（3）在梁、柱类构件的纵向受力钢筋搭接长度范围内，应按设计要求配置箍筋。当设计无具体要求时，应符合下列规定：
1）箍筋直径不应小于搭接钢筋较大直径的 25%。
2）受拉搭接区段的箍筋间距不应大于搭接钢筋较小直径的 5 倍，且不应大于 100mm。
3）受压搭接区段的箍筋间距不应大于搭接钢筋较小直径的 10 倍，且不应大于 200mm。
4）当柱中纵向受力钢筋直径大于 25mm 时，应在搭接接头两端外 100mm 范围内各设置两个箍筋，其间距宜为 50mm</td></tr>
</table>

续表 4.1.11-2

分类	具体内容
机械连接	（1）分类：钢筋套筒挤压连接和钢筋螺纹套管连接。 （2）适用范围：钢筋套筒挤压连接适用于竖向、横向及其他方向的较大直径变形钢筋的连接；钢筋螺纹套管连接施工速度快，不受气候影响，自锁性能好，对中性好，能承受拉、轴向力和水平力，可在施工现场连接同径或异径的竖向、水平或任何倾角的钢筋，已在我国广泛应用

（4）钢筋安装。

1）柱钢筋绑扎。每层柱第一个钢筋接头位置距楼地面高度不宜小于500mm、柱净高的1/6及柱截面长边（或直径）中的较大值。框架梁、牛腿及柱帽等钢筋应放在柱子纵向钢筋内侧。柱中的竖向钢筋搭接时，角部钢筋的弯钩应与模板成45°，中间钢筋的弯钩应与模板成90°。

2）墙钢筋绑扎。墙（包括水塔壁、烟囱筒身、池壁等）的垂直钢筋每段长度不宜超过4m（钢筋直径不大于12mm）或6m（直径大于12mm）或层高加搭接长度，水平钢筋每段长度不宜超过8m，以利绑扎。钢筋的弯钩应朝向混凝土内。采用双层钢筋网时，在两层钢筋间应设置撑铁或绑扎架，以固定钢筋间距。

3）梁、板钢筋绑扎。连续梁、板的上部钢筋接头位置宜设置在跨中1/3跨度范围内，下部钢筋接头位置宜设置在梁端1/3跨度范围内。当梁的高度较小时，梁的钢筋架空在梁模板顶上绑扎；当梁的高度≥1m时，梁的钢筋宜在梁底模上绑扎。板、次梁与主梁交叉处，板的钢筋在上，次梁的钢筋居中，主梁的钢筋在下；当有圈梁或垫梁时，主梁的钢筋在上。

2. 模板工程

（1）常见模板体系及其特征见表4.1.12。

表 4.1.12 常见模板体系及其特征

模板类型	特　征
木模板体系	优点：制作、拼装灵活，较适用于外形复杂或异形混凝土构件，以及冬期施工的混凝土工程； 缺点：制作量大，木材资源浪费大等
胶合板模板体系	优点：自重轻、板幅大、板面平整、施工安装方便简单等； 缺点：功效低，损耗大等
组合中小钢模板体系	优点：轻便灵活、拆装方便、通用性强、周转率高等； 缺点：接缝多且严密性差，导致混凝土成型后外观质量差
铝合金模板体系	优点：强度高、整体性好、拼装灵活、拆装方便、周转率高、占用机械少等； 缺点：拼缝多、人工拼装、倒运频繁等
大模板	优点：模板整体性好、抗振性强，拼缝少等； 缺点：模板重量大，移动安装需起重机械吊运，面层可以是钢、木等材料
滑升模板体系	用滑升模板施工，可以节约模板和支撑材料、加快施工速度和保证结构的整体性。但模板一次性投资多、耗钢量大，对建筑的立面造型和构件断面变化有一定的限制。施工时宜连续作业，施工组织要求较严

续表 4.1.12

模板类型	特　征
爬升模板体系	施工剪力墙体系和筒体体系的钢筋混凝土结构高层建筑的一种有效的模板体系。减少了高层建筑施工中起重运输机械的吊运工作量，能避免大模板受大风影响而停止工作，省去了结构施工阶段的外脚手架，能减少起重机械的数量、加快施工速度，经济效益较好
台模	主要用于浇筑平板式或带边梁的楼板，利用台模施工楼板可省去模板的装拆时间，能降低劳动消耗和加速施工，但一次性投资较大
早拆模板体系	优点是部分模板可早拆，加快周转，节约成本
其他	飞模、模壳模板、钢框木（竹）模板、胎模及永久性压型钢板模板和各种配筋的混凝土薄板模板等

（2）模板安装的基本要求如下：

1）安装现浇结构的上层模板及其支架时，下层楼板应具有承受上层荷载的承载能力，或加设支架；上、下层支架的立柱应对准，并铺设垫板。

2）在涂刷模板隔离剂时，不得沾污钢筋和混凝土接槎处。

3）模板的接缝严密，不应漏浆；在浇筑混凝土前，木模板应浇水湿润，但模板内不应有积水。

4）模板与混凝土的接触面应清理干净并涂刷隔离剂，但不得采用影响结构性能或妨碍装饰工程施工的隔离剂。

5）浇筑混凝土前，模板内的杂物应清理干净。

6）对清水混凝土工程及装饰混凝土工程，应使用能达到设计效果的模板。

7）用作模板的地坪、胎模等应平整光洁，不得产生影响构件质量的下沉、裂缝、起砂或起鼓。

8）对跨度不小于 4m 的钢筋混凝土梁、板，其模板应按设计要求起拱，当设计无具体要求时，起拱高度宜为跨度的 1/1 000 ~ 3/1 000。

9）固定在模板上的预埋件、预留孔和预留洞均不得遗漏，且应安装牢固，其偏差应符合规定。

10）模板安装应保证结构和构件各部分的形状、尺寸和相互间位置的正确性。其偏差应符合规定。

11）构件简单，装拆方便，能多次周转使用。

（3）模板拆除。

1）模板拆除要求。

①底模及其支架拆除时的混凝土强度应符合设计要求；当设计无具体要求时，混凝土强度应符合表 4.1.13 的规定。

②对后张法预应力混凝土结构构件，侧模宜在预应力张拉前拆除；底模支架的拆除应按施工技术方案执行，当无具体要求时，不应在结构构件建立预应力前拆除。

③后浇带模板的拆除和支顶应按施工技术方案执行。

④侧模拆除时的混凝土强度应能保证其表面及棱角不受损伤。

⑤模板拆除时，不应对楼层形成冲击荷载。拆除的模板和支架宜分散堆放并及时清运。

2）模板拆除顺序。①模板的拆除顺序：一般是先拆非承重模板，后拆承重模板；先拆侧模板，后拆底模板。②框架结构模板的拆除顺序：一般是柱、楼板、梁侧模、梁底模。拆除大型结构的模板时，必须事先制定详细方案。

表 4.1.13 底模及其支架拆除时的混凝土强度要求

构件类型	构件跨度 /m	达到设计的混凝土立方体抗压强度标准值 /%
板	≤ 2	≥ 50
	>2，≤ 8	≥ 75
	>8	≥ 100
梁、拱、壳	≤ 8	≥ 75
	>8	≥ 100
悬臂构件	—	≥ 100

3. 混凝土工程

（1）原材料的质量要求见表 4.1.14。

表 4.1.14 原材料的质量要求

材料分类	具体要求
水泥	（1）进场时应对其品种、级别、包装或散装仓号、出厂日期等进行检查，并应对其强度、安定性及其他必要的性能指标进行复验。 （2）当在使用中对水泥质量有怀疑或水泥出厂超过 3 个月（快硬硅酸盐水泥超过 1 个月）时，应进行复验，并按复验结果使用。 （3）钢筋混凝土结构、预应力混凝土结构中，严禁使用含氯化物的水泥
混凝土外加剂种类	（1）预应力混凝土结构中，严禁使用含氯化物的外加剂。 （2）钢筋混凝土结构中，当使用含氯化物的外加剂时，混凝土中氯化物的总含量应符合现行国家标准。 （3）粗细骨料应符合国家现行标准规定。 （4）拌制混凝土宜采用饮用水。 （5）混凝土中氯化物和碱的总含量应符合现行国家标准

（2）混凝土的搅拌见表 4.1.15。

表 4.1.15 混凝土的搅拌

项目	具体内容	
混凝土搅拌机类型及选用	自落式	自落式混凝土搅拌机适用于搅拌塑性混凝土
	强制式	搅拌干硬性混凝土和轻骨料混凝土
混凝土搅拌制度确定	为了拌制出均匀优质的混凝土，除合理地选择搅拌机外，还必须正确地确定搅拌制度，即进料容量、混凝土搅拌时间和投料顺序	

续表 4.1.15

项目	具体内容
商品混凝土搅拌站	类型：固定式混凝土搅拌站、拆装式混凝土搅拌站、移动式混凝土搅拌站和固定式搅拌楼等。 （1）固定式混凝土搅拌站是一种生产规模较小的混凝土生产装置，整套设备简单，投资少，建设快，适用于中、小型混凝土预制构件厂。 （2）拆装式混凝土搅拌站是由几个大型组件拼装而成，投资少，比较经济，生产量小，在施工现场之间转移拆装方便，适用于混凝土用量不大的工地。 （3）移动式混凝土搅拌站是把搅拌站的混凝土生产装置安装在一台或几台拖车上，可随时转移，主要用于一些短期工程项目中。 （4）固定式混凝土搅拌楼，常建成大型的生产混凝土的工厂，具有自动化程度高、生产能力大等优点，主要用在商品混凝土工厂、大型预制构件厂和水利工地

（3）混凝土的运输。

1）在运输过程中应保持混凝土的均质性，不发生离析现象。

2）混凝土运至浇筑点开始浇筑时，应满足设计配合比所规定的坍落度。

3）应保证在混凝土初凝之前能有充分时间进行浇筑和振捣。

4）混凝土运输方法分为地面运输、垂直运输和楼地面运输三种。

（4）混凝土的浇筑见表 4.1.16。

表 4.1.16　混凝土的浇筑

项目	具体内容
混凝土浇筑的一般规定	（1）混凝土运输、输送、浇筑过程中严禁加水；混凝土运输、输送、浇筑过程中散落的混凝土严禁用于结构浇筑。 （2）现场环境温度高于 35℃时宜对金属模板进行洒水降温；洒水后不得留有积水。 （3）混凝土输送宜采用泵送方式。混凝土粗骨料最大粒径不大于 25mm 时，可采用不小于 125mm 的输送泵管，混凝土粗骨料最大粒径不大于 40mm 时，可采用内径不小于 150mm 的输送泵管。 （4）在浇筑竖向结构混凝土前，应先在底部填以不大于 30mm 厚与混凝土内砂浆成分相同的水泥砂浆；浇筑过程中混凝土不得发生离析现象。 （5）柱、墙模板内的混凝土浇筑时，当无可靠措施保证混凝土不产生离析，其自由倾落高度应符合如下规定： 1）粗骨料料径大于 25mm 时，不宜超过 3m。 2）粗骨料料径不大于 25mm 时，不宜超过 6m。 当不能满足时，应加设串筒、溜管、溜槽等装置。 （6）在浇筑与柱和墙连成整体的梁和板时，应在柱和墙浇筑完毕后停歇 1 ~ 1.5h 再继续浇筑。 （7）梁和板宜同时浇筑混凝土，有主次梁的楼板宜顺着次梁方向浇筑，单向板宜沿着板的长边方向浇筑；拱和高度大于 1m 的梁等结构，可单独浇筑混凝土
大体积混凝土结构浇筑	（1）大体积混凝土施工温度控制应符合下列规定： 1）混凝土入模温度不宜大于 30℃；混凝土最大绝热温升不宜大于 50℃。 2）在覆盖养护或带模养护阶段，混凝土浇筑体表面以内 40 ~ 100mm 位置处的温度与混凝土浇筑体表面温度差值不宜大于 25℃；结束覆盖养护或拆模后，混凝土浇筑体表面以内 40 ~ 100mm 位置处的温度与环境温度差值不应大于 25℃。 3）混凝土降温速率不宜大于 2.0℃ /d。 （2）大体积混凝土结构的浇筑方案，一般分为全面分层、分段分层和斜面分层三种，目前应用较多的是斜面分层法

续表 4.1.16

项目	具体内容
密实成型	混凝土振动密实成型。 1）内部振动器，又称插入式振动器，适用于基础、柱、梁、墙等深度或厚度较大的结构构件的混凝土捣实。应按分层浇筑厚度分别进行振捣，振动棒的前端应插入前一层混凝土中，插入深度不应小于 50mm；振动棒应垂直于混凝土表面并快插慢拔均匀振捣；当混凝土表面无明显塌陷、有水泥浆出现、不再冒气泡时，可结束该部位振捣；振动棒与模板的距离不应大于振动棒作用半径的 1/2；振捣插点间距不应大于振动棒的作用半径的 1.4 倍。 2）外部振动器，又称附着式振动器，适用于振捣断面较小或钢筋较密的柱、梁、墙等构件。 3）表面振动器，又称平板振动器，适用于振捣楼板、地面和薄壳等薄壁构件。 4）振动台是混凝土预制构件厂中的固定生产设备，用于振实预制构件
施工缝留置及处理	（1）施工缝的留置： 1）施工缝宜留置在结构受剪力较小且便于施工的部位。 2）柱子宜留在基础顶面、梁或吊车梁牛腿的下面、吊车梁的上面、无梁楼盖柱帽的下面。 3）与板连成整体的大断面梁应留在板底面以下 20 ~ 30mm 处，当板下有梁托时，留置在梁托下部。 4）单向板应留在平行于板短边的任何位置。 5）有主次梁楼盖宜顺着次梁方向浇筑，应留在次梁跨度的中间 1/3 跨度范围内。 6）楼梯应留在楼梯长度中间 1/3 长度范围内。 7）墙可留在门洞口过梁跨中 1/3 范围内，也可留在纵横墙的交接处。 8）双向受力的楼板、大体积混凝土结构、拱、薄壳、多层框架等及其他结构复杂的结构，应按设计要求留置施工缝。 （2）施工缝的处理： 1）已浇筑的混凝土，其抗压强度不应小于 1.2N/mm^2。 2）在已硬化的混凝土表面上，应清除水泥薄膜和松动石子以及软弱混凝土层，并加以充分湿润和冲洗干净，且不得积水。 3）在浇筑混凝土前，宜先在施工缝处刷一层水泥浆（可掺适量界面剂）或铺一层与混凝土内成分相同的水泥砂浆。 4）混凝土应细致捣实，使新旧混凝土紧密结合。 （3）后浇带的规定： 1）通常根据设计要求留设，并在主体结构保留一段时间（若设计无要求，则至少保留 28d）后再浇筑，将结构连成整体。 2）填充后浇带，可采用微膨胀混凝土、强度等级比原结构强度提高一级，并保持至少 14d 湿润养护。 3）后浇带接缝处按施工缝的要求处理

（5）混凝土的养护见表 4.1.17。

表 4.1.17 混凝土的养护

分类		具体内容
标准养护	定义	混凝土在温度为 20℃ ±2℃，相对湿度在 95% 以上的潮湿环境或水中的条件下进行的养护，称为标准养护
	适用范围	用于对混凝土立方体试件进行养护

续表 4.1.17

<table>
<tr><th>分类</th><th colspan="2">具体内容</th></tr>
<tr><td rowspan="2">加热养护</td><td>定义</td><td>为了加速混凝土的硬化过程，对混凝土拌和物进行加热处理，使其在较高的温度和湿度环境下迅速凝结、硬化的养护，称为加热养护</td></tr>
<tr><td colspan="2">常用的热养护方法是蒸汽养护</td></tr>
<tr><td rowspan="2">自然养护</td><td>定义</td><td>在常温下（平均气温不低于 5℃）采用适当的材料覆盖混凝土，并采取浇水润湿、防风防干、保温防冻等措施所进行的养护，称为自然养护</td></tr>
<tr><td>规定</td><td>（1）应在浇筑完毕后的 12h 以内对混凝土加以覆盖并保湿养护。
（2）混凝土养护时间：
采用硅酸盐水泥、普通硅酸盐水泥或矿渣硅酸盐水泥配制的混凝土 ≥ 7d；
采用缓凝型外加剂、大掺量矿物掺和料配制的混凝土 ≥ 14d；
抗渗混凝土、强度等级 C60 及以上的混凝土 ≥ 14d；
后浇带混凝土的养护时间 ≥ 14d；
地下室底层和上部结构首层柱、墙混凝土带模养护时间 ≥ 3d。
（3）混凝土强度达到 1.2N/mm² 之前，不得在其上踩踏、堆放荷载、安装模板及支架</td></tr>
</table>

4. 混凝土冬期施工与高温施工

混凝土冬期施工与高温施工见表 4.1.18。

表 4.1.18 混凝土冬期施工与高温施工

<table>
<tr><th>项目</th><th colspan="2">具体内容</th></tr>
<tr><td rowspan="2">冬期施工</td><td>条件</td><td>当室外日平均气温连续 5d 稳定低于 5℃时，采取冬期施工措施；当混凝土未达到受冻临界强度而气温骤降至 0℃以下，要采取应急防护措施</td></tr>
<tr><td>应急防护措施</td><td>（1）宜选用硅酸盐水泥或普通硅酸盐水泥；蒸汽养护时宜选用矿渣硅酸盐水泥。
（2）降低水灰比和用水量，使用低流动性或干硬性混凝土。
（3）浇筑前加热，提高混凝土入模温度。
（4）对已浇筑的混凝土保温加热，进行养护。
（5）掺入外加剂，加速硬化或提高抗冻性</td></tr>
<tr><td rowspan="2">高温施工</td><td>条件</td><td>当日平均气温达到 30℃及以上时，应按高温施工要求采取措施</td></tr>
<tr><td>措施</td><td>宜采用低水泥用量的原则，并可采用粉煤灰取代部分水泥。宜选用水化热较低的水泥；混凝土坍落度不宜小于 70mm，混凝土浇筑入模温度不应高于 35℃</td></tr>
</table>

5. 装配式混凝土施工

（1）材料要求。

1）装配整体式结构中，预制构件的混凝土强度等级不宜低于 C30；预应力混凝土预制构件的混凝土等级不宜低于 C40，且不应低于 C30；现浇混凝土的强度等级不应低于 C25。

2）预制构件吊环应采用未经冷加工的 HPB300 钢筋制作。

（2）构件预制。

1）预制构件采用加热养护时，宜在常温下静停 2 ~ 6h，升温、降温速度不应超过

20℃/h，最高养护温度不宜超过70℃，预制构件出池的表面温度与环境温度的差值不宜超过25℃。

2）脱模起吊时，预制构件的混凝土立方体抗压强度应满足设计要求，且不应小于15N/mm。

（3）连接构造要求。

1）装配整体式结构中，节点及接缝处的纵向钢筋连接应符合国家现行有关标准的规定。①纵向钢筋采用套筒灌浆连接时，预制剪力墙中钢筋接头处套筒外侧钢筋的混凝土保护层厚度不应小于15mm，预制柱中钢筋接头处套筒外侧箍筋的混凝土保护层厚度不应小于20mm；套筒之间的净距不应小于25mm。②纵向钢筋采用浆锚搭接连接时，直径大于20mm的钢筋不宜采用浆锚搭接连接，直接承受动力荷载构件的纵向钢筋不应采用浆锚搭接连接。

2）预制构件与后浇混凝土、灌浆料、坐浆材料的结合面应设置粗糙面、键槽。

3）预制楼梯与支承构件之间采用简支连接。预制楼梯宜一端设置固定铰，另一端设置滑动铰，其转动及滑动变形能力应满足结构间位移的要求，且预制楼梯端部在支承构件上的最小搁置长度，6、7度抗震设防时为75mm，8度抗震设防时为100mm。预制楼梯设置滑动铰的端部应采取防止滑落的构造措施。

（4）构件储运。

1）当采用靠放架堆放或运输构件时，靠放架应具有足够的承载力和刚度，与地面倾斜角度宜大于80°，构件应对称靠放，每侧不大于2层；墙板宜对称靠放且外饰面朝外，构件上部宜采用木垫块隔离，运输时构件应采取固定指施。

2）当采用插放架直立堆放或运输构件时，宜采取直立运输方式，插放架应有足够的承载力和刚度，并应支垫稳固。

3）水平运输时，预制梁、柱构件叠放不宜超过3层，板类构件叠放不宜超过6层。

4）采用叠层平放的方式堆放或运输构件时，应采取防止构件产生裂缝的措施。

（5）结构施工。

1）构件吊装与就位：①吊索水平夹角不宜小于60°，且不应小于45°；对尺寸较大或形状复杂的预制构件，宜采用有分配梁或分配桁架的吊具。②预制构件吊装就位后，应及时校准并采取临时固定措施，每个预制构件的临时支撑不宜少于2道。③对预制柱、墙板构件的上部斜支撑，其支撑点距离板底的距离不宜小于构件高度的2/3，且不应小于构件高度的1/2。

2）构件安装：①安装准备。多层预制剪力墙底部采用坐浆材料时，其厚度不宜大于20mm。②钢筋套筒连接施工。采用钢筋套筒灌浆连接、钢筋浆锚搭接连接时，连接钢筋偏离套筒或孔洞中心线不宜超过5mm；灌浆施工时，环境温度不应低于5℃，当连接部位养护温度低于10℃时，应采取加热保温措施。③后浇混凝土施工。同一配合比的混凝土，每工作班且建筑面积不超过1 000m² 应制作1组标准养护试件，同一楼层应制作不少于3组标准养护试件。

（三）预应力混凝土工程施工

预应力是在构件承受外荷载前，预先在构件的受拉区对混凝土施加的预压力。构件在使用阶段的外荷载作用下产生的拉应力。首先要抵消预压应力，这就推迟了混凝土裂缝的出现，同时也限制了裂缝的开展，从而提高了构件的抗裂度和刚度。

1. 预应力钢筋种类

高强的预应力钢绞线、钢丝作为我国预应力混凝土结构的主力钢筋。

2. 对混凝土的要求

（1）在预应力混凝土结构中，混凝土的强度等级不应低于 C30。

（2）当采用钢绞线、钢丝、热处理钢筋作预应力钢筋时，混凝土强度等级不宜低于C40。

（3）在预应力混凝土构件的施工中，不能掺用对钢筋有侵蚀作用的氯盐、氯化钠等，否则会发生严重的质量事故。

3. 预应力施加方法

（1）根据与构件制作相比较的先后顺序，分为先张法、后张法两大类，具体要求见表 4.1.19。

（2）当工程所处环境温度低于 -15℃时，不宜进行预应力筋张拉。

表 4.1.19　先张法和后张法

项目	具体内容	
先张法	定义	在台座或模板上先张拉预应力筋并用夹具临时固定，再浇筑混凝土，待混凝土达到一定强度后，放张预应力筋，通过预应力筋与混凝土的黏结力，使混凝土产生预压应力的施工方法
	适用范围	多用于预制构件厂生产定型的中小型构件，也常用于生产预应力桥跨结构等
	施工顺序	支底模→预应力钢筋安放→张拉钢筋→支侧模→浇混凝上→拆模→放张钢筋
	预应力筋的张拉	预应力筋应根据设计和专项施工方案的要求采用一端或两端张拉。 采用两端张拉时，宜两端同时张拉，也可一端先张拉，另一端补张拉
	混凝土的浇筑与养护	采用重叠法生产构件时，应待下层构件的混凝土强度达到 5.0MPa 后，方可浇筑上层构件的混凝土
		混凝土可采用自然养护或湿热养护。但必须注意，当预应力混凝土构件进行湿热养护时，应采取正确的养护制度以减少由于温差引起的预应力损失
	预应力筋放张	为保证预应力筋与混凝土的良好黏结，预应力筋张拉时，混凝土强度应符合设计要求；当设计无具体要求时，不应低于设计的混凝土立方体抗压强度标准值的 75%，先张法预应力筋放张时不应低于 30MPa
后张法	定义	在混凝土达到一定强度的构件或结构中，张拉预应力筋并用锚具永久固定，使混凝土产生预压应力的施工方法
	特点	（1）直接在构件上张拉预应力筋，构件在张拉预应力筋的过程中，完成混凝土的弹性压缩，因此，混凝土的弹性压缩不直接影响预应力筋有效预应力值的建立。 （2）预应力的传递主要靠预应力筋两端的锚具。锚具作为预应力构件的一个组成部分，永远留在构件上，不能重复使用
	分类	分为有黏结后张法施工和无黏结预应力施工

续表 4.1.19

<table>
<tr><th>项目</th><th colspan="3">具体内容</th></tr>
<tr><td rowspan="5">后张法</td><td colspan="2">适用范围</td><td>宜用于现场生产大型预应力构件、特种结构和构筑物，可作为一种预应力预制构件的拼装手段</td></tr>
<tr><td colspan="2">施工顺序</td><td>支底模→放钢筋支模→埋管→浇混凝土→抽管→养拆→清孔→穿筋→张拉→灌浆</td></tr>
<tr><td rowspan="3">有黏结后张法施工工艺</td><td>孔道的留设</td><td>（1）孔道留设应符合下列规定：
1）预留孔道的定位应牢固，浇筑混凝土时不应出现移位和变形。
2）孔道应平顺，端部的预埋锚垫板应垂直于孔道中心线。
3）成孔用管道应密封良好，接头应严密且不得漏浆。
4）灌浆孔的间距：对预埋金属螺旋管不宜大于 30m，对抽芯成形孔道不宜大于 12m。
5）在曲线孔道的曲线波峰部位应设置排气管兼作泌水管，必要时可在最低点设置排水孔。
6）灌浆孔及泌水管的孔径应能保证浆液畅通。
（2）孔道留设的方法有：钢管抽芯法，胶管抽芯法，预埋波纹管法</td></tr>
<tr><td>预应力筋张拉</td><td>（1）张拉预应力筋时，构件混凝土的强度应按设计规定，如设计无规定，则不低于设计的混凝土立方体抗压强度标准值的 75%。对后张法预应力梁和板，现浇结构混凝土的龄期分别不宜小于 7d 和 5d。
（2）有黏结预应力筋长度不大于 20m 时可一端张拉，大于 20m 时宜两端张拉，预应力筋为直线形时，一端张拉的长度可延长至 35m，无黏结预应力筋长度不大于 40m 时可一端张拉，大于 40m 时宜两端张拉</td></tr>
<tr><td>孔道灌浆</td><td>（1）施工条件：当工程所处环境温度高于 35℃或连续 5 日环境日平均温度低于 5℃时，不宜进行灌浆施工。冬期灌浆施工时，应对预应力构件采取保温措施或采用抗冻水泥浆。
（2）灌浆施工应符合下列规定：
1）宜先灌注下层孔道，后灌注上层孔道。
2）灌浆应连续进行，全部封闭后，宜继续加压 0.5～0.7MPa，并稳定 1～2min 后封闭灌浆口。
3）当泌水较大时，宜进行二次灌浆或泌水孔重力补浆。
4）因故停止灌浆时，应用压力水将孔道内已注入的水泥浆冲洗干净</td></tr>
</table>

（四）钢结构施工

1. 钢结构构件的连接

（1）焊接。

1）建筑工程中钢结构常用的焊接方法有手工焊，半自动焊和全自动焊等。

2）根据焊接接头的连接部位，可以将熔化焊接头分为：对接接头、角接接头、T 形及十字接头、搭接接头和塞焊接头等。

（2）高强度螺栓。

1）高强度螺栓按连接形式通常分为摩擦连接、张拉连接和承压连接等，其中，摩擦连接是目前广泛采用的基本连接形式。

2）高强度螺栓安装时应先使用安装螺栓和冲钉。高强度螺栓不得兼做安装螺栓。

3）高强度大六角头螺栓连接副施拧可采用扭矩法或转角法。同一接头中，高强度螺栓连接副的初拧、复拧、终拧应在24h内完成。高强度螺栓连接副初拧、复拧和终拧原则上应以接头刚度较大的部位向约束较小的方向、螺栓群中央向四周的顺序进行。

4）高强度螺栓和焊接并用的连接节点，当设计文件无规定时，宜按先螺栓紧固后焊接的施工顺序。

2. 钢结构防火与防腐

（1）防腐涂料涂装。

防腐涂料涂装施工流程为：基面处理→底漆涂装→中间漆涂装→面漆涂装→检查验收。

钢构件采用涂料防腐涂装时，可采用机械除锈和手工除锈方法进行处理。经处理的钢材表面不应有焊渣、焊疤、灰尘、油污、水和毛刺等；对于镀锌构件，酸洗除锈后，钢材表面应露出金属色泽，无污渍、锈迹和残留任何酸液。油漆防腐涂装可采用涂刷法、手工滚涂法、空气喷涂法和高压无气喷涂法。

钢结构防腐涂装施工宜在钢构件组装和预拼装工程检验批的施工质量验收合格后进行。涂装完毕后，宜在构件上标注构件编号；大型构件应标明重量、重心位置和定位标记。

（2）防火涂装。

建筑钢结构防火涂装应符合《建筑钢结构防火技术规范》GB 51249的要求。钢结构的防火保护可采用下列措施之一或其中几种的复（组）合：

1）喷涂（抹涂）防火涂料；

2）包覆防火板；

3）包覆柔性毡状隔热材料；

4）外包混凝土、金属网抹砂浆或砌筑砌体。

钢结构采用喷涂防火涂料保护时，应符合下列规定：

1）室内隐蔽构件，宜选用非膨胀型防火涂料；

2）设计耐火极限大于1.50h的构件，不宜选用膨胀型防火涂料；

3）室外、半室外钢结构采用膨胀型防火涂料时，应选用符合环境对其性能要求的产品；

4）非膨胀型防火涂料涂层的厚度不应小于10mm；

5）防火涂料与防腐涂料应相容、匹配；

6）涂装施工常用方法：通常采用喷涂方法施涂，对于薄型钢结构防火涂料的面装饰涂装也可采用刷涂或滚涂等方法施涂。

（五）结构吊装工程施工

1. 起重机具

（1）结构吊装中常采用的起重机包括索具设备与起重机械。

（2）结构吊装工程中常用的起重机械有自行杆式起重机、塔式起重机和桅杆式起重机等，见表4.1.20。

表 4.1.20 起重机械

分类	具体内容	
自行杆式起重机	履带式起重机	履带式起重机的主要参数有 3 个：起重量 Q、起重高度 H 和起重半径 R。 优点：操作灵活，使用方便。在装配式钢筋混凝土单层工业厂房结构吊装中广泛应用。 缺点：稳定性差，未经验算不宜超负荷吊装
	汽车起重机	汽车起重机作业时，必须先打开支腿，保持稳定性。 汽车起重机不能负荷行驶，机动灵活性好，能够迅速转移场地，广泛用于土木工程
	轮胎起重机	轮胎起重机的优点是行驶速度较高，能迅速地转移工作地点或工地，对路面破坏小。但这种起重机不适合在松软或泥泞的地面上工作
塔式起重机	轨道式塔式起重机	轨道式塔式起重机是土木工程中使用最广泛的一种起重机。它可带重行走，作业范围大，非生产时间少，生产效率高
	爬升式塔式起重机	优点是起重机以建筑物作支承，塔身短，起重高度大，不占建筑物外围空间。缺点是司机作业往往不能看到起吊全过程，需靠信号指挥，施工结束后拆卸复杂，一般需设辅助起重机拆卸
	附着式塔式起重机	为了塔身稳定，塔身每隔 20m 高度左右用系杆与结构锚固
桅杆式起重机	构造简单、拆装方便、起重能力较大，受施工场地限制小，但设较多的缆风绳，移动困难。一般多用于构件较重、吊装工程比较集中、施工场地狭窄，而又缺乏其他合适的大型起重机械时	

2. 混凝土结构吊装

（1）预制构件吊装工艺见表 4.1.21。

表 4.1.21 预制构件吊装工艺

项目	具体内容	
预制构件的制作与运输	对构件运输时的混凝土强度要求：如设计无规定时，不应低于设计的混凝土强度标准值的 75%	
构件的平面布置	大型构件应做好构件堆放的布置图，以便一次吊升就位，小型构件常采用随吊随运的方法，以便减少对施工场地的占用	
预制构件的吊装	柱的吊装	按柱在吊升过程中柱身运动的特点分为旋转法和滑行法。 （1）旋转法的特点是柱吊升中所受震动较小，但对起重机的机动性要求高。 （2）滑行法的特点是起重机只需转动吊杆，即可将柱子吊装就位，较安全，但滑行过程中柱子受振动。故只有起重机、场地受限时才采用此法
	吊车梁的吊装	吊装需在柱子最后固定好，接头混凝土达到设计强度的 70% 后进行
	屋盖的吊装	吊装一般都按节间逐一依次采用综合吊装法。 吊装的施工顺序是：绑扎、扶直堆放、吊升、就位、临时固定、校正和最后固定

（2）单层工业厂房结构吊装见表 4.1.22。

表 4.1.22　单层工业厂房结构吊装

项目	具体内容		
起重机械选择与布置	起重机械选择	起重量	起重机的起重量必须大于所安装构件的质量与索具重量之和，即： $Q \geqslant Q_1+Q_2$ 式中：Q——起重机的起重量（t）； Q_1——构件的重量（t）； Q_2——索具的重量（t）
		起重高度	起重机的起重高度必须满足所吊构件的吊装高度要求，对于吊装单层厂房应满足： $H \geqslant h_1+h_2+h_3+h_4$ 式中：H——起重机的起重高度（m），从停机面算起至吊钩中心； h_1——安装支座表面高度（m），从停机面算起； h_2——安装空隙，一般不小于 0.3m； h_3——绑扎点至所吊构件底面的距离（m）； h_4——索具高度（m），自绑扎点至吊钩中心，视具体情况而定
		起重幅度	一般根据所需要最小起重量和最小起重高度，初步确定起重机型号，再对最小起重幅度进行验算
	起重机的平面布置	单侧布置	当房屋平面宽度较小，构件也较轻时选用。 起重半径应满足： $R \geqslant b+a$ 式中：R——塔式起重机吊装最大起重半径（m）； b——房屋宽度（m）； a——房屋外侧至塔式起重机轨道中心线的距离，a= 外脚手架的宽度 +1/2 轨距 +0.5m
		双侧布置	当建筑物平面宽度较大或构件较大，单侧布置起重力矩满足不了构件的吊装要求时，起重机可双侧布置，每侧各布置一台起重机，其起重半径应满足：$R \geqslant b/2+a$； 此种方案布置时，两台起重臂高度应错开，吊装时防止相撞
		跨内单行和跨内环形布置	如果工程不大，工期不紧，两侧各布置一台塔吊将造成机械上的浪费。可环形布置
结构吊装方法与吊装顺序	分件吊装法	优点：由于每次均吊装同类型构件，可减少起重机变幅和索具的更换次数，从而提高吊装效率，能充分发挥起重机的工作能力，构件供应与现场平面布置比较简单，也能给构件校正、接头焊接、灌筑混凝土和养护提供充分的时间。 缺点：不能为后续工序及早提供工作面，起重机的开行路线较长。 应用：是目前单层工业厂房结构吊装中采用较多的一种方法	
	综合吊装法	优点：开行路线短，停机点少；吊完一个节间，其后续工种就可进入节间内工作，使各个工种进行交叉平行流水作业，有利于缩短工期。 缺点：每次吊装不同构件需要频繁变换索具，工作效率低；使构件供应紧张和平面布置复杂；构件的校正困难。 应用：目前较少采用	

3. 大跨度结构吊装

大跨度结构吊装见表 4.1.23。

表 4.1.23 大跨度结构吊装

项目	具体内容
分类和特点	（1）分类：大跨度结构的体系分为平面结构和空间结构两大类。平面结构有桁架、刚架与拱等结构，空间结构有网架、薄壳、悬索等结构。 （2）特点：跨度大、构件重、安装位置高
大跨度结构整体吊装法施工	（1）定义：整体吊升法是焊接球节点网架吊装的一种常用方法。 （2）特点：此法不需高大的拼装支架，高空作业少，易保证整体焊接质量，但需要大起重量的起重设备，技术较复杂。 （3）适用范围：此法较适合焊接球节点钢管网架。 （4）分类：根据所用设备的不同，整体吊升法可分为多机抬吊法、桅杆吊升法
大跨度结构滑移法施工	滑移法可采用一般土建单位常用的施工机械，同时还有利于室内土建施工平行作业，特别是场地狭窄，起重机械无法出入时更为有效。这种新工艺在大跨度桁架结构和网架结构安装中常常采用
大跨度结构高空拼装法施工	（1）特点： 1）高空拼装法对施工场地，起重设备的能力要求不高，但要搭设满堂或部分拼装支架，高空作业量大，且网架几何尺寸的总调整较麻烦，特别是拼装支架发生移动、沉降时，校正困难，影响网架的安装精度。 2）采用焊接节点的网架时，对安全防火应充分重视。故此法用于螺栓连接（包括螺栓球、高强螺栓）的非焊接节点的各种类型网架较为适宜。 （2）适用范围：目前多用于钢网架结构的吊装
大跨度结构整体顶升法施工	（1）特点：此法所需设备简单，顶升能力大，容易掌握。但为满足顶升需要，柱的截面尺寸一般较大。 （2）适用范围：目前此法在国内还只用于净空不高和尺寸不大的薄壳结构吊装。 （3）分类：根据千斤顶安放位置的不同，顶升法可分为上顶升法和下顶升法。 1）上顶升法：上顶升法的稳定性好，但高空作业较多。 2）下顶升法：下顶升法的高空作业少，但在顶升时稳定性较差，所以工程中一般较少采用

4. 升板法施工

（1）定义：利用柱子作为导杆，配备相应的提升设备，将预制在地面上的各层楼板，提升到设计标高，然后加以固定的施工方法。

（2）特点：柱网布置灵活，设计结构单一；各层板叠浇制作，节约大量模板；提升设备简单，不用大型机械；高空作业减少，施工较为安全；劳动强度减轻，机械化程度提高，节省施工用地，适宜狭地施工；但用钢量较大，造价偏高。

四、防水工程施工技术

（一）屋面防水工程施工

1. 屋面防水的基本要求

（1）混凝土结构层宜采用结构找坡，坡度不应小于 3%；当采用材料找坡时，宜采用质量轻、吸水率低和有一定强度的材料，坡度宜为 2%。

（2）保温层上的找平层应在水泥初凝前压实抹平，并应留设分格缝，缝宽宜为 5～20mm，纵横缝的间距不宜大于 6m，养护时间≥7d。

2. 卷材防水屋面施工

卷材防水屋面施工见表 4.1.24。

表 4.1.24　卷材防水屋面施工

项目	具体内容
铺贴方法	（1）卷材防水层：满粘法、点粘法、条粘法、空铺法。 （2）卷材防水层上有重物覆盖或基层变形较大：空铺法、点粘法、条粘法、机械固定法。 （3）高聚物改性沥青防水卷材：热熔法、冷粘法、自粘法。 （4）合成高分子防水卷材：冷粘法、自粘法、焊接法、机械固定法
铺贴顺序与卷材接缝	（1）由屋面最低标高向上铺贴。 （2）檐沟、天沟卷材施工时，宜顺檐沟、天沟方向铺贴，搭接缝应顺流水方向。 （3）卷材宜平行屋脊铺贴，上、下层卷材不得相互垂直铺贴。 （4）铺贴卷材应采用搭接法，卷材搭接缝应符合下列规定： 1）平行屋脊的搭接缝应顺流水方向； 2）同一层相邻两幅卷材短边搭接缝错开不应小于 500mm； 3）上、下层卷材长边搭接缝应错开，且不应小于幅宽的 1/3； 4）叠层铺贴的各层卷材，在天沟与屋面的交接处，应采用叉接法搭接，搭接缝应错开；搭接缝宜留在屋面与天沟侧面，不宜留在沟底
卷材防水层的施工环境温度	热熔法和焊接法不宜低于 −10℃；冷粘法和热粘法不宜低于 5℃；自粘法不宜低于 10℃

3. 涂膜防水屋面施工

涂膜防水屋面施工见表 4.1.25。

表 4.1.25　涂膜防水屋面施工

项目	具体内容
定义	在屋面基层上涂刷防水涂料，经固化后形成一层有一定厚度和弹性的整体结膜，从而达到防水的目的
施工要求	（1）先高后低、先远后近。 （2）涂膜防水涂料按照不同品种分层涂布，前后两边涂料方向应相互垂直。 （3）铺设胎体增强材料时，屋面坡度 <15% 平行铺设，屋面坡度≥15% 垂直铺设。 （4）胎体长边搭接宽度≥50mm；短边搭接宽度≥70mm。 （5）采用两层胎体增强材料时，上下层不得相互垂直，错缝间距≥1/3 幅宽。 （6）应沿找平层分隔缝增设空铺附加层，空铺宽度 100mm。 （7）涂层间的接槎，每遍涂刷时退槎 50～100mm，接槎应超过 50～100mm
涂层厚度	最上面土层厚度，高聚物改性沥青≥1mm；合成高分子涂料≥0.5mm
收头处理	为防止收头部位出现翘边，所有收头应密封压边，压边宽度≥10mm

（二）地下防水工程施工

1. 防水混凝土

（1）防水混凝土在施工中应注意事项：

1）保持施工环境干燥，避免带水施工。

2）防水混凝土采用预拌混凝土时，入泵坍落度宜控制在120～140mm，坍落度每小时损失不应大于20mm，坍落度总损失值不应大于40mm。

3）防水混凝土浇筑时的自落高度不得大于1.5m；防水混凝土应采用机械振捣，并保证振捣密实。

4）防水混凝土应自然养护，养护时间不少于14d。

5）喷射混凝土终凝2h后应采取喷水养护，养护时间不得少于14d；当气温低于5℃时，不得喷水养护。

6）防水混凝土结构的变形缝、施工缝、后浇带、穿墙管、埋设件等设置和构造必须符合设计要求。

（2）防水混凝土应连续浇筑，宜少留施工缝。当留设施工缝时，应遵守下列规定：

1）墙体水平施工缝不应留在剪力与弯矩最大处或底板与侧墙的交接处，应留在高出底板表面不小于300mm的墙体上。拱（板）墙结合的水平施工缝，宜留在拱（板）墙接缝线以下150～300mm处。墙体有预留孔洞时，施工缝距孔洞边缘不应小于300mm。

2）垂直施工缝应避开地下水和裂隙水较多的地段，并宜与变形缝相结合。

3）水平施工缝浇筑混凝土前，应将其表面浮浆和杂物清除，然后铺设净浆、涂刷混凝土界面处理剂或水泥基渗透结晶型防水涂料，再铺30～50mm厚1∶1的水泥砂浆，并及时浇筑混凝土。

4）贯穿铁件处理。埋设件端部或预留孔、槽底部的混凝土厚度不得少于250mm；当混凝土厚度小于250mm时，应局部加厚或采取其他防水措施。

2. 表面防水层防水

（1）水泥砂浆防水层。

1）特点：取材容易，施工方便，防水效果较好，成本较低，适用于地下砖石结构的防水层或防水混凝土结构的加强层。但水泥砂浆防水层抵抗变形的能力较差，当结构产生不均匀下沉，易产生裂缝或剥落。对于受腐蚀、高温及反复冻融的砖砌体工体工程不宜采用。

2）施工应注意下列事项：①防水层各层应紧密黏合，每层宜连续施工；必须留设施工缝时，应采用阶梯坡形槎，但与阴阳角的距离不得小于200mm。②水泥砂浆终凝后应及时进行养护，养护温度不宜低于5℃，并应保持砂浆表面湿润，养护时间不得少于14d。③聚合物水泥砂浆防水层厚度单层施工宜为6～8mm，双层施工宜为10～12mm，掺外加剂、掺和料等的水泥砂浆防水层厚度宜为18～20mm。聚合物水泥防水砂浆未达到硬化状态时，不得浇水养护或直接受雨水冲刷，硬化后应采用干湿交替的养护方法。潮湿环境中，可在自然条件下养护。

（2）涂膜防水施工。

1）适用范围：施工具有较大的随意性，无论是形状复杂的基面，还是面积狭小的节点，凡是能涂刷到的部位，均可做涂抹防水层，因此在地下工程中广泛应用。

2）涂膜防水层的施工应符合下列规定：①多组分涂料应按配合比准确计量，搅拌均匀，并应根据有效时间确定每次配制的用量。②涂料应分层涂刷或喷涂，涂层应均匀，涂刷应待前遍涂层干燥成膜后进行；每遍涂刷时应交替改变涂层的涂刷方向，同层涂膜的先后搭压宽度宜为 30 ~ 50mm。③涂膜防水层的甩槎处接缝宽度不应小于 100mm，接涂前应将其甩槎表面处理干净。④采用有机防水涂料时，基层阴阳角处应做成圆弧；在转角处、变形缝、施工缝、穿墙管等部位应增加胎体增强材料和增涂防水涂料，宽度不应小于 50mm。⑤胎体增强材料的搭接宽度不应小于 100mm，上下两层和相邻两幅胎体的接缝应错开 1/3 幅宽，且上、下两层胎体不得相互垂直铺贴。⑥涂膜防水层的平均厚度应符合设计要求，最小厚度不得低于设计厚度的 90%。

3）涂料防水层完工并经验收合格后应及时做保护层。保护层应符合下列规定：①顶板的细石混凝土保护层与防水层之间宜设置隔离层。细石混凝土保护层厚度：机械回填时不宜小于 70mm，人工回填时不宜小于 50mm。②底板的细石混凝土保护层厚度不应小于 50mm。③侧墙宜采用软质保护材料或铺抹 20mm 厚 1∶2.5 的水泥砂浆。

（3）卷材防水层。

卷材防水层施工的铺贴方法，按其与地下防水结构施工的先后顺序分为外贴法和内贴法。

1）外贴法。

定义：指在地下建筑墙体做好后，直接将卷材防水层铺贴墙上，然后砌筑保护墙。

优点：构筑物与保护墙有不均匀沉降时，对防水层影响较小；防水层做好后即可进行漏水试验，修补方便。

缺点：工期较长，占地面积较大，底板与墙身接头处卷材易受损。

2）内贴法。

定义：指在地下建筑墙体施工前，先砌筑保护墙，然后将卷材防水层铺贴在保护墙上，最后进行地下建筑墙体浇筑。

优点：施工比较方便，不必留接头，施工占地面积小。

缺点：构筑物与保护墙有不均匀沉降时，对防水层影响较大；保护墙稳定性差；竣工后如发现漏水较难修补。

3）卷材防水层完工并经验收合格后应及时做保护层。保护层的规定与涂膜防水层的保护层相同。

3. 止水带防水

（1）常见的止水带材料有橡胶止水带、塑料止水带、氯丁橡胶止水板和金属止水带等。

1）橡胶及塑料止水带均为柔性材料，抗渗、适应变形能力强，是常用的止水带材料。

2）氯丁橡胶止水板是一种新的的止水材料，具有施工简便、防水效果好、造价低且易修补的特点。

3）金属止水带一般仅用于高温环境条件下，无法采用橡胶止水带或塑料止水带时。

（2）止水带构造形式有：粘贴式、可卸式和埋入式等。目前较多采用的是埋入式。

（三）楼层、厕浴间、厨房间防水

（1）防水涂料涂布于复杂的细部构造部位，能形成没有接缝的、完整的涂膜防水层。由于防水涂膜的延伸性较好，基本能适应基层变形的需要。

（2）防水砂浆则以补偿收缩水泥砂浆较为理想，其微膨胀的特性，能防止或减少砂浆收缩开裂，使砂浆致密化，提高其抗裂性和抗渗性。

五、节能工程技术

（一）墙体节能

1. 外墙外保温

（1）聚苯板薄抹灰外墙外保温系统。

施工流程：施工准备基层处理→测量放线、挂基准线→配胶粘剂（XPS 板背面涂界面剂）→贴翻包网布→粘贴聚装板（按设计要求安装锚固件，做装饰条）→打磨、修理、隐检→抹聚合物砂浆底层→压入翻包网布和增强网布→贴压增强网布→抹聚合物砂浆面层→修整、验收→外饰面→检测验收。粘贴聚苯板时，基面平整度≤5mm 时宜采用条粘法，基面平整度 >5mm 时宜采用点框法；当设计饰面为涂料时，黏结面积率不小于 40%；设计饰面为面砖时黏结面积率不小于 50%；聚苯板应错缝粘贴，板缝拼严。

（2）胶粉聚苯颗粒保温复合型外墙外保温系统。

施工流程：基层处理→喷刷基层界面砂浆→吊垂直线、弹控制线→抹胶粉聚苯颗粒保温浆料（或贴砌聚苯板→喷刷聚苯板界面砂→抹胶粉聚苯颗粒找平浆料→抹抗裂砂浆复合增强网布）→外饰面→检测验收。

（3）聚苯板钢丝网架现浇混凝土外墙外保温系统。

施工流程：钢丝网架聚苯板分块→钢丝网架聚苯板安装→模板安装→混凝土浇筑模板拆除→抹专用抗裂砂浆→外饰面。

（4）聚苯板现浇混凝土外墙外保温系统。

施工流程：聚苯板分块→聚苯板安装→模板安装→混凝土浇筑→模板拆除→涂刮抹面层浆→压入玻纤网布→饰面→检测验收。

2. 外墙内保温

（1）保温板外墙内保温系统。保温层与面板黏合构成复合板。保温层品种有 EPS 板、XPS 板、PU 板、纸蜂窝填充憎水型膨胀珍珠岩保温板等；面板品种有纸面石膏板、无石棉纤维水泥平板、无石棉硅酸钙板。保温层与面板按照设计要求组合的品种和规格，在工厂预制，现场安装铺贴黏结。铺贴前，宜先在基层墙体上做界面处理，采用以粘为主，粘锚结合方式铺贴。铺贴完成后再进行饰面层施工。

（2）保温砂浆外墙内保温系统基本施工流程：基层墙体→抹界面砂浆→ 抹保温砂浆→防护层抹面层施工（抹面胶浆 + 耐碱纤维网布）→饰面层施工（腻子 + 涂料或墙纸、墙布或面砖）。

（3）喷涂硬泡聚氨酯（外墙）内保温系统基本施工流程：基层墙体→水泥砂浆聚氨酯防潮底漆→喷涂保温层（硬泡聚氨酯）→抹界面砂浆或界面剂→做保温砂浆或聚合物水泥砂浆找平层→防护层施工（抹面胶浆 + 玻纤网布）→饰面层施工。

（二）屋面保温工程

1. 保温层施工操作要点

（1）施工工艺流程一般分为：基层处理→弹线→保温层铺设→质量验收。

（2）当设计有隔汽层时，先施工隔汽层，然后施工保温层。隔汽层四周应向上沿墙面连续铺设，并高出保温层表面不得小于 150mm。

（3）块状材料保温层施工时，相邻板块应错缝拼接，分层铺设的板块上下层接缝应相互错开，板间缝隙应采用同类材料嵌填密实。铺贴方法有干铺法、粘贴法和机械固定法。

（4）纤维材料保温层施工时，应避免重压，并应采取防潮措施；屋面坡度较大时，宜采用机械固定法施工。

（5）喷涂硬泡聚氨酯保温层施工时，喷嘴与基层的距离宜为 200 ~ 400mm；一个作业面应分遍喷涂完成，每遍喷涂厚度不宜大于 20mm；当日施工作业面应连续施工完成；喷涂后 30min 内严禁上人；作业时应采取防止污染的遮挡措施。

（6）现浇泡沫混凝土保温层施工时，浇筑出口离基层的高度不宜超过 1m，泵送时应采取低压泵送；泡沫混凝土应分层浇筑，一次浇筑厚度不宜超过 200mm，保湿养护时间不得少于 7d。

（7）保温层施工环境温度要求：干铺的保温材料可在负温度下施工；用水泥砂浆粘贴的块状保温材料不宜低于 5℃；喷涂硬泡聚氨酯宜为 15 ~ 35℃，空气相对湿度宜小于 85%，风速不宜大于三级；现浇泡沫混凝土宜为 5 ~ 35℃；雨天、雪天、五级风以上的天气停止施工。

2. 倒置式屋面保温层要求

（1）倒置式屋面基本构造自下而上宜由结构层、找坡层、找平层、防水层、保温层及保护层组成。

（2）倒置式屋面坡度不宜小于 3%。当大于 3% 时，应在结构层采取防止防水层、保温层及保护层下滑的措施。坡度大于 10% 时，应在结构层上沿垂直于坡度方向设置防滑条。

（3）当采用二道防水设防时，宜选用防水涂料作为其中一道防水层；硬泡聚氨酯防水保温复合板可作为次防水层。

（4）倒置式屋面保温层的厚度应根据《民用建筑热工设计规范》GB 50176—2016 进行计算；其设计厚度应按照计算厚度增加 25% 取值，且最小厚度不得小于 25mm。

（5）低女儿墙和山墙的保温层应铺到压顶下；高女儿墙和山墙内侧的保温层应铺到顶部；保温层应覆盖变形缝挡墙的两侧；屋面设施基座与结构层相连时，保温层应包裹基座的上部。

（6）保温层板材施工，坡度不大于 3% 的不上人屋面可采用干铺法，上人屋面宜采用黏结法；坡度大于 3% 的屋面应采用黏结法，并应采用固定防滑措施。

3. 种植层面保温层要求

种植屋面又分为覆土类种植屋面和无土种植屋面两种，覆土类种植屋面的土壤厚度一般在 200mm 左右。

（1）种植屋面不宜设计为倒置式屋面。屋面坡度大于 50% 时，不宜做种植屋面。

（2）种植屋面防水层应采用不少于两道防水设防，上道应为耐根穿刺防水材料；两道防水层应相邻铺设且防水层的材料应相容。

（3）当屋面坡度大于 20% 时，绝热层、防水层、排（蓄）水层、种植土层均应采取防滑措施。

（4）种植屋面绝热材料可采用喷涂硬泡聚氨酯、硬泡聚氨酯板、挤塑聚苯乙烯泡沫塑料保温板、硬质聚异氰脲酸酯泡沫保温板、酚醛硬泡保温板等轻质绝热材料，不得采用散状绝热材料。种植屋面保温隔热材料的密度不宜大于100kg/m³，压缩强度不得低于100kPa。100kPa压缩强度下，压缩比不得大于10%。

（5）耐根穿刺防水材料的厚度要求：改性沥青防水卷材的厚度不应小于4mm；聚氯乙烯防水卷材、热塑性聚烯烃防水卷材、高密度聚乙烯土工膜、三元乙丙橡胶防水卷材等厚度均不应小于1.2mm；聚乙烯丙纶防水卷材厚度不应小于0.6mm；喷涂聚脲防水涂料的厚度不应小于2mm。

（6）种植平屋面的基本构造层次包括（从下而上）：基层、绝热层、找（坡）平层、普通防水层、耐根穿刺防水层、保护层、排（蓄）水层、过滤层、种植土层和植被层等。可根据各地区气候特点、屋面形式、植物种类等情况，增减构造层次。

（7）种植平屋面排水坡度不宜小于2%；天沟、檐沟的排水坡度不宜小于1%。

（8）种植坡屋面的绝热层应采用黏结法和机械固定法施工。

六、建筑装饰装修工程施工技术

建筑装饰装修工程施工技术见表4.1.26。

表4.1.26 建筑装饰装修工程施工技术

项目	技术内容
抹灰工程	（1）水泥宜为硅酸盐水泥、普通硅酸盐水泥，强度等级≥32.5MPa。 （2）抹灰用石灰膏的熟化期≥15d；水泥砂浆在抹灰后24h后进行养护。 （3）大面积抹灰前应设置标筋；分层抹灰，每层5～7mm。 （4）抹石灰砂浆和水泥混合砂浆每遍厚度7～9mm；厚度超过35mm，应采取加强措施
吊顶工程	（1）吊点间距<1.2m，按房间短向跨度1%～3%起拱。 （2）固定板材的次龙骨间距≤600mm，潮湿地区间距为300～400mm，纸包边10～15mm；切割边15～20mm。 （3）水泥加压板螺钉与板边距离8～15mm板周边钉距150～170mm，板中钉≤200mm。 （4）采用钉固法安装时，螺钉与板边距离≥15mm，螺钉间距宜为150～170mm
轻质隔墙	（1）潮湿房间和钢板网抹灰墙，龙骨间距≤400mm；玻璃砖墙以1.5m高为一个施工段。 （2）安装贯通龙骨时，低于3m的隔墙安装1道，3～5m隔墙安装2道。 （3）沿石膏板周边钉间距≤200mm；板中钉间距≤300mm；螺钉与板边距离10～15mm
墙面铺装	（1）每面墙不宜有两列非整砖，非整砖宽度不宜小于整砖的1/3。 （2）结合砂浆宜采用1∶2水泥砂浆，砂浆厚度宜为6～10mm。 （3）水泥砂浆应满铺在墙砖背面，一面墙不宜一次铺贴到顶，以防塌落。 （4）龙骨横向间距300mm，竖向间距400mm
涂饰工程	溶剂型涂料含水率≤8%；水性涂料含水率≤10%；木质基层含水率≤12%
地面铺装	基层平整度误差≤5mm；木龙骨与基层连接牢固，固定点间距≤600mm。 毛地板及地板与墙之间应留8～10mm的缝隙；房间长度或宽度超过8m，应设置伸缩缝

续表 4.1.26

项目	技术内容	
建筑幕墙	玻璃幕墙	有框玻璃幕墙、全玻璃幕墙
	石材幕墙	钢销式连接、槽式连接、背栓式连接
	铝板幕墙	采用框支承受力方式，也需要制作铝板板块，铝板板块通过铝角与幕墙骨架连接

第二节 道路、桥梁与涵洞工程施工技术

真题解析

一、2023 年考题

1. 用表层处理法进行软土路基施工时，软土层顶面铺砂垫层的主要作用是（　　）。

A. 浅层水平排水　　B. 提高路堤填土压实效果

C. 减少路基填土量　　D. 取代土工聚合物处置

【答案】A

【解析】砂垫层是在软土层顶面铺砂垫层，主要起浅层水平排水作用，使软土在路堤自重的压力作用下，加速沉降发展，缩短固结时间。

【考点】道路工程施工技术——软土路基施工。

2. 在跨越通车线路上进行大跨及特大路桥上部结构施工，宜采用的施工方法是（　　）。

A. 支架现浇法　　B. 悬臂施工法　　C. 转体施工法　　D. 顶推施工法

【答案】C

【解析】转体施工施工期间不断航，不影响桥下交通，并可在跨越通车线路上进行桥梁施工。大跨径桥梁采用转体施工将会取得良好的技术经济效益，转体重量轻型化、多种工艺综合利用，是大跨及特大路桥施工有力的竞争方案。

【考点】桥梁工程施工技术——转体施工法。

3. 斜交斜做箱涵伸缩缝位置，下列说法正确的是（　　）。

A. 与路基中心线平行　　B. 与路基中心线垂直

C. 与涵洞中心线平行　　D. 与涵洞中心线垂直

【答案】A

【解析】斜交正做涵洞，沉降缝与涵洞中心线垂直；斜交斜做涵洞，沉降缝与路基中心线平行。

【考点】涵洞工程施工技术——沉降缝施工。

4. 下列关于混凝土桥梁墩台施工工艺要求的说法，正确的有（　　）。

A. 墩台截面小于 $100m^2$ 时应连续灌注混凝土

B. 当墩台高度高于 30m 时，常采用固定模板施工

C. 墩台混凝土分块浇筑时，邻层分块接缝宜错开

D. 墩台混凝土宜水平分层浇筑，每层高度宜为 1.2 ~ 1.8m

E. 实体墩台为大体积混凝土时，应优先选用矿渣水泥或火山灰水泥

【答案】ACE

【解析】当墩台截面小于或等于 $100m^2$ 时应连续灌注混凝土，以保证混凝土的完整性，选项 A 正确；根据施工经验，当墩台高度小于 30m 时采用固定模板施工；当墩台高度大于或等于 30m 时常用滑动模板施工，选项 B 错误；墩台混凝土分块浇筑时，接缝应与墩台截面尺寸较小的一边平行，邻层分块接缝应错开，接缝宜做成企口形，选项 C 正确；墩台混凝土宜水平分层浇筑，每层高度宜为 1.5 ~ 2.0m，选项 D 错误；墩台混凝土特别是实体墩台均为大体积混凝土时，水泥应优先选用矿山渣水泥，火山灰水泥，采用普通水泥时强度等级不宜过高，选项 E 正确。

【考点】桥梁工程施工技术——桥梁墩台施工。

二、2022 年考题

1. 开挖浅且短的路堑，应使用（　　）。

A. 单层横向全宽挖掘法　　B. 多层横向全宽挖掘法

C. 通道挖掘法　　D. 分层挖掘法

【答案】A

【解析】单层横向全宽挖掘法是从开挖路堑的一端或两端按断面全宽一次性挖到设计标高，逐渐向纵深挖掘，挖出的土方一般都是向两侧运送，适用于挖掘浅且短的路堑。

【考点】道路工程施工技术—— 一般路基土方施工。

2. 关于桥梁墩台施工，下列说法正确的是（　　）。

A. 墩台混凝土宜垂直分层浇筑

B. 实体墩台为大体积混凝土的，水泥应选用硅酸盐水泥

C. 墩台混凝土分块浇筑时，接缝应与墩台截面尺寸较大的一边平行

D. 墩台混凝土分块浇筑时，邻层接缝宜做成企口形

【答案】D

【解析】墩台混凝土宜水平分层浇筑。墩台混凝土特别是实体墩台均为大体积混凝土时，水泥应优先选用矿山渣水泥、火山灰水泥，采用普通水泥时强度等级不宜过高。墩台混凝土分块浇筑时，接缝应与墩台截面尺寸较小的一边平行，邻层分块接缝应错开，接缝宜做成企口形。

【考点】桥梁工程施工技术——桥梁墩台施工。

3. 大型涵管排管宜选用的方法是（　　）。

A. 外壁边线排管　　B. 基槽边线排管

C. 中心线法排管　　D. 基槽标号排管

【答案】C

【解析】中小型涵管可采用外壁边线排管，大型涵管须用中心线法排管。

【考点】涵洞工程施工技术——钢筋混凝土圆涵施工。

4. 根据加固性质，下列施工方法中，适用于软土路基的有（　　）。

A. 分层压实法　　B. 表层处理法

C. 竖向填筑法　　D. 换填法

E. 重压法

【答案】BDE

【解析】软土路基施工方法有表层处理法、换填法、重压法等。分层压实法和竖向填筑法属于填石路堤施工的填筑方法。

【考点】道路工程施工技术——软土路基施工。

5. 下列桥梁上部结构的施工方法中，施工期间不影响通航或桥下交通的有（　　）。

A. 悬臂施工法　　B. 支架现浇法

C. 预制安装法　　D. 转体施工法

E. 提升与浮运施工法

【答案】ADE

【解析】搭设支架影响排洪、通航，施工期间可能受到洪水和漂流物的威胁。预制安装的方法很多，根据实际情况可采用自行式吊车安装、跨墩龙门架安装、架桥机安装、扒杆安装、浮吊安装等，可能影响桥下交通。

【考点】桥梁工程施工技术——桥梁上部结构施工方法。

三、2021 年考题

1. 在路线纵向长度和挖深均较大的土质路堑开挖时，应采用的开挖方法为（　　）。

A. 单层横向全宽挖掘法　　B. 多层横向全宽挖掘法

C. 分层纵挖法　　D. 混合式挖掘法

【答案】D

【解析】多层横向全宽挖掘法和通道纵挖法混合使用。先沿路线纵向挖通道，然后沿横向坡面挖掘，以增加开挖面。混合式挖掘法适用于路线纵向长度和挖深都很大的路堑开挖。

【考点】道路工程施工技术——一般路基土方施工。

2. 沥青路面面层厂拌法施工的主要优点是（　　）。

A. 有利就地取材　　B. 要求沥青稠度较低

C. 路面使用寿命长　　D. 设备简单且造价低

【答案】C

【解析】厂拌法即集中设置拌和基地，采用专门设备，将具有规定级配的矿料和沥青加热拌和，然后将混合料运至工地热铺热压或冷铺冷压的方法。当碾压终了温度降至常温即可开放交通。此法需用黏稠的沥青和精选的矿料，因此，混合料质量高，路面使用寿命长，但一次性投资的建筑费用也较高。

【考点】道路工程施工技术——路面施工。

3. 桥梁上部结构施工中，对通航和桥下交通有影响的是（　　）。

A. 支架浇筑　　B. 悬臂施工

C. 转体施工　　　　　　　　　　　D. 移动模架

【答案】A

【解析】支架现浇法搭设支架影响排洪、通航，施工期间可能受到洪水和漂流物的威胁。

【考点】桥梁工程施工技术——支架现浇法。

4. 关于路基石方施工中的爆破作业，下列说法正确的有（　　）。

A. 浅孔爆破适宜用潜孔钻机凿孔

B. 采用集中药包可以使岩石均匀地破碎

C. 坑道药包用于大型爆破

D. 导爆线起爆爆速快、成本较低

E. 塑料导爆管起爆使用安全、成本较低

【答案】CE

【解析】浅孔爆破通常用手提式凿岩机凿孔，深孔爆破常用冲击式钻机或潜孔钻机凿孔。集中药包，炸药完全装在炮孔的底部，爆炸后对于工作面较高的岩石崩落效果较好，但不能保证岩石均匀破碎。坑道药包，药包安装在竖井或平垌底部的特制的储药室内，装药量大，属于大型爆破的装药方式。导爆线起爆爆速快，主要用于深孔爆破和药室爆破。塑料导爆管起爆具有抗杂电、操作简单、使用安全可靠、成本较低等优点。

【考点】道路工程施工技术——路基石方爆破施工。

5. 下列关于路面施工机械特性描述，说法正确的有（　　）。

A. 履带式沥青混凝土摊铺机，对路基的不平整度敏感性高

B. 履带式沥青混凝土摊铺机，易出现打滑现象

C. 轮胎式沥青混凝土摊铺机的机动性好

D. 水泥混凝土摊铺机因其机动形式不同分为自行式和拖式

E. 水泥混凝土摊铺机主要由发动机、布料机、平整机等形式

【答案】CE

【解析】履带式摊铺机的最大优点是对路基的不平度敏感性差，因而摊铺工作稳定性好，又因其接地压力低，具有较大的牵引力，所以很少出现打滑现象，多用于新建公路及大规模的城市道路施工。轮胎式沥青混凝土摊铺机的最大优点是机动性好，适用经常转移工地或较大距离的运行。水泥混凝土摊铺机因其移动形式不同分为轨道式摊铺机和滑模式摊铺机两种。水泥混凝土摊铺机是完成水泥混凝土路面铺筑的专用机械。除发动机外，主要由布料机、捣实机、平整机、表面修光机组成。

【考点】道路工程施工技术——路面施工机械。

四、2020年考题

1. 路基基底原状土开挖换填的主要目的在于（　　）。

A. 便于导水　　　　B. 便于蓄水　　　　C. 提高稳定性　　　　D. 提高作业效率

【答案】C

【解析】为保证路堤的强度和稳定性，在填筑路堤时，要处理好基底，选择良好的

填料，保证必需的压实度及正确选择填筑方案。基底应在填筑前进行压实，基底原状土的强度不符合要求时，应进行换填，换填深度应不小于300mm，并予以分层压实到规定要求。

【考点】道路工程施工技术——一般路基土方施工。

2. 用水泥和熟石灰稳定剂处置法处理软土地基，施工时关键应做好（　　）。

A. 稳定土的及时压实工作　　B. 土体自由水的抽排工作

C. 垂直排水固结工作　　D. 土体真空预压工作

【答案】A

【解析】压实要达到规定压实度，用水泥和熟石灰稳定处理土应在最后一次拌和后立即压实；而用生石灰稳定土的压实，必须有拌和时的初碾压和生石灰消解结束后的再次碾压。

【考点】道路工程施工技术——软土路基施工。

3. 大跨径连续桥梁上部结构悬臂拼装法施工的主要特点有（　　）。

A. 施工速度较快　　B. 可实现桥梁上下部结构平行作业

C. 一般不影响桥下交通　　D. 施工较复杂，穿插施工较频繁

E. 结构整体性较差

【答案】ABC

【解析】悬臂拼装法施工速度快，桥梁上下部结构可平行作业，但施工精度要求比较高，可在跨径100m以下的大桥中选用；施工不影响通航和桥下交通。

【考点】桥梁工程施工技术——悬臂拼装法施工。

五、2019年考题

1. 关于一般路基土方施工，下列说法正确的是（　　）。

A. 填筑路堤时，对一般的种植土、草皮可不做清除

B. 高速公路路堤基底的压实度不应小于90%

C. 基底土质湿软而深厚时，按一般路基处理

D. 填筑路堤时，为便于施工，尽量采用粉性土

【答案】B

【解析】当基底为松土或耕地时，应先清除有机土、种植土、草皮等，清除深度应达到设计要求，一般不小于150mm，平整后按规定要求压实。基底土密实稳定且地面横坡缓于1∶10，填方高大于0.5m时，基底可不处理；路堤填方高低于0.5m的地段，应清除原地表杂草。横坡为1∶10～1∶5时，应清除地表草皮杂物再填筑；横坡陡于1∶5时，应按设计要求挖台阶，或设置成坡度向内并大于2%、宽度不小于1m的台阶。

【考点】道路工程施工技术——一般路基土方施工。

2. 软土路基施工时，采用土工格栅的主要目的是（　　）。

A. 减少开挖　　B. 提高施工机械化程度

C. 约束土体侧向位移　　D. 提高基底防渗性

【答案】C

【解析】土工格栅加固土的机理在于格栅与土的相互作用。一般可归纳为格栅表面与土的摩擦作用、格栅孔眼对土的锁定作用和格栅肋的被动抗阻作用。三种作用均能充分约束土的颗粒侧向位移，从而大幅增加了土体的自身稳定性，对土的加固效果明显高于其他土工织物，可迅速提高地基承载力，加快施工进度，控制软基地段沉降量发展，缩短工期，使公路及早投入使用。

【考点】道路工程施工技术——软土路基施工。

3. 关于桥梁上部结构顶推法施工特点，下列说法正确的是（　　）。

A. 减少高空作业，无须大型起重设备

B. 施工材料用量少，施工难度小

C. 适用于大跨径桥梁施工

D. 施工周期短但施工费用高

【答案】A

【解析】顶推法施工的特点：

（1）顶推法可以使用简单的设备建造长大桥梁，施工费用低，施工平稳无噪声，可在水深、山谷和高桥墩上采用，也可在曲率相同的弯桥和坡桥上使用。

（2）主梁分段预制，连续作业，结构整体性好；由于不需要大型起重设备，所以施工节段的长度一般可取用 10 ~ 20m。

（3）桥梁节段固定在一个场地预制，便于施工管理，改善施工条件，避免高空作业。同时，模板、设备可多次周转使用，在正常情况下，节段的预制周期为 7 ~ 10d。

（4）顶推施工时，用钢量较高。

（5）顶推法宜在等截面梁上使用，当桥梁跨径过大时，选用等截面梁会造成材料用量的不经济，也增加施工难度，因此以中等跨径的桥梁为宜，桥梁的总长也以 500 ~ 600m 为宜。

【考点】桥梁工程施工技术——顶推法施工。

4. 关于道路工程压实机械的应用，下列说法正确的有（　　）。

A. 重型光轮压路机主要用于最终压实路基和其他基础层

B. 轮胎压路机适用于压实砾石、碎石路面

C. 新型振动压路机可以压实平、斜面作业面

D. 夯实机械适用于黏性土壤和非黏性土壤的夯实作业

E. 手扶式振动压路机适用于城市主干道的路面压实作业

【答案】ABD

【解析】重型压路机大多为三轮二轴式，主要用于最终压实路基和其他基础层。轮胎压路机用于压实工程设施基础，压平砾石、碎石、沥青混凝土路面，是市政、公路和水利等工程不可缺少的压实机械。新型压路机有轮胎驱动光轮式振动压路机和轮胎驱动凸块式振动压路机。还有适宜边坡、路肩、堤岸、水渠、人行道、管道沟槽等狭窄地段施工的手扶振动压路机，适用于各种土质的碾压，压实厚度可达 150cm；适用黏土坝坝面板压实的平斜面两用振动压路机等。夯实机械适用于对黏性土壤和非黏性土壤进行夯实作业。

【考点】道路工程施工技术——压实机械。

5. 桥梁上部结构转体法施工的主要特点有（　　）。
A. 构件须在预制厂标准加工制作　B. 施工设备和工序较复杂
C. 适宜于大跨及特大桥施工　D. 施工期间对桥下交通影响小
E. 可以跨越通车线路进行施工

【答案】 CDE

【解析】 转体施工的主要特点：

（1）可以利用地形，方便预制构件。

（2）施工期间不断航，不影响桥下交通，并可在跨越通车线路上进行桥梁施工。

（3）施工设备少，装置简单，容易制作并便于掌握。

（4）节省木材，节省施工用料。采用转体施工与缆索无支架施工比较，可节省木材80%，节省施工用钢60%。

（5）减少高空作业，施工工序简单，施工迅速，当主要结构先期合龙后，给以后施工带来方便。

（6）转体施工适合于单跨和三跨桥梁，可在深水、峡谷中建桥采用，同时也适应在平原区以及用于城市跨线桥。

（7）大跨径桥梁采用转体施工将会取得良好的技术经济效益，转体重量轻型化、多种工艺综合利用，是大跨及特大路桥施工有力的竞争方案。

【考点】 桥梁工程施工技术——转体施工法。

6. 关于路基石方爆破施工，下列说法正确的有（　　）。
A. 光面爆破主要是通过加大装药量来实现
B. 预裂爆破主要是为了增大一次性爆破石方量
C. 微差爆破相邻两药包起爆时差可以为50ms
D. 定向爆破可有效提高石方的堆积效果
E. 洞室爆破可减少清方工程量

【答案】 CDE

【解析】 路基石方爆破施工应符合下列规定：

（1）光面爆破：在开挖限界的周边，适当排列一定间隔的炮孔，在有侧向临空面的情况下，用控制抵抗线和药量的方法进行爆破，使之形成一个光滑平整的边坡。

（2）预裂爆破：在开挖限界处按适当间隔排列炮孔，在没有侧向临空面和最小抵抗线的情况下，用控制药量的方法，预先炸出一条裂缝，使拟爆体与山体分开，作为隔震减震带，起保护开挖限界以外山体或建筑物和减弱地震对其破坏的作用。

（3）微差爆破：两相邻药包或前后排药包以若干毫秒的时间间隔（一般为15～75ms）依次起爆，称为微差爆破，也称毫秒爆破。

（4）定向爆破：利用爆能将大量土石方按照拟定的方向，搬移到一定的位置并堆积成路堤的一种爆破施工方法，称为定向爆破。

（5）洞室爆破：为使爆破设计断面内的岩体大量抛掷（抛坍）出路基，减少爆破后的清方工作量，保证路基的稳定性，可根据地形和路基断面形式，采用抛掷爆破、定向爆破、松动爆破方法。

【考点】 道路工程施工技术——路基石方爆破施工。

考点统计

通过对上述 5 年的考题统计，一共在本节考察 23 次，单选多选都有考察。本节涉及的考点见表 4.2.1。

表 4.2.1 第四章第二节考点考核频次表

序号	知识点	具体考点	考核频次
1	道路工程施工技术	一般路基土方施工	4
		软土路基施工	4
		路面施工	1
		路面施工机械	1
		压实机械	1
		路基石方爆破施工	2
2	桥梁工程施工技术	悬臂拼装法施工	1
		顶推法施工	1
		转体法施工	2
		桥梁墩台施工	2
		支架现浇法	1
		桥梁上部结构施工方法综合	1
3	涵洞工程施工技术	钢筋混凝土圆涵施工	1
		沉降缝施工	1

知识点凝练

一、道路工程施工技术

（一）路基施工

1. 一般路基土方施工

（1）路堤的填筑。

1）基底的处理：①当基底为松土或耕地时，应先清除有机土、种植土、草皮等，清除深度应达到设计要求，一般不小于 150mm，平整后按规定要求压实。当基底土质湿软而深厚时，应按软土地基处理。②基底应在填筑前进行压实，基底原状土的强度不符合要求时，应进行换填，换填深度应不小于 300mm，并予以分层压实到规定要求。高速公路、一级公路、二级公路路堤基底的压实度应不小于 90%，当路堤填土高度小于路床厚度（0.8m）时，基底的压实度不宜小于路床的压实度标准。③基底土密实稳定，且地面横坡缓于1∶10，填方高大于0.5m时，基底可不处理；路堤填方高低于0.5m的地段，应清除原地表杂草。横坡为1∶10～1∶5时，应清除地表草皮杂物再填筑；横坡陡1∶5时，应按设计要求挖台阶或设置成坡度向内并大于2%且宽度大于1m的台阶。

2）填料的选择见表4.2.2。

表4.2.2　填料的选择

采用程度	砂石类别	原因
优先采用	碎石、卵石、砾石、粗砂	强度高、稳定性好、透水性好
也可采用	亚砂土、亚黏土	有足够的强度
不宜采用	粉性土	水稳定性差
慎重采用	重黏土、黏性土、捣碎后的植物土	透水性差

3）填筑的方法见表4.2.3。

表4.2.3　填筑的方法

填筑方法	适用范围
水平分层填筑	基本方法；弱透水性土在上层，透水性土在下层
纵向分层填筑	依纵坡方向分层，逐层向上填筑，常用于地面纵坡大于12%、用推土机从路堑取料、填筑距离较短的路堤；缺点是不易碾压密实
竖向填筑	地面纵坡>12%的深谷陡坡地段采用；采用沉陷量较小的砂性土或附近开挖路堑的废石方，并一次填足路堤全宽；在底部进行拨土夯实
混合填筑法	地形限制或堤身较高时采用，下层竖向填筑，上层水平填筑

（2）路堑的开挖见表4.2.4。

表4.2.4　路堑的开挖

<table>
<tr><th colspan="2">开挖方法</th><th>适用范围</th></tr>
<tr><td rowspan="2">横挖法</td><td>单层横向全宽挖掘法</td><td>适用于挖掘浅且短的路堑</td></tr>
<tr><td>多层横向全宽挖掘法</td><td>适用于挖掘深且短的路堑</td></tr>
<tr><td rowspan="3">纵挖法</td><td>分层纵挖法</td><td>沿路堑全宽以深度不大的纵向分层掘进，适用于较长的路堑开挖</td></tr>
<tr><td>通道纵挖法</td><td>适用于路堑较长、较深、两端地面纵坡较小的路堑开挖</td></tr>
<tr><td>分段纵挖法</td><td>适用于路堑过长、弃土运距过长的傍山路堑，其中一侧堑壁不厚的路堑开挖</td></tr>
<tr><td colspan="2">混合法</td><td>先纵后横，再纵横同时掘进，该法适用于路线纵向长度和挖深都很大的路堑开挖</td></tr>
</table>

2. 软土路基施工

软土一般指淤泥、泥炭土、流泥、沼泽土和湿陷性大的黄土、黑土等，通常含水量大、承载力小、压缩性高，尤其是沼泽地，水分过多，强度很低。软土路基施工见表 4.2.5。

表 4.2.5 软土路基施工

施工方法	具体内容	
表层处理法	砂垫层	在软土层顶面铺砂垫层，主要起浅层水平排水作用。砂垫层施工简便，不需特殊机具设备，占地较少。适用于施工期限不紧迫、材料来源充足、运距不远的施工环境
	反压护道	用于路堤高度不大于 1.5～2.0 倍的极限高度、非耕作区和取土不太困难的地区，施工简单方便，但占地多，土用量大，后期沉降大，以后的养护工作量也大
	土工聚合物处治	土工布一般分一层或多层铺设。当铺设两层以上时，层与层之间要夹 10～20cm 的砂或砂砾垫层，以提高基底透水性。 土工格栅加固土的机理在于格栅与土的相互作用
换填法	一般适用于地表下 0.5～3.0m 之间的软土	
	开挖换填法	该方法简单易行，也便于掌握。对于软基较浅（1～2m）的泥沼地特别有效
	抛石挤淤法	这种方法施工简单、迅速、方便，适用于常年积水的洼地，排水困难，泥炭呈流动状态，厚度较薄，表层无硬壳，片石能沉达底部的泥沼或厚度为 3～4m 的软土；在特别软弱的地面上施工由于机械无法进入，或是表面存在大量积水无法排除时；石料丰富、运距较短的情况
	爆破排淤法	用于当淤泥（泥炭）层较厚、稠度大、路堤较高和施工紧迫时
重压法	堆载预压法	堆载预压法对各类软弱地基均有效
	真空预压法	该法适用于含水量高、孔隙比大、强度低、渗透系数和固结系数均较小的黏土
垂直排水固结法	原理是软土地基在路堤荷载作用下，水从空隙中慢慢排除，空隙比较小，地基发生固结变形，同时随着超静水压力逐渐扩散，土的有效应力增大，地基土强度逐步增长。常用于解决软土地基的沉降问题	
稳定剂处置法	稳定剂处置法是利用生石灰、熟石灰、水泥等稳定材料，掺入软弱的表层黏土中，以改善地基的压缩性和强度特征	
振冲置换（或称砂桩、碎石桩加固法）	软弱黏性土地基，但对于抗剪强度较低的软黏土采用本方法务必慎重	

3. 路基石方开挖施工

（1）爆破方法。

1）光面爆破：在开挖限界的周边，适当排列一定间隔的炮孔，在有侧向临空面的情况下，用控制抵抗线和药量的方法进行爆破，使之形成一个光滑平整的边坡。

2）预裂爆破：在开挖限界处按适当间隔排列炮孔，在没有侧向临空面和最小抵抗线的情况下，用控制药量的方法，预先炸出一条裂缝，使拟爆体与山体分开，作为隔震减震带，起保护开挖限界以外山体或建筑物和减弱地震对其破坏的作用。

3）微差爆破：两相邻药包或前后排药包以若干毫秒的时间间隔（一般为15～75ms）依次起爆，称为微差爆破，亦称毫秒爆破。

4）定向爆破：利用爆能将大量土石方按照指定的方向，搬移到一定的位置并堆积成路堤的一种爆破施工方法。

5）洞室爆破：为使爆破设计断面内的岩体大量抛掷（抛坍）出路基，减少爆破后的清方工作量，保证路基的稳定性，可根据地形和路基断面形式，采用抛掷爆破、定向爆破、松动爆破方法。

（2）爆破作业主要工序：①炮位选择。②凿孔。③装药：a. 集中药包；b. 分散药包：适用于高作业面的开挖段；c. 药壶药包：适用于结构均匀致密的硬土、次坚石和坚石、量大而集中的石方施工；d. 坑道药包：适用于土石方大量集中、地势险要或工期紧迫的路段，以及一些特殊的爆破工程。④药孔的堵塞。⑤起爆。⑥清方：就经济性来说，运距在30～40m以内，采用推土机较好，40～60m用装载机自铲运较好；100m以上用挖掘机配合自卸汽车较好。

4. 路基石方填筑施工

山区填石路堤材料要求：石料来源主要是路堑和隧道爆破后的石料，其强度（饱水试件极限抗压强度）要求和风化程度应符合规定，最大粒径应不大于500mm，并不宜大于层厚的2/3。路床底面以下400mm范围内，填料粒径应小于150mm。

路基石方填筑施工见表4.2.6。

表4.2.6　路基石方填筑施工

施工方法	具体内容
竖向填筑法（倾填法）	适用范围：主要用于二级及二级以下，且铺设低级路面的公路，也可用在陡峻山坡施工特别困难或大量以爆破方式挖开填筑的路段；以及无法自下而上分层填筑的陡坡、断岩、泥沼地区和水中作业的填石路堤。 特点：施工路基压实、稳定问题较多
分层压实法（碾压法）	自下而上水平分层，逐层填筑，逐层压实，是普遍采用并能保证填石路堤质量的方法。高速公路、一级公路和铺设高级路面的其他等级公路的填石路堤采用此方法
冲击压实法	优点：具有分层法连续性的优点，又具有强力夯实法压实厚度深的优点。 缺点：在周围有建筑物时，使用受到限制
强力夯实法	机械设备简单，击实效果显著，施工中不需铺撒细粒料，施工速度快，有效解决了大块石填筑地基厚层施工的夯实难题。对强夯施工后的表层松动层，采用振动碾压法进行压实

（二）路面施工

1. 路面基层施工

路面基层施工见表4.2.7。

表 4.2.7　路面基层施工

项目	具体内容	
石灰稳定土基层与水泥稳定土基层施工	材料与拌和	城区施工应采用厂拌（异地集中拌和）方式，不得使用路拌方式。宜用强制式拌合机进行拌和，拌和应均匀
	运输与摊铺	水泥稳定土材料自搅拌至摊铺完成，不应超过 3h
	压实与养护	水泥稳定土宜在水泥初凝前碾压成型；水泥土分层摊铺时，应在下层养护 7d 后方可摊铺上层材料。养护期应封闭交通
石灰粉煤灰稳定砂砾（碎石）基层（也可称二灰混合料）施工	材料与拌合	采用厂拌（异地集中拌和）方式，强制式拌和机拌制，混合料含水量宜略大于最佳含水量
	运输与摊铺	应在春末和夏季组织施工，施工期的日最低气温应在 5℃以上
	压实与养护	每层最大压实厚度为 200mm，且不宜小于 100mm。养护期视季节而定，常温下不宜小于 7d
级配砂砾（碎石）、级配砾石（碎砾石）基层施工	材料与拌和	采用厂拌方式，强制式拌和机拌制
	运输与摊铺	运输中应采取防止遗撒和防扬尘措施，每层应按虚铺厚度一次铺齐，颗粒分布应均匀，厚度一致
	压实与养护	控制碾压速度，碾压至轮迹不大于 5mm，表面平整、坚实。碎石压实后及成活中适量洒水。未铺装上层前不得开放交通

2. 路面面层施工

路面面层施工见表 4.2.8。

表 4.2.8　路面面层施工

项目	具体内容	
热拌沥青混合料路面施工	施工准备	施工准备包括喷洒透层、粘层、封层油，运输与面料等； （1）透层：沥青混合料面层摊铺前应在基层表面喷洒透层油； （2）粘层：为加强路面沥青层之间，沥青层与水泥混凝土路面之间的黏结而洒布的沥青材料薄层； （3）封层：封层油宜采用改性沥青或改性乳化沥青，封层集料应质地坚硬、耐磨、洁净且粒径与级配应符合要求； （4）透层、粘层、封层：当气温在 10℃及以下，风力大于 5 级及以上时，不应喷洒透层、粘层、封层油； （5）运输与布料：对高等级道路，等候的运料车宜在 5 辆以上。运料车应在摊铺机前 100 ~ 300mm 外空挡等候
	摊铺作业	城市快速路、主干路宜采用两台以上摊铺机联合摊铺。每台摊铺机的摊铺宽度宜小于 6m。通常采用 2 台或多台摊铺机前后错开 10 ~ 20m 呈梯队方式同步摊铺，两幅之间应有 30 ~ 60mm 宽度的搭接，并应避开车道轮迹带，上下层搭接位置宜错开 200mm 以上；摊铺前应提前 0.5 ~ 1.0h 预热摊铺机熨平板使其不低于 100℃； 铺筑普通沥青混合料，下卧层的表面温度为 15 ~ 20℃，铺筑层厚度为小于 50mm、50 ~ 80mm、大于 80mm 三种情况下，最低摊铺温度分别是 140℃、135℃、130℃

续表 4.2.8

项目		具体内容
热拌沥青混合料路面施工	压实成型与接缝	压实层最大厚度不宜大于 100mm，各层压实度及平整度应符合要求。初压应采用钢轮压路机静压 1～2 遍；碾压路段长度宜为 60～80m。密级配沥青混凝土混合料复压宜优先采用重型轮胎压路机进行碾压；其总质量不宜小于 25t。相邻碾压带应重叠 1/3～1/2 轮宽。路面接缝必须紧密、平顺。上、下层的纵缝应错开 150mm（热接缝）或 300～400mm（冷接缝）以上。相邻两幅及上、下层的横向接缝均应错位 1m 以上
改性沥青混合料面层施工	生产	改性沥青混合料通常宜较普通沥青混合料的生产温度提高 10～20℃
	摊铺	在喷洒有粘层油的路面上铺筑改性沥青混合料时，宜使用履带式摊铺机。一般情况下，摊铺温度不低于 160℃。摊铺速度宜放慢至 1～3m/min
	压实与成型	初压开始温度不低于 150℃，碾压终了的表面温度应不低于 90～120℃
	接缝	改性沥青混合料路面冷却后很坚硬，冷接缝处理很困难，因此应尽量避免出现冷接缝
水泥混凝土路面施工	混凝土配合比设计	严寒地区混凝土抗冻等级不宜小于 F250，寒冷地区不宜小于 F200
	搅拌	搅拌设备应优先选用间歇式拌合设备，并在投入生产前进行标定和试拌，搅拌机配料计量偏差应符合规范规定
	运输	应根据施工进度、运量、运距及路况，选配车型和车辆总数
	模板安装	木模板直线部分板厚不宜小于 50mm，每 0.8～1m 设 1 处支撑装置；弯道部分板厚宜为 15～30mm，每 0.5～0.8m 设 1 处支撑装置，模板与混凝土接触面及模板顶面应刨光
	钢筋设置	当一次铺筑宽度小于面层宽度时，应设置纵向施工缝，纵向施工缝宜采用平缝加拉杆型
	摊铺与振动	当面层铺装厚度小于 150mm 时，可采用振捣梁；采用轨道摊铺机铺筑时，最小摊铺宽度不宜小于 3.75m；采用滑模摊铺机摊铺时应布设基准线，清扫湿润基层，在拟设置胀缝处牢固安装胀缝支架，支撑点就距为 40～60cm。采用小型机具摊铺混凝土施工时，松铺系数宜控制在 1.10～1.25
	接缝	缩缝应垂直板面，采用切缝机施工，宽度宜为 4～6mm。切缝深度：设传力杆时，不应小于面层厚的 1/3，且不得小于 70mm；不设传力杆时不应小于面层厚的 1/4，且不应小于 60mm。当混凝土达到设计强度的 25%～30% 时，采用切缝机进行切割
	养护	昼夜温差大于 10℃以上的地区或日均温度低于 5℃施工的混凝土板应采用保温养护措施。养护时间应根据混凝土弯拉强度增长情况而定，不宜小于设计弯拉强度的 80%，一般宜为 14～21d。应特别注重前 7d 的保湿（温）养护

（三）筑路机械（表 4.2.9）

表 4.2.9 筑路机械

分类			具体内容
土石方施工	平地机		可进行地面平整、挖沟、刮土、推土、松土、除雪等多种作业
	破碎筛分机械		破碎岩石，并按一定规格筛分
压实机械	静力压路机	光轮压路机	轻型：6 ~ 8t，用于城市道路、简易公路、临时场地、公路养护
			中型：8 ~ 10t，10 ~ 12t；压实压平路基路面
			重型：>12t，用于最终压实路基和其他基础层
		轮胎压路机	市政、公路、水利工程不可或缺的机械
			压实砂质土壤和黏性土壤效果良好
	振动压路机		分为拖式、手扶式和自行式；适于公路工程的碾压
	夯实机械		适用于对黏性土壤和非黏性土壤进行夯实作业，夯实厚度 1 ~ 1.5m
路面施工	摊铺机	沥青混凝土	对路基不平敏感性差，稳定性好，牵引力大，很少出现打滑，用于新建公路及大规模城市道路施工
		水泥混凝土	适用于水泥混凝土路面，分为轨道式和滑模式
	沥青洒布机		分为自行式和拖式

二、桥梁工程施工技术

（一）桥梁下部结构施工

1. 桥梁墩台施工（表 4.2.10）

表 4.2.10 桥梁墩台施工

分类		具体要求
整体式墩台施工	石砌墩台	（1）砌石时所采用的施工脚手架应环绕墩台搭设，主要用于堆放材料。 （2）轻型脚手架有适用于 6m 以下墩台的固定式轻型脚手架、适用于 25m 以下墩台的简易活动脚手架；较高的墩台可用悬吊脚手架
	混凝土墩台	（1）混凝土墩台的模板、支架稳定计算中应考虑风力影响。根据施工经验，当墩台高度小于 30m 时采用固定模板施工；当高度大于或等于 30m 时常用滑动模板施工。 （2）墩台混凝土的特点： 1）墩台混凝土特别是实体墩台均为大体积混凝土，水泥应优先选用矿山渣水泥，火山灰水泥，采用普通水泥时强度等级不宜过高。 2）当墩台截面小于或等于 $100m^2$ 时应连续灌注混凝土，以保证混凝土的完整性；当墩台截面大于 $100m^2$ 时，允许适当分段浇筑。分块数量，墩台水平截面积在 $200m^2$ 内不得超过 2 块；在 $300m^2$ 以内不得超过 3 块。每块面积不得小于 $50m^2$。 3）墩台混凝土宜水平分层浇筑，每层高度宜为 1.5 ~ 2.0m。

续表 4.2.10

分类	具体要求	
整体式墩台施工	混凝土墩台	4）墩台混凝土分块浇筑时，接缝应与墩台截面尺寸较小的一边平行，邻层分块接缝应错开，接缝宜做成企口形。 （3）采用预制混凝土管做柱身外模时，预制管安装应符合下列要求： 1）基础面宜采用凹槽接头，凹槽深度不得小于 50mm； 2）上下管节安装就位后，应采用四根竖方木对称设置在管柱四周并绑扎牢固，防止撞击错位； 3）混凝土管柱外模应设斜撑，保证浇筑时的稳定； 4）管节接缝应采用水泥砂浆等材料密封
装配式墩台施工	适用于山谷架桥、跨越平缓无漂流物的河沟、河滩等的桥梁，特别是在工地干扰多、施工场地狭窄、缺水与砂石供应困难地区，其效果更为显著	

2. 墩台基础施工

墩台基础施工见表 4.2.11。

表 4.2.11 墩台基础施工

项目	具体内容
明挖扩大基础施工	基底尺寸应比设计平面尺寸各边增宽 0.5 ~ 1.0m
桩与管柱基础施工	锤击沉桩：适用于中密类砂土、黏性土。 射水沉桩：在砂夹卵石层或坚硬土层中，一般以射水为主，锤击或振动为辅；在亚黏土或黏性土中，一般以锤击或振动为主，以射水为辅，并应适当控制射水时间和水量。 振动沉桩：适用于砂质土、硬塑及软塑的黏性土和中密或较松散的碎、卵石类土。 静力压桩：适用于高压缩性黏土或砂性较轻的亚黏土层。 水中沉桩：水浅时用脚手架搭设操作平台；水深时用固定平台或打桩船

（二）桥梁上部结构施工

桥梁承载结构的施工方法见表 4.2.12。

表 4.2.12 桥梁承载结构的施工方法

项目	具体内容
支架现浇法	优点：就地浇筑施工无须预制场地，不需要大型起吊运输设备，梁体的主筋可不中断，桥梁整体性好。 缺点：工期长，施工质量难控制，搭设支架容易影响排洪、通航，受洪水和漂流物威胁
预制安装法	（1）由于是工场生产制作，构件质量好，有利于确保构件的质量和尺寸精度，并尽可能多的采用机械化施工。 （2）上下部结构可以平行作业，因而可缩短现场工期。 （3）能有效利用劳动力，并由此而降低了工程造价。 （4）由于施工速度快可适用于紧急施工工程。 （5）将构件预制后由于要存放一段时间，因此在安装时已有一定龄期，可减少混凝土收缩、徐变引起的变形

续表 4.2.12

项目	具体内容
悬臂施工法	大跨径连续梁桥常常采用，可不用或少用支架，不影响通航。 悬臂浇筑：施工简便，结构整体性好，施工中可不断调整位置，用于跨径 >100m 的桥梁。 悬臂拼装：施工速度快，桥梁上下部结构可平行作业，施工精度要求高，用于跨径≤ 100m 的桥梁
转体施工法	不断航、省工省料、高空作业少、工序简单、施工速度快，适用于平原地区、城市跨线桥、大跨及特大路桥
顶推法施工	设备简单、费用低、无噪声，结构整体性好，用钢量较高； 用于水深、山谷和高桥墩；曲率相同的弯桥和坡桥；等截面梁和中跨桥梁，桥梁总长以 500 ~ 600m 为宜
移动模架逐孔施工	不影响通航、安全可靠、平行作业、缩短工期； 用于跨径 <50m 的多跨桥；用于中等跨径预应力混凝土连续梁桥
横移法施工	用于正常通车线路上的桥梁工程的换梁
提升与浮运施工	常选取整体结构，重量很大

三、涵洞工程施工技术

（一）钢筋混凝土盖板涵施工

1. 砌筑基础

（1）基坑开挖。

1）基坑的开挖应根据土质、基坑深度、工期以及有无地下水或地表水等因素，采用人工或机械开挖。

2）基底若有局部超挖之处，不能用松土填补，只能在砌筑基础时调平。

3）如基底不够密实，可进行原地面夯实，或夯填一层卵、碎石。

4）基坑开挖后，如发现土质与设计资料不符或有疑问时，应在基底高程处取土样做土工试验。

5）对于土质和结构复杂的涵洞，必要时可在基底做载重试验来确定地基承载力。

6）基础砌筑前，应经过检查部门的检验（或委托检验），并在工程检查证上签字后才能砌筑基础。

（2）砌筑基础。

1）基础的砌筑还应按设计图纸的要求留出沉降缝的位置，在灌筑基础混凝土时，可用沥青浸制木板作隔板和混凝土一起灌注在基础中。

2）如施工时不用木板，沉降缝也可用黏土填塞。

3）如基础是浆砌片石，沉降缝处砌筑端面应垂直、整齐、方正，不得交错。

4）当基础不厚，在砌完后用黏土填满沉降缝。如基础较厚，可边砌边填黏土，并在流水面边缘以 1∶3 水泥砂浆填塞，深约 150mm。

2. 砌筑边墙

（1）当在基顶已放好边墙底平面尺寸后，利用木板条制成边墙断面挂线样板，把它固定在沉降缝的位置上，挂上线绳作为砌筑时的依据。

（2）边墙顶部与盖板接触面以下 0.4m 范围内，用 C15 混凝土，此部分以下及翼墙均有 M10 水泥砂浆砌片石。

（二）钢筋混凝土圆涵施工

1. 施工顺序

围堰（筑坝）→抽水→除淤清基→管位放样→基槽开挖→铺筑垫层→浇捣管基→排管→接缝处理→端墙砌筑→洞口铺砌→坡脚浇捣→砌护坡→养护→拆坝通水。

2. 施工方法

（1）围堰（筑坝）。坝顶比施工期间可能出现的最高水位至少要高出 0.5 ~ 1m，以防淹没。

（2）基槽开挖。涵管施工的基槽开挖一般采用无支撑梯形断面，以便大型筑管的吊装。

（3）涵管基础。涵管基础的标高、厚度由打入槽底的木桩控制，涵管基础分管座、管基和垫层。垫层铺筑按基槽宽满铺。管基采用混凝土浇捣。

（4）排管。涵管需用吊车下管。

（5）接缝处理。涵管接缝一般采用柔性接口，并设置预制钢筋混凝土套环。

（6）拆模还土。为防止涵管渗漏，涵管四周宜用黏土做 15cm 厚的防水层，涵洞周围填土均须用黏土或亚黏土回填。

（7）洞口砌筑。浆砌块石强度达到 80% 以上时可填土。

（三）混凝土拱涵和石砌拱涵施工

混凝土拱涵和石砌拱涵施工见表 4.2.13。

表 4.2.13　混凝土拱涵和石砌拱涵施工

项目	具体内容
钢拱架	涵洞孔径≤3m：用 12 ~ 18kg 型小钢轨； 涵洞孔径为 3 ~ 6m：用 18 ~ 32kg 轻型便轨
拱架放样	涵洞孔径≥3m：预加 2 ~ 3cm 的高度； 涵洞孔径 <3m：可不预留
拱圈施工	当拱涵用钢筋混凝土预制拱圈安装时，成品达到设计强度的 70% 才可搬运安装。 混凝土砌块宜比封顶时间提前 4 个月
拆除填土	砂浆强度达到设计强度的 70%，才可拆除拱圈支架；达到 100% 时，方可填土。 拱圈支架未拆除时，砂浆强度达到设计强度的 70% 才可填土，达到 100% 才能拆除拱圈

（四）箱涵

就地浇筑的箱涵与盖板涵的区别：

（1）盖板涵的台身与盖板是分开浇筑的，台身还可以采用砌石圬工，成为简支结构。

（2）箱涵的上下顶板、底板与左右墙身是连续浇筑的，成为刚性结构。

（五）涵洞附属工程

1. 沉降缝施工

（1）涵洞和急流槽、端墙、翼墙、进出水口急流槽等，须在结构分段处设置沉降缝。

（2）沉降缝必须贯穿整个断面（包括基础），缝宽约 2 ~ 3cm。涵身一般每隔

4～6m 设沉降缝一道。

（3）凡地基土质发生变化，基础埋置深度不一，基础对地基的压力发生较大变化，基础填挖交界处及采用填石抬高基础的涵洞，都应设置沉降缝。

（4）斜交正做涵洞，沉降缝与涵洞中心线垂直；斜交斜做涵洞，沉降缝与路基中心线平行。

2. 防水层施工

（1）各式钢筋混凝土涵洞的涵身及端墙，在基础面以上凡被土掩填部分均涂抹热沥青两道。

（2）混凝土及石砌涵洞（及端、翼墙）被土掩埋部分，只需将圬工表面做平，没有凹陷存水的部位，可不设防水层。

（3）钢筋混凝土明涵可采用 2cm 厚的防水砂浆或 4～6cm 厚的防水混凝土。

3. 涵洞进出水口

（1）涵洞进出水口工程是涵洞端墙、翼墙（包括八字墙、锥坡、平行廓墙）以外的部分。

（2）平原地区的处理工程。涵洞出入口的沟床应整理顺直，与上、下排水系统的连接应圆顺、稳固，保证流水顺畅，避免损害路堤、村舍、农田、道路等。

（3）山丘地区的处理工程。当山丘地区的涵洞底纵坡超过 5% 时，除进行上述处理外，还应对沟床进行干砌或浆砌片石防护，翼墙以外的沟床当坡度较大时，也应铺砌防护。

第三节　地下工程施工技术

真题解析

一、2023 年考题

1. 土钉墙施工过程中，开挖淤泥质土层后的临空面应在（　　）h 内完成土钉安放和喷射混凝土面层。

A. 12　　B. 24　　C. 36　　D. 48

【答案】A

【解析】土钉墙开挖后应及时封闭临空面，应在 24h 内完成土钉安放和喷射混凝土面层。在淤泥质土层开挖时，应在 12h 内完成土钉安放和喷射混凝土面层。

【考点】建筑工程深基坑施工技术——复合土钉墙支护技术。

2. 地下连续墙施工过程中，泥浆的首要作用是（　　）。

A. 护壁　　B. 携砂　　C. 冷却　　D. 润滑

【答案】A

【解析】泥浆的作用主要有护壁、携砂、冷却和润滑，其中以护壁为主。

【考点】地下连续墙施工技术——泥浆护壁。

3. 盾构壳体构造中，位于盾构最前端的部分是（　　）。

A. 千斤顶　　B. 支承环

C. 切口环　　D. 衬砌拼装系统

【答案】C

【解析】盾构壳体一般由切口环、支承环和盾尾三部分组成。切口环部分位于盾构的最前端，施工时切入地层，并掩护作业，切口环前端制成刃口，以减少切口阻力和对地层的扰动。

【考点】隧道工程施工技术——盾构法。

4. 下列盾构机类型中，属于封闭式的有（　　）。

A. 机械式　　B. 网络式

C. 半机械式　　D. 泥水平衡式

E. 土压平衡式

【答案】DE

【解析】封闭式的盾构机包括泥水平衡式和土压平衡式。

【考点】隧道工程施工技术——盾构法。

5. 下列关于沉井施工工艺要求的说法，正确的有（　　）。

A. 沉井下沉至标高，应进行 8h 沉降观测

B. 沉降观测时，若 8h 内下沉量小于或等于 10mm，方可封底

C. 沉井制作高度较大时，基坑上应铺设一定厚度的砂垫层

D. 沉井采用不排水挖土下沉，要确保井内外水面在同一高度

E. 采用不排水封底法时，封底混凝土用导管法灌注

【答案】ABCE

【解析】选项 A、B 正确：沉井下沉至标高，应进行沉降观测，当 8h 内下沉量小于或等于 10mm 时，方可封底，封底可分为干封底和湿封底两种；选项 C 正确：当沉井制作高度较大时，重量会增大，为避免不均匀沉降，基坑上应铺设一定厚度的砂垫层；选项 D 错误：不排水挖土下沉时下沉中要使井内水面高出井外水面 1 ~ 2m，以防流砂；选项 E 正确：湿封底即不排水封底，封底混凝土用导管法灌注。

【考点】地下工程特殊施工技术——沉井施工。

二、2022 年考题

1. 地下连续墙混凝土顶面应比设计高度超浇（　　）。

A. 0.4m 以下　　B. 0.4m 以上　　C. 0.5m 以下　　D. 0.5m 以上

【答案】D

【解析】在浇筑完成后的地下连续墙墙顶存在一层浮浆层，因此混凝土顶面需要比设计高度超浇 0.5m 以上，凿去浮浆层后，地下连续墙墙顶才能与主体结构或支撑相连，成为整体。

【考点】地下连续墙施工技术——混凝土浇筑。

2. 隧道工程浅埋暗挖法施工的必要前提是（　　）。

A. 对开挖面前方地层的预加固和预处理

B. 一次注浆多次开挖

C. 环状开挖预留核心土

D. 对施工过程中围岩及结构的变化进行动态跟踪

【答案】A

【解析】对开挖面前方地层的预加固和预处理是浅埋暗挖法的必要前提，其目的在于加强开挖面的稳定性，增加施工的安全性。

【考点】隧道工程施工技术——浅埋暗挖法。

3. 沉井下沉达到设计标准封底时，需满足的观测条件是（　　）。

A. 5h 内下沉量小于或等于 8mm　　B. 6h 内下沉量小于或等于 8mm

C. 7h 内下沉量小于或等于 10mm　　D. 8h 内下沉量小于或等于 10mm

【答案】D

【解析】沉井下沉至标高，应进行沉降观测，当 8h 内下沉量小于或等于 10mm 时，方可封底。

【考点】地下工程特殊施工技术——沉井法。

4. 地下工程长距离顶管施工中，主要技术关键有（　　）。

A. 顶进长度　　B. 顶力问题

C. 方向控制　　D. 顶进设备

E. 制止正面坍塌

【答案】BCE

【解析】长距离顶管的主要技术关键有顶力问题，方向控制，制止正面坍塌。

【考点】地下工程特殊施工技术——长距离顶管施工。

三、2021 年考题

1. 地下连续墙挖槽时，遇到硬土或孤石时，优先的选用的施工方法是（　　）。

A. 多头钻施工法　　B. 钻抓式施工法

C. 潜孔钻施工法　　D. 冲击式施工法

【答案】D

【解析】地下连续墙挖槽常见的方法有多头钻施工法、钻抓式施工法和冲击式施工法。冲击式钻机由冲击锥、机架和卷扬机等组成，主要采用各种冲击式凿井机械，适用于老黏性土、硬土和夹有孤石等地层，多用于排桩式地下连续墙成孔。

【考点】地下连续墙施工技术——开挖槽段。

2. 隧道工程施工中，干式喷射混凝土工作方法的主要特点为（　　）。

A. 设备简单价格较低，不能进行远距离压送

B. 喷头与喷射作业面距离不小于 2m

C. 施工粉尘多，骨料回弹不严重

D. 喷嘴处的水压必须大于工作风压

【答案】D

【解析】工程实践证明，喷嘴处的水压必须大于工作风压，并且压力稳定才会有良好的喷射效果。水压一般比工作风压大 0.10MPa 左右为宜。

【考点】隧道工程施工技术——喷射混凝土。

3. 地下工程采用导向钻进行施工时，适合用中等尺寸钻头的岩土层为（ ）。

A. 砾石层　B. 致密砂层　C. 干燥软黏土　D. 钙质土层

【答案】C

【解析】钻头的选择：淤泥质黏土、较软土层采用较大的钻头；干燥软黏土、粗粒砂层采用中等尺寸的钻头；硬黏土、钙质土层、致密砂层采用较小直径的钻头。

【考点】地下工程特殊施工技术——导向钻进法施工。

4. 地下工程施工中，气动夯管锤铺管的主要特点有（ ）。

A. 夯管锤对钢管动态夯进，产生强烈的冲击和振动

B. 不适用于含卵砾石地层

C. 属于不可控向铺管，精度较低

D. 对地表影响小，不会引起地表隆起或沉降

E. 工作坑要求高，需进行深基坑支护作业

【答案】AD

【解析】气动夯管锤铺管时，夯管锤对钢管是动态夯进，产生强烈的冲击和振动。夯管锤铺管几乎适应除岩层以外的所有地层。气动夯管锤铺管属不可控向铺管，但由于其以冲击方式将管道夯入地层，在管端无土楔形成，而且在遇障碍物时可将其击碎穿越，所以具有较好的目标准确性。气动夯管锤对地表的影响较小，由于是将钢管开口夯入地层，除了钢管管壁部分需排挤土体之外，切削下来的土芯全部进入管内，因此即使钢管铺设深度很浅，地表也不会产生隆起或沉降现象。工作坑要求低，通常只需很小施工深度，无须进行很复杂的深基坑支护作业。

【考点】地下工程特殊施工技术——气动夯管锤铺管施工。

四、2020 年考题

冻结排桩法施工技术主要适用于（ ）。

A. 基岩比较坚硬、完整的深基坑施工

B. 表土覆盖比较浅的一般基坑施工

C. 地下水丰富的深基坑施工

D. 岩土体自支撑能力较强的浅基坑施工

【答案】C

【解析】冻结排桩法适用于大体积深基础开挖施工、含水量高的地基基础和软土地基基础以及地下水丰富的地基基础施工。

【考点】建筑工程深基坑施工技术——冻结排桩法施工。

五、2019 年考题

1. 关于深基坑土方开挖采用冻结排桩法支护技术，下列说法正确的是（ ）。

A. 冻结管应置于排桩外侧　B. 卸压孔应置于冻结管和排桩之间

C. 冻结墙的主要作用是支撑土体　D. 排桩的主要作用是隔水

【答案】A

【解析】冻结排桩法施工，即在基坑开挖之前，根据基坑开挖深度，利用钻孔灌注桩技术沿基坑四周超前施工一排灌注桩，并用现浇钢筋混凝土梁把排桩顶端固定在一起使排桩形成支撑结构体系，并在排桩外侧按设计要求施做一排冻结孔，同时在冻结孔外侧距其中心一定位置处插花布设多个卸压孔。立柱桩设置于平面支撑的节点处，以保证整个支护体系的稳定。隔水帷幕是在基坑四周、排桩外侧采用人工制冷的办法形成的一圈冻土墙，称为“冻土壁”。

【考点】建筑工程深基坑施工技术——冻结排桩法施工。

2. 关于深基坑土方开挖采用型钢水泥土复合搅拌桩支护技术，下列说法正确的是（　　）。

A. 搅拌水泥土终凝后方可加设横向型钢

B. 型钢的作用是增强搅拌桩的抗剪能力

C. 水泥土作为承受弯矩的主要结构

D. 型钢应加设在水泥土墙的内侧

【答案】B

【解析】型钢水泥土复合搅拌桩支护技术，又称 SMW 工法，也被称为加筋水泥地下连续墙工法，它是在一排相互连续搭接的水泥土桩中加强芯材（型钢）的一种地下连续墙施工技术。型钢主要用来承受弯矩和剪力，水泥土主要用来防渗，同时对型钢还有围箍作用。在水泥土凝结硬化之前，将型钢插入墙中，形成型钢与水泥土的复合墙体。

【考点】建筑工程深基坑施工技术——型钢水泥土复合搅拌桩支护技术。

3. 关于隧道工程采用掘进机施工，下列说法正确的是（　　）。

A. 全断面掘进机的突出优点是可实现一次成型

B. 独臂钻适用于围岩不稳定的岩层开挖

C. 天井钻开挖是沿着导向孔从上往下钻进

D. 带盾构的掘进机主要用于特别完整岩层的开挖

【答案】A

【解析】独臂钻适用于开挖软岩，不适用于开挖地下水较多、围岩不太稳定的地层。天井钻的开挖施工，先在钻杆上装较小的钻头，从上向下钻一直径为 200～300mm 的导向孔，达到竖井或斜井的底部。再在钻杆上换直径较大的钻头，由下向上反钻竖井或斜井。当围岩是软弱破碎带时，若用常规的掘进机（TBM）法掘进，常会因围岩塌落造成事故，故要采用带盾构的 TBM 法。

【考点】隧道工程施工技术——掘进机法施工。

4. 关于隧道工程喷射混凝土支护，下列说法正确的有（　　）。

A. 拱形断面隧道开挖后先喷墙后喷拱

B. 拱形断面隧道开挖后直墙部分先从墙顶喷至墙脚

C. 湿喷法施工骨料回弹比干喷法大

D. 干喷法比湿喷法施工粉尘少

E. 封拱区应沿轴线由前向后喷射

【答案】AE

【解析】混凝土喷射机分为干式和湿式。干式喷射设备简单，价格较低，能进行远距离压送，易加入速凝剂，喷嘴脉冲现象少，但施工粉尘多，回弹比较严重。对水平坑道，其喷射顺序为先墙后拱、自下而上；侧墙应自墙基开始，拱应自拱脚开始，封拱区宜沿轴线由前向后。

【考点】隧道工程施工技术——喷射混凝土。

考点统计

通过对上述5年的考题统计，本节一共考察18次，具体考点如表4.3.1所示：

表4.3.1 第四章第三节考点考核频次表

序号	知识点	具体考点	考核频次
1	建筑工程深基坑施工技术	冻结排桩法施工	2
		型钢水泥土复合搅拌桩支护技术	1
		复合土钉墙支护技术	1
2	隧道工程施工技术	掘进机法施工	1
		浅埋暗挖法	1
		长距离顶管施工	1
		盾构法	2
		喷射混凝土	2
3	地下连续墙施工技术	混凝土浇筑	1
		泥浆护壁	1
		开挖槽段	1
4	地下工程特殊施工技术	导向钻进法施工	1
		沉井施工	2
		气动夯管锤铺管施工	1

知识点凝练

一、地下工程深基坑施工技术

1. 深基坑土方开挖施工

基坑的土方开挖工艺，主要分为放坡挖土、中心岛式（也称墩式）挖土，盆式挖土和逆作法挖土。前者无支护结构，后三者皆有支护结构。

当采用放坡挖土时，宜设置多级平台分层开挖，每级平台的宽度不宜小于1.5m，分层挖土厚度不宜超过 2.5m；中心岛式挖土的支撑形式为角撑、环梁式或边桁（框）架式；盆式挖土周边留置的土坡，其宽度、高度和坡度大小均应通过稳定验算通过。

施工要求：

（1）整个土方开挖顺序必须与支护结构的设计工况严格一致，要遵循开槽支撑、先撑后挖、分层开挖、严禁超挖的原则。

（2）同一基坑内当深浅不同时，土方开挖宜先从浅基坑处开始，如条件允许可待浅基坑处底板浇筑后，再挖基坑较深处的土方。

（3）当两个深浅不同的基坑同时挖土时，土方开挖宜先从较深基坑开始，待较深基坑底板浇筑后，再开始挖较浅基坑的土方。

（4）基坑采用机械挖土，坑底应保留 200 ~ 300mm 厚基土，用人工清理整平，防止坑底土扰动。

2. 深基坑降排水施工

（1）深基坑降水方法有集水沟明排水法和人工降低地下水位法等。

（2）可以根据基坑规模、深度、场地及周边工程、水文与地质条件、需降水深度、周围环境状况、支护结构种类、工期要求及技术经济效益等全面综合考虑、分析、比较后合理选用降水类型，其与土石方工程中基坑降水类似。

3. 深基坑支护施工

（1）深基坑支护的基本形式见表 4.3.2。

表 4.3.2 深基坑支护的基本形式

<table>
<tr><td>水泥土桩墙</td><td colspan="2">深层搅拌水泥土桩墙；高压喷射注浆桩墙；粉体喷射注浆桩墙</td></tr>
<tr><td rowspan="10">排桩与桩墙</td><td rowspan="3">排桩式</td><td>钻孔灌注桩</td></tr>
<tr><td>挖孔灌注桩</td></tr>
<tr><td>钢管桩、预制钢筋混凝土桩</td></tr>
<tr><td rowspan="3">板桩式</td><td>型钢横挡板</td></tr>
<tr><td>钢板桩</td></tr>
<tr><td>钢筋混凝土板桩</td></tr>
<tr><td rowspan="2">板墙式</td><td>现浇地下连续墙</td></tr>
<tr><td>预制装配式地下连续墙</td></tr>
<tr><td rowspan="2">组合式</td><td>钻孔灌注桩与水泥土桩组合</td></tr>
<tr><td>加筋水泥土围护墙</td></tr>
<tr><td rowspan="2">边坡稳定式</td><td colspan="2">土钉墙</td></tr>
<tr><td colspan="2">喷锚支护</td></tr>
<tr><td colspan="3">逆作拱墙式</td></tr>
<tr><td colspan="3">放坡开挖式</td></tr>
</table>

（2）深基坑支护基本形式的选择。

1）影响因素：应综合考虑工程地质与水文条件、基础类型、基坑开挖深度、降排水条件、周边环境对基坑侧壁位移的要求、基坑周边荷载、施工季节、支护结构使用期限等因素。

2）深基坑支护形式的选择应考虑基坑结构的安全等级，对同一基坑的不同部位，可采用不同的安全等级，见表 4.3.3。

表 4.3.3　基坑结构安全等级及重要性系数

安全等级	破坏后果	γ_0
一级	支护结构失效、土体失稳或过大变形对基坑周边环境及地下结构施工影响很严重	1.10
二级	支护结构失效、土体失稳或过大变形对基坑周边环境及地下结构施工影响严重	1.00
三级	支护结构失效、土体失稳或过大变形对基坑周边环境及地下结构施工影响不严重	0.90

（3）深基坑支护基本形式见表 4.3.4。

（4）深基坑支护技术见表 4.3.5。

表 4.3.4　深基坑支护基木形式

类型	适用条件
水泥土挡墙式	基坑侧壁安全等级宜为二、三级；水泥土墙施工范围内地基承载力≤150kPa；基坑深度≤6m；基坑周围具备水泥土墙的施工宽度
排桩与桩墙	基坑侧壁安全等级宜为一、二、三级；悬臂式结构在软土场地中≤5m；当地下水位高于基坑底面时，宜采用降水、排桩与水泥土桩组合截水帷幕或采用地下连续墙；用逆作法施工
边坡稳定式	（1）基坑侧壁安全等级宜为二、三级非软土场地； （2）土钉墙基坑深度≤12m； （3）喷锚支护适用于无流砂、含水量不高、不是淤泥等流塑土层的基坑，开挖深度≤18m； （4）当地下水位高于基坑底面时，应采取降水或截水措施
逆作拱墙式	（1）基坑侧壁安全等级宜为二、三级； （2）淤泥和淤泥质土场地不宜采用； （3）基坑平面尺寸近似方形或圆形，施工场地适合拱圈布置； （4）拱墙轴线的矢跨比不宜小于 1/8，坑深≤12m； （5）地下水位高于基坑底面时，应采取降水或截水措施
放坡开挖式	基坑侧壁安全等级宜为三级；基坑周围场地应满足放坡条件，土质较好；当地下水位高于坡脚时，应采取降水措施

表 4.3.5 深基坑支护技术

项目		具体内容
复合土钉墙支护技术	定义	由普通土钉墙与一种或若干种单项轻型支护技术（如预应力锚杆、竖向钢管、微型桩等）或截水技术（深层搅拌桩、旋喷桩等）有机组合而成的支护——截水体系
	主要构成要素	土钉（钢筋土钉或钢管土钉）、预应力锚杆（索）、截水帷幕、微型桩（树根桩）、挂网喷射混凝土面层、原位土体等
	特点	具有轻型、复合、机动灵活、针对性强、适用范围广、支护能力强的特点，可作超前支护，并兼备支护、截水等效果
	适用范围	可用于回填土、淤泥质土、黏性土、砂土、粉土等常见土层，施工时可不降水；在工程规模上，深度 16m 以上的深基坑均可使用
	施工要点	（1）土方开挖与土钉喷射混凝土等工艺必须密切配合，这是确保复合土钉墙顺利施工的关键。 （2）控制开挖时间和开挖顺序，及时施作喷锚支护。 （3）合理选择土钉。选用钢管土钉，施工时还应注意以下要点： 1）钢管土钉在土层中严禁引孔（帷幕除外），由于设备能力不够而造成土钉不能全部被打进时，则应更换设备。 2）钢管土钉外端应有足够的自由段长度，自由段一般不小于 3m。 3）在帷幕上开孔的钢管土钉，土钉安装后必须对孔口进行封闭，防止渗水漏水
组合内支撑技术	适用范围	周围建筑物密集，相邻建筑物基础埋深较大，周围土质情况复杂，施工场地狭小，软土场地等深大基坑
	特点	该技术可在各种地质情况和复杂周边环境下使用，施工速度快，支撑形式多样，计算理论成熟，并可拆卸重复利用，节省投资
型钢水泥土复合搅拌桩支护技术（SMW工法）	定义	又称 SMW 工法，也被称为加筋水泥地下连续墙工法。它是在一排相互连续搭接的水泥土桩中加强芯材（型钢）的一种地下连续墙施工技术
	基本原理	型钢主要用来承受弯矩和剪力，水泥土主要用来防渗，同时对型钢还有围箍作用
	适用范围	可在黏性土、粉土、砂砾土中使用。该技术目前可在开挖深度 15m 以下的基坑围护工程中应用
	施工工艺	首先，通过特制的多轴深层搅拌机（SMW 搅拌桩机）自上而下将施工场地原位土体切碎，同时从搅拌头处将水泥浆等固化剂注入土体并与土体搅拌均匀，通过连续的重叠搭接施工，形成水泥土地下连续墙；然后，在水泥土凝结硬化之前，将型钢插入墙中，形成型钢与水泥土的复合墙体
冻结排桩法基坑支护技术	组成	由排桩、压顶梁、钢筋混凝土支撑和立柱桩组成
	适用范围	大体积深基础开挖施工、含水量高的地基基础和软土地基基础以及地下水丰富的地基基础施工

续表 4.3.5

项目	具体内容	
冻结排桩法基坑支护技术	应用冻结排桩法进行特大型深基坑施工时需要注意的问题	（1）在冻结过程中土的体积膨胀将对排桩产生较大的水平冻胀压力。 （2）排桩靠基坑内侧在基坑开挖过程中与空气接触后，温度将急剧上升，而另外一侧与冻土墙体接触温度非常低，排桩因两侧巨大温差将产生温度应力。 （3）冻土墙达到设计厚度后，如何对其进行有效控制从而避免产生更大的冻胀力。 （4）岩土力学基本理论的不成熟，设计计算所采用的数学力学模型与岩土体的实际应力－应变状态常存在着较大的差距，必须加强工程检测，通过信息化施工及时发现问题，保证工程安全

二、地下连续墙施工技术

（一）地下连续墙的类型与优缺点

1. 地下连续墙的类型

（1）按槽孔的形式可以分为壁板式和桩排式两种。

（2）按开挖方式及机械分类，可分为抓斗冲击式、旋转式和旋转冲击式。

（3）按施工方法的不同可以分为现浇、预制和二者组合成墙等。

（4）按功能及用途分为作承重基础或地下构筑物的结构墙、挡土墙、防渗心墙、阻滑墙、隔震墙等。

（5）按墙体材料不同分为钢筋混凝土、素混凝土、黏土、自凝泥浆混合墙体材料等。

2. 地下连续墙的优缺点

地下连续墙的优缺点见表 4.3.6。

表 4.3.6 地下连续墙的优缺点

项目	具体内容
用途	深基坑支护结构，建筑物地下室外墙（更经济）
优点	（1）机械化施工、速度快、振动小、适用于城市密集建筑群及夜间施工。 （2）功能多，强度可靠，承载力大；适用于各种复杂地质条件和各种复杂施工条件，无需放坡，土方量小，可在低温下施工，降低成本，缩短时间。 （3）施工安全可靠，不会引起水位降低而造成周围地基沉降。 （4）可用于深基础多层地下室施工
缺点	（1）每段连续墙之间接头质量难以控制，形成结构薄弱点。 （2）墙面粗糙，需加工处理或做衬壁；施工技术要求高，控制点多，制浆及处理系统占地大，管理难度大

（二）施工工艺

1. 导墙施工

（1）构造要求：

1）宜采用混凝土结构，且混凝土强度等级不宜低于 C20。

2）导墙底面不宜设置在新近填土上，且埋深不宜小于 1.5m。

（2）导墙作用：在施工过程中，导墙有作为挡土墙、作为测量的基准、作为重物的支承、存储泥浆等作用。此外，导墙还可以防止雨水等地面水流入槽内。

（3）导墙形式：导墙一般为现浇钢筋混凝土结构，但亦有钢制的或预制钢筋混凝土的装配式结构。一般在表层地基良好地段采用简易形式钢筋混凝土导墙，在表层土软弱的地带采用现浇 L 形钢筋混凝土导墙。

（4）导墙施工顺序：平整场地→测量定位→挖槽及处理弃土→绑扎钢筋→支模板→浇筑混凝土→拆模板并设置横撑→导墙外侧回填土。

2. 开挖槽段

挖槽是地下连续墙施工中的重要工序。挖槽约占地下连续墙工期的一半，因此提高挖槽效率是缩短工期的关键；同时，槽壁的形状决定了墙体的外形，所以挖槽的精度又是保证地下连续墙质量的关键之一。

（1）单元槽段划分：地下连续墙施工前，需预先沿墙体长度方向划分好施工的单元槽段。单元槽段的最小长度不得小于挖土机械挖土工作装置的一次挖土长度；划分单元槽段时还应考虑接头的位置；每个单元槽段，挖槽分段不宜超过 3 个。成槽时，护壁泥浆液面应高于导墙底面 500mm。

（2）挖槽方法见表 4.3.7。

表 4.3.7　挖槽方法

方法	具体内容	
多头钻施工法	特点	挖槽时用钢索悬吊，采用全断面钻进方式，可一次完成一定长度和宽度的深槽。施工槽壁平整，效率高，对周围建筑物影响小
	适用范围	黏性土、砂质土、砂砾层及淤泥等土层
钻抓式施工法	特点	钻抓斗式挖槽机构造简单，出土方便，能抓出地层中障碍物，但当深度大于 15m 及挖坚硬土层时，成槽效率显著降低，成槽精度较多头挖槽机差
	适用范围	黏性土和 *N* 值小于 30 的砂性土，不适用于软黏土
冲击式施工法	特点	设备比较简单，操作容易。但工效较低。槽壁平整度也较差。桩排对接和交错接头采取间隔挖槽施工方法
	适用范围	老黏性土、硬土和夹有孤石等地层，多用于排桩式地下连续墙成孔

3. 泥浆护壁

泥浆护壁见表 4.3.8。

表 4.3.8　泥浆护壁

项目	具体内容
泥浆的组成及作用	泥浆的主要成分是膨润土、掺和物和水
	泥浆的作用主要有：护壁、携砂、冷却和润滑，以护壁为主
泥浆的控制指标	（1）在确定泥浆配合比时，要测定其黏度、相对密度、含砂量、稳定性、胶体率、静切力、pH 值、失水量和泥皮厚度。 （2）对新生产的泥浆、回收重复利用的泥浆，浇筑混凝土前槽内的泥浆，主要测定其黏度、相对密度和含砂量

续表 4.3.8

项目	具体内容	
泥浆的制备、循环与再处理	泥浆制备	一般情况下泥浆搅拌后应静置 24h 后使用
	泥浆循环	泥浆正循环：由于泥浆的流速不大，所以出渣率较低。 泥浆反循环：对于较深的槽段效果更为显著
	泥浆再处理	一般采用重力沉降和机械处理两种方法，最好是二者结合使用

4. 清底

清底的方法一般有沉淀法和置换法两种。我国多采用置换法，清底后槽内泥浆的相对密度应在 1.15g/cm^3 以下。

5. 钢筋笼吊放

钢筋笼端部与接头管或混凝土接头面间应留有 150 ~ 200mm 的空隙，钢筋笼保护层厚度不应小于 70mm。

6. 混凝土浇筑

（1）地下连续墙对混凝土的要求：混凝土强度等级一般为 C30 ~ C40；混凝土的级配除了满足结构强度要求外，还要满足水下混凝土施工的要求；配合比应按重力自密式流态混凝土设计，水与胶凝材料比不应大于 0.55，水泥用量不宜小于 400kg/m^3，入槽坍落度不宜小于 180mm；混凝土应具有良好的和易性和流动性。

（2）混凝土浇灌前的准备工作：导管数量与槽段长度有关。槽段长度小于 4m 时，可使用一根导管；槽段长度不大于 6m 时，混凝土宜采用两根导管同时浇筑；槽段长度大于 6m 时，混凝土宜采用三根导管同时浇筑。导管内径约为粗骨料粒径的 8 倍左右，不得小于粗骨料粒径的 4 倍。混凝土导管接口应密封不漏浆，导管底部应与槽底相距约 200mm。

（3）槽段内混凝土浇灌：导管埋入混凝土面的深度宜为 2.0 ~ 4.0m，只有当混凝土浇灌到地下连续墙墙顶附近，导管内混凝土不易流出的时候，方可将导管的埋入深度减为 1m 左右；混凝土顶面需要比设计高度超浇 0.5m 以上。

7. 槽段接头施工

地下连续墙的接头分为两大类：施工接头和结构接头。

施工接头有接头管接头、接头箱接头、隔板式接头三种形式。接头管是目前地下连续墙施工中采用最多的一种施工接头。

结构接头中的预埋连接钢筋法是应用最多的一种结构接头。

三、隧道工程施工技术

（一）隧道工程施工特点

隧道分为主体建筑物和附属建筑物两部分。主体建筑物由洞身支护结构及洞门组成，在隧道洞口附近容易坍塌或有落石危险时则需加筑明洞。附属建筑物是保证隧道正常使用所需的各种辅助措施，如铁路隧道中的避车洞、通风、消防、报警等设施。

（二）隧道工程施工方法

（1）隧道施工方法的选择主要依据工程地质条件、水文地质条件、埋深大小、隧道断面形状及尺寸，长度、衬砌类型、隧道的使用功能、施工技术条件和施工技术水平及工期要求等因素综合考虑确定。

（2）根据隧道穿越地层的不同情况和目前隧道施工方法的发展，隧道施工方法可按表 4.3.9 方式分类。

隧道工程施工方法见表 4.3.10。

表 4.3.9　隧道施工方法分类

隧道类型	施工方法
山岭隧道	钻爆法
	掘进法
浅埋及 软土隧道	明挖法
	盖挖法
	浅埋深挖法
	盾构法
水底隧道	沉管法
	盾构法

表 4.3.10　隧道工程施工方法

施工方法	具体内容
钻爆法	施工特点： （1）对通风要求高，独头推进长度≤ 2km，城市人口密集区域不能使用。 （2）常用于一般短洞、地下大洞室、非圆形的隧洞、地质条件变化大的地方。 （3）不能用于长洞、没施工条件的、地质条件差、特别软弱的地方。 主要工序： （1）钻孔：目前常用机械为气腿风钻；回转钻机有时采用，孔径 50 ~ 200mm 甚至更大。 （2）通风：主要通风方式有两种。我国大多数工地均采用压入式。 压入式风管为柔性的管壁；吸出式为刚性的排气管
TBM	（1）全断面掘进机：适宜打长洞、通风要求低、洞壁光滑稳定、超挖少。 （2）独臂钻：适宜开挖软岩；不适宜开挖地下水较多、围岩不稳定的地层。 （3）天井钻：开挖竖井或斜井；直径 1.5 ~ 3.5m 甚至更大，深度几十米至二三百米。 （4）带盾构：用于围岩为软弱破碎带
盾构法	（1）分为开放式、部分开放式和封闭式。 （2）掌握好各种盾构机的特征是确定盾构施工法的关键
明挖法	简单成熟、能耗低、费用低；但受气象条件和环境影响大
盖挖法	（1）水平位移小、安全系数高；对地面影响小，受气候影响小。 （2）出土不方便，作业空间小，施工速度慢，费用高。 （3）分为逆作法和顺作法
浅埋暗挖法	（1）用于距离地表较近的地下进行，各种类型地下洞室暗挖施工，土质隧道中应用较广。 （2）对地面影响小，不扰民，不影响交通，不污染城市，简单易行，专用设备少
沉管法	分为钢壳方式和干船坞方式

（三）喷射混凝土

1. 施工准备

喷射施工要按一定顺序有条不紊进行。喷射作业区段的宽度，一般应以 1.5 ~ 2.0m 为宜。对水平坑道，其喷射顺序为先墙后拱、自下而上；侧墙应自墙基开始，拱应自拱脚开始，封拱区宜沿轴线由前向后。

2. 施工工艺

喷射混凝土的效果很大程度上取决于喷射混凝土制作工艺，喷射混凝土有不同的制作方法，主要分为干式喷射喷凝土和湿式喷射喷凝土。

（四）锚杆施工

锚杆施工见表 4.3.11。

表 4.3.11　锚杆施工

项目	具体内容	
锚杆布置	（1）在开挖面上，锚杆通常以一定的排列方式布置在开挖面上，在拱圈处间距较小，在边墙处间距相对较大，锚杆的方向为垂直隧道开挖轮廓线。 （2）在沿隧道纵向上，锚杆常按等间距的方式均匀布置。 （3）当锚杆在沿隧道纵向间距较大时，需采用菱形分布，即在两等间距的锚杆之间，再交叉布置一层锚杆，以增大锚杆的支撑能力	
锚杆施工要点	普通水泥砂浆锚杆施工要点	（1）普通水泥砂浆锚杆，是以普通水泥砂浆作为胶黏剂的全长粘接式锚杆。 （2）砂浆强度等级不低于 M20；砂浆配合比一般为水泥：砂：水 = 1：（1 ~ 1.5）：（0.45 ~ 0.50）。水灰比宜为 0.45 ~ 0.50，砂的粒径 ≥ 3mm。 （3）钻孔方向宜尽量与岩层主要结构面垂直
	早强水泥砂浆锚杆施工要点	（1）它具有早期强度高、承载快、安装方便等优点，可弥补普通水泥砂浆锚杆早期强度低，承载慢的不足，尤其是在软弱、破碎、自稳时间短的围岩中使用早强水泥砂浆锚杆能显示出优越性。 （2）早强水泥砂浆锚杆施工中，注浆作业开始或中途停止超过 30min 时，应测定砂浆坍落度，当其值小于 10mm 时不得注入罐内使用。 （3）早强药包内锚头锚杆施工注意事项。早强药包除按普通水泥砂浆锚杆的规定施工外，尚应符合以下规定： 1）药包直径宜较钻孔直径小 20mm 左右，药卷长度一般为 20 ~ 30cm。 2）钻眼要求同前所述，但孔眼应比锚杆长度短 4 ~ 5cm。 3）将锚杆外端套上连接套筒，装上搅拌机，然后开动搅拌机。再保持 10s 的搅拌时间（搅拌时间约为 30 ~ 40s）
	缝管式摩擦锚杆施工要点	（1）缝管式锚杆可根据需要和机具能力，选择不同直径的钻头和管径。 （2）采用一般风动凿岩机时应配备专用冲击器。 （3）安设锚杆前应吹孔，并核对孔深是否符合设计要求，安设前应检查风压，不得小于 0.4MPa。 （4）安设前先将锚杆套上垫板，将锚杆打入钻孔内，至垫板压紧围岩为止。 （5）在安设推进锚杆过程中，要保持凿岩机——锚杆——钻孔的中心线在同一轴线上。 （6）若作为永久支护，则应作防锈处理，并灌注有膨胀性的砂浆

续表 4.3.11

项目		具体内容
锚杆施工要点	胀壳式内锚头预应力锚索施工要点	该锚杆常用于中等以上的围岩中，可在较小的施工现场中作业、常用于高边坡、大坝以及在大跨度地下隧道洞室的抢修加固及支护。 （1）加工应符合设计质量要求，在存放、运输及安装过程中，不得有损伤和变形。 （2）钻孔一般采用冲击式浅孔钻，也可选用各种旋转式地质钻。 （3）锚索安装要平直不紊乱。同时安设排气管。 （4）预应力无明显衰减时，才最后锁定且 48h 内再检查

四、地下工程特殊施工技术

地下工程特殊施工技术见表 4.3.12。

表 4.3.12 地下工程特殊施工技术

项目	具体内容
长距离顶管技术	技术特点：无需挖槽或在水下开挖土方，施工速度快，降低造价，能穿越河流湖海。 顶进长度：最佳施工条件下，一次顶进长度为 100m。 关键技术：顶力问题：采用润滑剂减阻或中继接力技术。 方向控制：长距离顶管技术成败的关键之一。 制止正面塌方：本质是克服地下水问题。 中继接力顶进：管道中设置中继环，分段克服摩擦阻力，解决定力不足问题
气动夯管锤铺管施工	适用范围广：几乎适应除了岩层以外的所有地层。 精度高：可击碎穿越障碍物，具有较好的目标准确性。 地表影响小：地表不会产生隆起或沉降。 铺管长度短：适合较短的管道铺设。 材料有要求：管道材料必须是钢材，其他材料需外套钢管。 投资成本低：施工简单、进度快、耗材少，成本低。 工作坑要求低：需要很小的施工深度，无须复杂的深基坑支护技术。 安全可靠：穿越河流时，无须清理管内土体，无渗水现象
导向钻进法施工	钻头的选择依据： （1）在淤泥质黏土中施工，一般采用较大的钻头，以适应变向的要求。 （2）在干燥软黏土中施工，采用中等尺寸钻头一般效果最佳。 （3）在硬黏土中，较小的钻头效果比较理想，但在施工中要保证钻头至少要比探头外筒的尺寸大 12mm 以上。 （4）在钙质土层中，钻头向前推进十分困难，所以，较小直径的钻头效果最佳。 （5）在粗粒砂层，中等规格的钻头使用效果最佳。 （6）对于砂质淤泥，中等到大尺寸钻头效果较好。 （7）对于致密砂层，小尺寸锥形钻头效果最好，但要确保钻头尺寸大于探头筒的尺寸。 （8）在砾石层中施工，镶焊小尺寸硬质合金的钻头使用效果较佳。 （9）对于固结的岩层，使用孔内动力钻具钻进效果最佳

续表 4.3.12

<table>
<tr><th>项目</th><th colspan="2">具体内容</th></tr>
<tr><td>逆作法</td><td colspan="2">（1）分类：全逆作法、部分逆作法、分层逆作法。
（2）适用范围：建筑群密集，相邻建筑物较近，地下水位较高，地下室埋深大和施工场地狭小的高（多）层地上、地下建筑</td></tr>
<tr><td rowspan="2">沉井法</td><td colspan="2">沉井法施下的主要工序为：测量放线、开挖基坑和搭设工作台→铺设垫层、承垫木→沉井制作→抽取垫木→挖土下沉→封底、回填、浇筑其他部分结构。
沉井下沉至标高，应进行沉降观测，当 8h 内下沉量 ≤ 10mm 时，方可封底</td></tr>
<tr><td>沉井纠偏</td><td>由于土质不均匀或出现障碍物以及施工管理不严，都会造成沉井施工偏差。偏差主要包括倾斜和位移两方面</td></tr>
<tr><td>其他非开挖施工方法</td><td colspan="2">气动夯管锤铺管法和导向钻进法都属于非开挖管线工程施工技术，一般适用于管径小于 900mm 的管线铺设工程</td></tr>
</table>

本章考分统计

本章考分统计表

节	2023 年	2022 年	2021 年	2020 年	2019 年
第一节	13	13	13	11	11
第二节	5	7	7	4	11
第三节	7	5	5	1	3

本章考点点评

第四章内容较多，考点繁杂，包括三大部分：

第一节：建筑工程施工技术，这是本章的重点，包括土石方工程施工技术、地基与基础工程施工技术、主体结构工程施工技术、防水工程施工技术、节能工程施工技术以及装饰装修工程施工技术。每部分都会考查，考点比较多，考查分数也在 10 分以上。需要考生结合历年真题总结各个考点，不能遗漏。

第二节：道路、桥梁与涵洞工程施工技术中，道路工程中的路基施工和桥梁工程中桥梁上部工程施工技术是考查重点。重点掌握一般路基土方施工、软土路基施工、路基石方爆破施工、桥梁上部结构施工方法等。

第三节：地下工程施工技术较上两节考查内容较少，深基坑施工技术、隧道工程施工技术和地下连续墙施工技术会有相应的考查。

第五章 工程计量

第一节　工程计量的基本原理与方法

真题解析

一、2023年考题

1. 根据《房屋建筑与装饰工程工程量计算规范》GB 50854—2013规定，下列关于清单项目工作内容的说法，正确的是（　　）。

A. 体现清单项目质量或特性的要求或标准

B. 对于一项明确的分部分项工程项目，无法体现其工程成本

C. 体现施工所用材料的规格

D. 体现施工过程中的工艺和方法

【答案】D

【解析】项目特征体现的是清单项目质量或特性的要求或标准，工作内容体现的是完成一个合格的清单项目需要具体做的施工作业和操作程序，对于一项明确了分部分项工程项目或措施项目，工作内容确定了其工程成本。不同的施工工艺和方法，工作内容也不一样，工程成本也就有了差别。在编制工程量清单时一般不需要描述工作内容。

【考点】工程量计算规范和消耗量——综合考点。

2. 根据《房屋建筑与装饰工程工程量计算规范》GB 50854—2013规定，下列关于工程计量时不同计量单位工程量数据汇总后的计取方法，正确的是（　　）。

A. 以“t”为单位，应取整数

B. 以“m”“m^2”为单位，应保留小数点后两位数字，第三位小数四舍五入

C. 以“m”“kg”为单位，应保留小数点后三位数字，第四位小数四舍五入

D. 以“个”“根”为单位，应保留小数点后两位数字，第三位小数四舍五入

【答案】B

【解析】工程计量时每一项目汇总的有效位数应遵守下列规定：

（1）以“t”为单位，应保留小数点后三位数字，第四位小数四舍五入。

（2）以“m”“m^2”“m^3”“kg”为单位，应保留小数点后两位数字，第三位小数四舍五入。

（3）以“个”“件”“根”“组”“系统”为单位，应取整数。

【考点】工程量计算规范和消耗量——项目编码和计量单位。

3. 根据《房屋建筑与装饰工程工程量计算规范》GB 50854—2013，下列关于按施工图图示尺寸（数量）计算工程数量净值的说法，正确的是（　　）。

A. 一般需要考虑因具体的施工方法和现场实际情况而发生的施工余量

B. 一般需要考虑因具体的施工工艺而发生的施工余量

C. 现浇构件钢筋工程量计算中“设计图示长度”包括施工搭接或施工余量

D. 现浇构件钢筋工程量计算中“设计图示长度”包括设计（含规范规定）标明的搭接、锚固长度

【答案】D

【解析】现浇构件中伸出构件的锚固钢筋应并入钢筋工程量内。除设计（包括规范规定）标明的搭接外，其他施工搭接不计算工程量，在综合单价中综合考虑。

【考点】工程量计算规范和消耗量——工程量计算规范。

4. 根据平法标准图集 22G101–2 注写方式规定，下列关于建筑结构施工图中注写的“AT3，*h*=120，1 600/10，Φ10@200；Φ12@150，FΦ8@250”各项参数所表达含义说法，正确的有（　　）。

A. 构造边缘构件

B. 梯板厚度 120

C. 踏步段总高度 1 600

D. 上部纵筋 Φ10@200，下部纵筋 Φ12@150

E. 梯板分布筋 FΦ8@250

【答案】BCDE

【解析】AT3 表示梯板类型及编号，*h*=120 表示梯板类型及编号，梯板板厚；1 600/12 表示踏步段总高度 / 踏步级数；Φ10@200；Φ12@150 表示上部纵筋，下部纵筋；FΦ8@250 表示梯板分布筋。

【考点】平法标准图集——现浇混凝土板式楼梯平法施工图注写方式。

二、2022 年考题

1. 异型柱的项目特征可不描述的是（　　）。

A. 项目编码　　B. 形状

C. 混凝土强度等级　　D. 混凝土类别

【答案】A

【解析】异型柱，需要描述的项目特征有柱形状、混凝土类别、混凝土强度等级。

【考点】工程量计算规范和消耗量——项目特征。

2. 关于消耗量定额与工程量计算规范，下列说法正确的是（　　）。

A. 消耗量定额章节的划分和工程量计算规范中分部工程的划分基本一致

B. 消耗量定额的项目编码与工程量计算规范项目编码基本一致

C. 工程量计算规范中考虑了施工方法

D. 消耗量定额体现了“综合实体”

【答案】B

【解析】本题考查的是工程量计算规范和消耗量定额。消耗量定额章节划分与工程量计算规范附录顺序基本一致。消耗量定额项目计量考虑了一定的施工方法、施工工艺和现场实际情况，而工程量计算规范规定的工程量主要是完工后的净量。消耗量定额项目划分一般是基于施工工序设置的，体现施工单元，包含的工作内容相对单一；而工程量计算规范清单项目划分一般是基于“综合实体”设置的，体现功能单元，包括的工作用内容往往不止一项（即一个功能单元可能包括多个施工单元或者一个清单项目可能包括多个定额项目）。

【考点】综合考点。

3. 根据平法图对柱的标注规定，QZ 表示（　　）。

A. 墙柱　　B. 芯柱

C. 剪力墙暗柱　　D. 剪力墙上柱

【答案】D

【解析】QZ 表示剪力墙上柱。

【考点】平法标准图集——柱编号。

4. 以下关于梁钢筋平法的说法，正确的是（　　）。

A. KL（5） 300×700　Y300×400，Y 代表水平加腋

B. 梁侧面钢筋 G4⌀12 代表两侧为 2⌀12 的纵向构造钢筋

C. 梁上部钢筋与架立筋规格相同时可合并标注

D. 板支座原位标注包含板上部贯通筋

【答案】B

【解析】梁平法施工图中 Y 代表竖向加腋；当同排纵筋中既有通长筋又有架立筋时，应用“+”将通长筋和架立筋相联。板支座原位标注的内容为板支座上部非贯通纵筋和悬挑板上部受力钢筋。

【考点】平法标准图集——梁编号。

5. 某钢筋混凝土楼面板，其集中标注为“LB5　h=110　B: X⌀10/12@100，Y⌀10@110”，下列说法正确的是（　　）。

A. LB5 表示该层有 5 块相同的板

B. X⌀10/12@100 表示 X 方向，上部为⌀10 钢筋，下部为⌀12 钢筋，间距 100mm

C. Y⌀10@110 表示下部 Y 方向贯通，纵向钢筋为⌀10，间距 110mm

D. 当轴网向心布置时，径向为 Y 向

E. 当轴网正交布置时，从下至上为 Y 向

【答案】CDE

【解析】注写为 LB5　h=110　B: X⌀10/12@100，Y⌀10@110 表示 5 号楼面板、板厚 110mm，板下部配置的贯通纵筋 X 向为⌀10 和⌀12 隔一布一、间距 100mm，Y 向贯通纵筋⌀10@110。当两向轴网正交布置时，图面从左至右为 X 向，从下至上为 Y 向；当轴网向心布置时，切向为 X 向，径向为 Y 向。

【考点】平法标准图集——有梁楼盖平法施工图注写方式。

三、2021 年考题

1. 工程量清单编制过程中，砌筑工程中砖基础的编制，特征描述包括（　　）。

A. 砂浆制作　　B. 防潮层铺贴

C. 基础类型　　D. 运输方式

【答案】C

【解析】“010401001 砖基础”的项目特征：①砖品种、规格、强度等级；②基础类型；③砂浆强度等级；④防潮层材料种类。工作内容：①砂浆制作、运输；②砌砖；③防潮层铺设；④材料运输。

【考点】工程量计算规范和消耗量——项目特征。

2. 下面关于剪力墙平法施工图是“YD5　1 000　+1.800　6⏀20　ϕ8@150　2⏀16”，下面说法正确的是（　　）。

A. YD5　1 000 表示 5 号圆形洞口，半径 1 000mm

B. +1.800 表示洞口中心距上层结构层下表面距离 1 800mm

C. ϕ8@150 表示加强暗梁的箍筋

D. 6⏀20 表示洞口环形加强钢筋

【答案】C

【解析】YD5 1 000　+1.800　6⏀20　ϕ8@150　2⏀16 表示 5 号圆形洞口，直径 1 000mm，洞口中心距本结构层楼面 1 800mm，洞口上下设补强暗梁，每边暗梁纵筋为 6⏀20，箍筋为 ϕ8@150，环向加强钢筋 2⏀16。

【考点】平法标准图集——剪力墙平法施工图注写方式。

3. 关于统筹图计算工程量，下列说法正确的是（　　）。

A.“三线”是指建筑物外墙中心线、外墙净长线和内墙中心线

B.“一面”是指建筑物建筑面积

C. 统筹图中的主要程序线是指在分部分项项目上连续计算的线

D. 计算分项工程量是在“线”“面”基数上计算的

【答案】D

【解析】“三线”是指建筑物的外墙中心线、外墙外边线和内墙净长线；“一面”是指建筑物的底层建筑面积。主要程序线是指在“线”“面”基数上连续计算项目的线，次要程序线是指在分部分项项目上连续计算的线。

【考点】工程量计算的方法——统筹图。

4. 关于工程量计算规范和消耗量定额的描述，下列说法正确的有（　　）。

A. 消耗量定额一般是按施工工序划分项目的，体现功能单元

B. 工程量计算规范一般按“综合实体”划分清单项目，工作内容相对单一

C. 工程量计算规范规定的工程量主要是图纸（不含变更）的净量

D. 消耗量定额项目计量考虑了施工现场实际情况

E. 消耗量定额与工程量计算规范中的工程量基本计算方法一致

【答案】DE

【解析】消耗量定额项目划分一般是基于施工工序设置的，体现施工单元，包含的

工作内容相对单一；而工程量计算规范清单项目划分一般是基于“综合实体”设置的，体现功能单元，包括的工作内容往往不止一项（即一个功能单元可能包括多个施工单元或者一个清单项目可能包括多个定额项目）。消耗量定额项目计量考虑了不同施工方法和加工余量的实际数量，即消耗量定额项目计量考虑了一定的施工方法、施工工艺和现场实际情况，而工程量计算规范规定的工程量主要是完工后的净量［或图纸（含变更）的净量］。消耗量定额中的工程量计算规则与工程量计算规范中的计算规则基本计算方法也是一致的。

【考点】工程量计算规范和消耗量综合考点。

四、2020 年考题

1. 工程计量单位正确的是（　　）。

A. 换土垫层以“m^2”为计量单位　　B. 砌块墙以“m^2”为计量单位

C. 混凝土以“m^3”为计量单位　　D. 墙面抹灰以“m^3”为计量单位

【答案】C

【解析】换土垫层，按设计图示尺寸以体积“m^3”计算，砌块墙以“m^3”为计量单位，墙面抹灰以“m^2”为计量单位，混凝土以“m^3”为计量单位。

【考点】工程计量的有关概念——工程量的含义。

2. 工程量清单项目中的钢筋工程量应是（　　）。

A. 设计图示钢筋长度的钢筋净重量　　B. 不计入搭接和锚固钢筋的用量

C. 设计图示钢筋总消耗量　　D. 计入施工余量的钢筋用量

【答案】A

【解析】采用《房屋建筑与装饰工程工程量计算规范》GB 50854—2013 工程量计算规则计算的工程量一般为施工图纸的净量，不考虑施工余量。

【考点】工程计量的有关概念——工程量计算规则。

3. 有梁楼盖平法施工图中标注的 XB2　*h*=120/80；B：*X*cϕ8@150；B：*Y*cϕ8@200；T：*X*ϕ8@150 理解正确的是（　　）。

A. XB2 表示“2 块楼面板”

B.“*X*cϕ8@150”表示“板下部配 *X* 向构造筋 ϕ8@150”

C.“*Y*cϕ8@200”表示“板上部配构造筋 ϕ8@200”

D.“*X*ϕ8@150”表示“竖向和 *X* 向配贯通纵筋 ϕ8@150”

【答案】B

【解析】XB2 表示“2 号楼面板”；*Y*cϕ8@200 表示“板下部配 *Y* 向构造筋 ϕ8@200”；*X*ϕ8@150 表示“*X* 向配贯通纵筋 ϕ8@150”。

【考点】平法标准图集——有梁楼盖平法施工图注写方式。

4. 工程量清单要素中的项目特征，其主要作用体现在（　　）。

A. 提供确定综合单价和依据　　B. 描述特有属性

C. 明确质量要求　　D. 明确安全要求

E. 确定措施项目

【答案】ABC

【解析】项目特征是表征构成分部分项工程项目、措施项目自身价值的本质特征，是对体现分部分项工程量清单、措施项目清单价值的特有属性和本质特征的描述，从本质上讲，项目特征体现的是对清单项目的质量要求，是确定一个清单项目综合单价不可缺少的重要依据，在编制工程量清单时，必须对项目特征进行准确和全面的描述。

【考点】工程量计算规范和消耗量——项目特征。

五、2019 年考题

1. 工程量清单项目特征描述主要说明（　　）。

A. 措施项目的质量安全要求

B. 确定综合单价需考虑的问题

C. 清单项目的计算规则

D. 分部分项项目和措施项目的区别

【答案】B

【解析】项目特征是表征构成分部分项工程项目、措施项目自身价值的本质特征，是对体现分部分项工程量清单、措施项目清单价值的特有属性和本质特征的描述。从本质上讲，项目特征体现的是对清单项目的质量要求，是确定一个清单项目综合单价不可缺少的重要依据，在编制工程量清单时，必须对项目特征准确和全面的描述。工程量清单项目特征描述的重要意义在于项目特征是区分具体清单项目的依据，是确定综合单价的前提；是履行合同义务的基础。项目特征描述的内容应按工程量计算规范附录中的规定，结合拟建工程的实际，能满足确定综合单价的需要。

【考点】工程量计算规范和消耗量——项目特征。

2. 对独立柱基础底板配筋平法标注图中的“T：7⌀18@100/⌀10@200”，理解正确的是（　　）。

A.“T”表示底板底部配筋

B.“7⌀18@100”表示 7 根 HRB335 级钢筋，间距 100mm

C.“⌀10@200”表示直径为 10mm 的 HRB335 级钢筋，间距 200mm

D.“7⌀18@100”表示 7 根受力筋的配置情况

【答案】D

【解析】基础底板顶部配筋以 T 表示，T 后先注写受力筋，再注写分布筋，并用“/”分开。

“/”前 7⌀18@100 表示配置平行于两柱轴心连线的受力筋 7 根（压轴线一根，两边按间距 100mm 各布 3 根），HRB400 级钢筋，直径为 18mm。“/”后⌀10@200 表示沿底板顶部受力筋下垂直布置分布筋，HRB400 级钢筋，直径为 10mm，每隔 200mm 布置 1 根。

【考点】平法标准图集——独立基础平法施工图注写方式。

3. 工程量计算规范中“工作内容”的作用有（　　）。

A. 给出了具体施工作业内容

B. 体现了施工作业和操作程序

C. 是进行清单项目组价基础

D. 可以按工作内容计算工程成本

E. 反映了清单项目的质量和安全要求

【答案】ABCD

【解析】工作内容是指为了完成工程量清单项目所需要发生的具体施工作业内容。工程量计算规范附录中给出的是一个清单项目可能发生的工作内容，在确定综合单价时需要根据清单项目特征中的要求、具体的施工方案等确定清单项目的工作内容，是进行清单项目组价的基础。工作内容体现的是完成一个合格的清单项目需要具体做的施工作业和操作程序，对于一项明确了的分部分项工程项目或措施项目，工作内容确定了其工程成本。

【考点】工程量计算规范和消耗量——工作内容。

考点统计

通过对上述5年的考题统计，本节涉及的考点主要是工程计量的有关概念、工程量计算规范和消耗量、平法标准图集、工程量计算的方法。近5年涉及本节的真题共有20题，具体考点的考核频次如表5.1.1所示。

表5.1.1　第五章第一节考点考核频次表

序号	知识点	具体考点	考核频次
1	工程计量的有关概念	工程量的含义	1
		工程量计算规则	1
2	工程量计算规范和消耗量	项目特征	4
		工作内容	1
		工程量计算规则	1
		项目编码和计量单位	1
		综合考点	3
3	平法标准图集	有梁楼盖平法施工图注写方式	2
		现浇混凝土板式楼梯平法施工图注写方式	1
		独立基础平法施工图注写方式	1
		梁编号	1
		剪力墙	2
4	工程量计算的方法	统筹图	1

知识点凝练

一、工程计量的有关概念

1. 工程量的含义

工程量计算是工程计价活动的重要环节，是指建设工程项目以工程设计图纸、施工组织设计或施工方案及有关技术经济文件为依据，按照相关工程国家标准的计算规则、计量单位等规定进行工程数量的计算活动，在工程建设中简称工程计量。

2. 工程量的作用

工程量是确定建筑安装工程造价的重要依据，是承包方生产经营管理的重要依据，是发包方管理工程建设的重要依据。

3. 工程量计算规则

采用工程量计算规范中的工程量计算规则，计算的工程量一般为施工图纸的净量，不考虑施工余量。

二、工程量计算规范和消耗量

工程量计算规范见表 5.1.2–1。

表 5.1.2–1　工程量计算规范

项目	具体要求
项目编码	12 位：1 ~ 2 专业；3 ~ 4 分类；5 ~ 6 分部；7 ~ 9 分项；10 ~ 12 清单项目顺序。 当同一标段（或合同段）的一份工程量清单中含有多个单位工程且工程量清单是以单位工程为编制对象时，在编制工程量清单时应特别注意对项目编码 10 ~ 12 位的设置不得有重码
项目名称	按工程量计算规范附录中的项目名称结合拟建工程实际确定
项目特征	项目特征是表征构成分部分项工程项目、措施项目自身价值的本质特征，是对体现分部分项工程量清单、措施项目清单价值的特有属性和本质特征的描述，从本质上讲，项目特征体现的是对清单项目的质量要求，是确定一个清单项目综合单价不可缺少的重要依据，在编制工程量清单时，必须对项目特征进行准确和全面的描述。 工程量清单项目特征描述的重要意义：项目特征是区分具体清单项目的依据；项目特征是确定综合单价的前提；项目特征是履行合同义务的基础。项目特征描述的内容应按工程量计算规范附录中的规定，结合拟建工程的实际，能满足确定综合单价的需要
计量单位	（1）t：保留小数点后三位数字。 （2）m、m^2、m^3、kg：保留小数点后两位数字。 （3）个、件、根、组、系统：取整数。 在同一个建设项目（或标段、合同段）中，有多个单位工程的相同项目计量单位必须保持一致
计算规则	按施工图图示尺寸（数量）计算工程实体工程数量的净值

续表 5.1.2–1

项目	具体要求
工作内容	工作内容是指为了完成工程量清单项目所需要发生的具体施工作业内容。工程量计算规范附录中给出的是一个清单项目可能发生的工作内容，在确定综合单价时需要根据清单项目特征中的要求、具体的施工方案等确定清单项目的工作内容，是进行清单项目组价的基础。 工作内容体现的是完成一个合格的清单项目需要具体做的施工作业和操作程序，对于一项明确了的分部分项工程项目或措施项目，工作内容确定了其工程成本
清单补充	编制人补充，报省级或行业工程造价管理机构备案，机构汇总后报住建部标准定额研究所

三、平法标准图集

（一）实施平法的优点

（1）减少图纸数量。平法把结构设计中的重复性内容做成标准化的节点构造，把结构设计中创造性内容使用标准化的方法来表示，这样按平法设计的结构施工图就可以简化为两部分：一是各类结构构件的平法施工图，二是图集中的标准构造详图。所以，大大减少了图纸数量。

（2）实现平面表示，整体标注。

（二）主要构件的平法注写方式

1. 柱平法施工图的注写方式

柱编号由柱类型代号和序号组成，柱的类型代号有框架柱（KZ）、转换柱（ZHZ）、芯柱（XZ）。

2. 梁平法施工图的注写方式

梁的平面注写包括集中标注与原位标注。原位标注优先于集中标注。

（1）梁编号。梁编号由梁类型代号、序号、跨数及有无悬挑代号组成。梁的类型代号有楼层框架梁（KL）、楼层框架扁梁（KBL）、屋面框架梁（WKL）、框支梁（KZL）、托柱转换梁（TZL）、非框架梁（L）、悬挑梁（XL）、井字梁（JZL），A 为一端悬挑，B 为两端悬挑，悬挑不计跨数。如 KL7（5A）表示 7 号楼层框架梁，5 跨，一端悬挑。

（2）梁箍筋。如 ϕ8@100（4）/150（2），表示箍筋为 HPB300 钢筋，直径为 8，加密区间距为 100，四肢箍；非加密区间距为 150，两肢箍。

（3）梁截面尺寸表示如表 5.1.2–2。

表 5.1.2–2 梁截面尺寸

分类	具体要求
等截面梁	用 $b \times h$ 表示
竖向加腋梁	$b \times h$、Y$c1 \times c2$ 表示，其中 $c1$ 为腋长，$c2$ 为腋高
水平加腋梁	用 $b \times h$、PY$c1 \times c2$ 表示，其中 $c1$ 为腋长，$c2$ 为腋宽
悬挑梁且根部和端部的高度不同	用斜线分隔根部与端部的高度值，即为 $b \times h_1/h_2$

3. 有梁楼盖平法施工图的注写方式

为方便设计表达和施工识图，规定结构平面的坐标方向：当两向轴网正交布置时，图面从左至右为 X 向，从下至上为 Y 向；当轴网向心布置时，切向为 X 向，径向为 Y 向。

板类型及代号为楼面板（LB）、屋面板（WB）、悬挑板（XB）。贯通钢筋按板块的下部和上部分部注写，B 代表下部，T 代表上部。

4. 独立基础平法施工图的注写方式

16G101 图集中混凝土基础的平法标注规则包括了独立基础、条形基础、筏形基础和桩基础。独立基础平法施工图有平面注写与截面注写两种表达方式。普通独立基础的平面注写方式可分为集中标注和原位标注。

（1）集中标注包括基础形式和编号、截面竖向尺寸、配筋三项必注内容，以及基础底面标高（与基础底面基准标高不同时）和必要的文字注解两项选注内容。

（2）原位标注主要标注独立基础的平面尺寸。

5. 剪力墙平法施工图的注写方式

剪力墙由墙身、墙梁和墙柱共同组成的。剪力墙构件的平面表达方式有列表注写和截面注写两种。

（1）剪力墙构件列表注写方式。列表注写方式是分别在剪力墙柱表、剪力墙身表和剪力墙梁表中，对应于剪力墙平面布置图上的编号，用绘制截面配筋图并注写几何尺寸与配筋具体数值的方式，来表达剪力墙平法施工图。

（2）剪力墙构件截面注写方式。截面注写方式是在分标准层绘制的剪力墙平面布置图上，以直接在墙柱、墙身、墙梁上注写截面尺寸和配筋具体数值的方式来表达剪力墙平法施工图。

6. 现浇混凝土板式楼梯平法施工图的注写方式

（1）楼梯包含 AT–GT、ATa、ATb、ATc、CTa、CTb 共 12 种类型。

（2）楼梯注写：楼梯编号由梯板代号和序号组成，如 AT× ×、BT× ×、ATa× × 等。

（3）平面注写方式包括集中标注和外围标注。

（4）剖面注写方式。

四、工程量计算的方法

1. 工程量计算顺序

工程量计算顺序见表 5.1.3。

表 5.1.3　工程量计算顺序

项目	具体内容
单位工程计算顺序	（1）按图纸顺序。 （2）按消耗量定额的分部分项顺序。 （3）按工程量计算规范顺序。 （4）按施工顺序
单个分部分项工程计算顺序	（1）按顺时针方向计算。 （2）按“先横后竖、先上后下、先左后右”计算。 （3）按图纸分项编号顺序计算。 （4）按图纸上定位轴线编号计算

2. 统筹法

统筹法相关知识见表 5.1.4。

表 5.1.4 统筹法

项目	具体内容
“三线一面”	三线：建筑物外墙中心线、外墙外边线和内墙净长线。 一面：建筑物的底层建筑面积
汇编成册	将常用数据一次算出，汇编成册；规律较明显的如槽、沟断面等一次算出，编制入册
常见情况	（1）分段计算：基础断面不同。 （2）分层计算：各层建筑面积或砌体砂浆强度等级不同。 （3）补加计算：保留相同，增加不同。 （4）补减计算：保留相同，扣除不同
统筹图的含义	“三线一面”为基数，连续计算与之有共性关系的分部分项工程量

3. 信息技术的应用

BIM 技术将改变工程量计算方法，将工程量计算规则、消耗量指标与 BIM 技术相结合，实现由设计信息到工程造价信息的自动转换，使得工程量计算更加快捷、准确和高效。

云计算是将工程量放入“云端”进行计算，协作完成，不仅可保证计量质量，提高计算速度，也能减少对本地资源的需求，显著提高计算的效率，降低成本。

第二节 建筑面积计算

真题解析

一、2023 年考题

1. 根据《建筑工程建筑面积计算规范》GB/T 50353—2013 规定，下列建筑结构部位应按 1/2 计算建筑面积的是（　　）。

A. 建筑物内设有二层及以上局部楼层时，有围护结构且结构层高在 2.20m 及以上的部位

B. 建筑物架空层及坡地建筑物吊脚架空层，结构层高在 2.20m 及以上的部位

C. 形成建筑空间的坡屋顶，结构净高在 1.20m 及以上至 2.10m 以下的部位

D. 建筑物半地下室结构层高在 2.20m 及以上的部位

【答案】C

【解析】形成建筑空间的坡屋顶，结构净高在 2.10m 及以上的部位应计算全面积；结构净高在 1.20m 及以上至 2.10m 以下的部位应计算 1/2 面积；结构净高在 1.20m 以下

的部位不应计算建筑面积。

【考点】应计算建筑面积的范围及规则——综合考点。

2. 根据《建筑工程建筑面积计算规范》GB/T 50353—2013 规定，下列建筑面积计算说法正确的是（　　）。

A. 建筑物门厅、大厅内设置的结构层高在 2.20m 及以上的走廊，按走廊结构底板水平投影面积 1/2 计算建筑面积

B. 建筑物间的架空走廊，无围护结构、有围护设施的，按其结构底板水平投影面积计算 1/2 面积

C. 立体车库，无围护结构、有围护设施的，按其围护设施外围水平面积计算建筑面积

D. 有围护结构的舞台灯光控制室，结构层高在 2.20m 以下的，不计算建筑面积

【答案】B

【解析】选项 A 错误，建筑物的门厅、大厅应按一层计算建筑面积，门厅、大厅内设置的走廊应按走廊结构底板水平投影面积计算建筑面积。结构层高在 2.20m 及以上的，应计算全面积；结构层高在 2.20m 以下的，应计算 1/2 面积。选项 B 正确，建筑物间的架空走廊，有顶盖和围护结构的，应按其围护结构外围水平面积计算全面积；无围护结构、有围护设施的，应按其结构底板水平投影面积计算 1/2 面积。选项 C 错误，立体书库、立体仓库、立体车库。有围护结构的，应按其围护结构外围水平面积计算建筑面积；无围护结构、有围护设施的，应按其结构底板水平投影面积计算建筑面积。选项 D 错误，有围护结构的舞台灯光控制室，应按其围护结构外围水平面积计算。结构层高在 2.20m 及以上的，应计算全面积；结构层高在 2.20m 以下的，应计算 1/2 面积。

【考点】应计算建筑面积的范围及规则——综合考点。

3. 根据《建筑工程建筑面积计算规范》GB/T 50353—2013 规定，下列关于建筑物附属部分建筑面积计算说法，正确的是（　　）。

A. 附属在建筑物外墙结构层高在 2.20m 及以上的落地窗，应按其围护结构外围水平面积计算 1/2 面积

B. 结构层高在 2.20m 以下的门斗应按其围护结构外围水平面积计算全面积

C. 有柱雨篷应按其结构板水平投影面积计算全面积

D. 无柱雨篷的结构外边线至外墙结构外边线的宽度在 2.10m 及以上的，应按雨篷结构板的水平投影面积的 1/2 计算建筑面积

【答案】D

【解析】选项 A 错误，附属在建筑物外墙的落地橱窗，应按其围护结构外围水平面积计算。结构层高在 2.20m 及以上的，应计算全面积；结构层高在 2.20m 以下的，应计算 1/2 面积。选项 B 错误，门斗应按其围护结构外围水平面积计算建筑面积。结构层高在 2.20m 及以上的，应计算全面积；结构层高在 2.20m 以下的，应计算 1/2 面积。选项 C 错误，有柱雨篷应按其结构板水平投影面积的 1/2 计算建筑面积。选项 D 正确，无柱雨篷的结构外边线至外墙结构外边线的宽度在 2.10m 及以上的，应按雨篷结构板的水平投影面积的 1/2 计算建筑面积。

【考点】应计算建筑面积的范围及规则——综合考点。

4. 根据《建筑工程建筑面积计算规范》GB/T 50353—2013 规定，下列关于建筑物结构部分建筑面积计算说法，正确的是（　　）。

A. 设在建筑物顶部有围护结构，结构层高在 2.20m 及以上的电梯机房，应计算 1/2 面积

B. 围护结构不垂直于水平面，结构净高在 2.10m 及以上的楼层，应按其底板面的外墙外围水平面积计算全面积

C. 建筑物有顶盖的采光井，结构净高在 2.10m 以下的，不计算面积

D. 室外楼梯应并入所依附建筑物的自然层，并应按其水平投影面积计算全面积

【答案】B

【解析】选项 A 错误，设在建筑物顶部的、有围护结构的楼梯间、水箱间、电梯机房等结构层高在 2.20m 及以上的应计算全面积；结构层高在 2.20m 以下的，应计算 1/2 面积。选项 B 正确，围护结构不垂直于水平面的楼层，应按其底板面的外墙外围水平面积计算。结构净高在 2.10m 及以上的部位，应计算全面积；结构净高在 1.20m 及以上至 2.10m 以下的部位，应计算 1/2 面积；结构净高在 1.20m 以下的部位，不应计算建筑面积。选项 C 错误，有顶盖的采光井应按一层计算面积，结构净高在 2.10m 及以上的，应计算全面积，结构净高在 2.10m 以下的，应计算 1/2 面积。选项 D 错误，室外楼梯应并入所依附建筑物的自然层，并应按其水平投影面积的 1/2 计算建筑面积。

【考点】建筑面积计算规则与方法——综合考点。

5. 根据《建设工程建筑面积计算规范》GB/T 50353—2013 规定，下列建筑物最底层结构层高的说法，正确的是（　　）。

A. 从混凝土底板的上表层算至上层楼板结构层的上表面

B. 无混凝土底板、有地面构造的，从地面构造中最上一层混凝土垫层或混凝土找平层上表面，算至上层楼板结构层上表面

C. 从混凝土底板的下表面，算至上层楼板结构层的上表面

D. 从混凝土底板上反梁下表面，算至上层楼板结构层上表面

E. 从混凝土底板上反梁上表面，算至上层楼板结构层上表面

【答案】ABE

【解析】结构层高是指楼面或地面结构层上表面至上部结构层上表面之间的垂直距离。上下均为楼面时，结构层高是相邻两层楼板结构层上表面之间的垂直距离；建筑物最底层，从“混凝土构造”的上表面，算至上层楼板结构层上表面（分两种情况：一是有混凝土底板的，从底板上表面算起，如底板上有上反梁，则应从上反梁上表面算起；二是无混凝土底板、有地面构造的，以地面构造中最上一层混凝土垫层或混凝土找平层上表面算起）；建筑物顶层，从楼板结构层上表面算至屋面板结构层上表面。

【考点】建筑面积计算规则与方法——自然层按楼地面结构分层的楼层结构层高的计算。

二、2022 年考题

1. 根据《建筑工程建筑面积计算规范》GB/T 50353—2013，建筑面积应按自然层外

墙结构外围水平面积之和计算，应计算全面积的层高是（　　）。

A. 2.20m 以上　　B. 2.20m 及以上

C. 2.10m 以上　　D. 2.10m 及以上

【答案】B

【解析】建筑物的建筑面积应按自然层外墙结构外围水平面积之和计算。结构层高在 2.20m 及以上的，应计算全面积；结构层高在 2.20m 以下的，应计算 1/2 面积。

【考点】应计算建筑面积的范围及规则——围护结构的内容。

2. 根据《建筑工程建筑面积计算规范》GB/T 50353—2013，关于地下室与半地下室建筑面积，下列说法正确的是（　　）。

A. 结构净高在 2.10m 以上的计算全面积

B. 室内地坪低于室外地坪的高度超过室内净高的 1/2 者为地下室

C. 外墙为变截面的，按照外墙上口外围计算全面积

D. 地下室外墙结构应包括保护墙

【答案】B

【解析】地下室、半地下室应按其结构外围水平面积计算。结构层高在 2.20m 及以上的，应计算全面积；结构层高在 2.20m 以下的，应计算 1/2 面积。

（1）地下室、半地下室按"结构外围水平面积"计算，而不按"外墙上口"取定。

（2）当外墙为变截面时，按地下室、半地下室楼地面结构标高处的外围水平面积计算。

（3）地下室的外墙结构不包括找平层、防水（潮）层、保护墙等。地下空间未形成建筑空间的，不属于地下室或半地下室，不计算建筑面积。

【考点】应计算建筑面积的范围及规则——地下室、半地下室面积计算。

3. 某住宅楼二层平面图如下图所示，根据《建筑工程建筑面积计算规范》GB/T 50353—2013，阳台建筑面积计算正确的是（　　）。

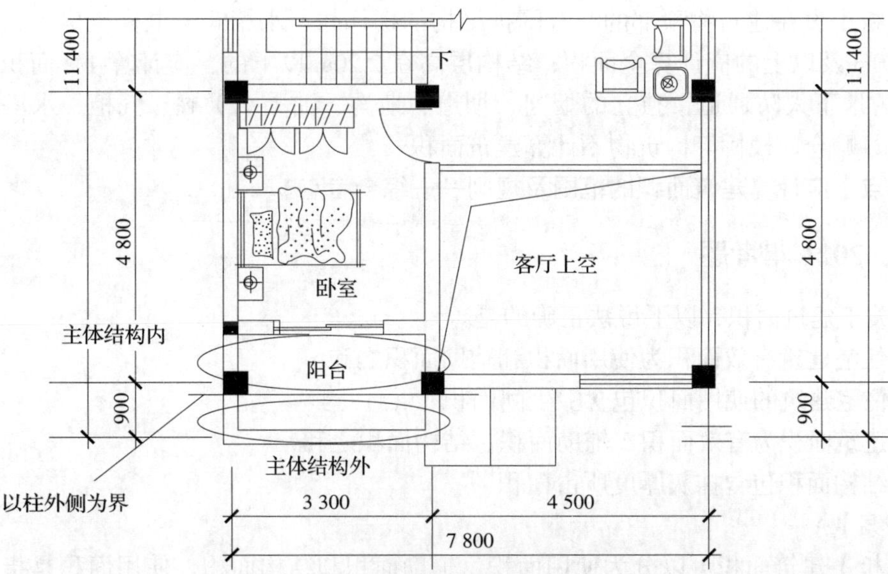

某住宅楼二层平面图

A. 按外围计算全面积　　B. 按底板 1/2 面积计算

C. 以结构柱中心线为界分别计算　　D. 以结构柱外边线为界分别计算

【答案】D

【解析】在主体结构内的阳台，应按其结构外围水平面积计算全面积；在主体结构外的阳台，应按其结构底板水平投影面积计算 1/2 面积。该图中阳台有两部分，一部分处于主体结构内，另一部分处于主体结构外，应分别计算建筑面积（以柱外侧为界，上面部分属于主体结构内，计算全面积，下面部分属于主体结构外，计算 1/2 面积）。

【考点】应计算建筑面积的范围及规则——阳台建筑面积计算。

4. 根据《建筑工程建筑面积计算规范》GB/T 50353—2013，下列应计算全面积的是（　　）。

A. 有顶盖无围护设施的架空走廊　　B. 有围护设施的檐廊

C. 结构净高为 2.15m 有顶盖的采光井　　D. 依附于自然层的室外楼梯

【答案】C

【解析】建筑物的室内楼梯、电梯井、提物井、管道井、通风排气竖井、烟道，应并入建筑物的自然层计算建筑面积。有顶盖的采光井应按一层计算面积，结构净高在 2.10m 及以上的，应计算全面积，结构净高在 2.10m 以下的，应计算 1/2 面积。

【考点】应计算建筑面积的范围及规则——综合考点。

5. 根据《建筑工程建筑面积计算规范》GB/T 50353—2013，以下项目应计算建筑面积的是（　　）。

A. 主体结构外的阳台　　B. 结构层高为 1.8m 的设备层

C. 屋顶有围护结构的水箱间　　D. 挑出宽度 2.0m 有柱雨篷

E. 建筑物以外的地下人防通道

【答案】ABCD

【解析】设在建筑物顶部的、有围护结构的楼梯间、水箱间、电梯机房等，结构层高在 2.20m 及以上的应计算全面积；结构层高在 2.20m 以下的，应计算 1/2 面积。建筑物以外的地下人防通道，独立的烟囱、烟道、地沟、油（水）罐、气柜、水塔、贮油（水）池、贮仓、栈桥等构筑物不计算建筑面积。

【考点】应计算建筑面积的范围及规则——综合考点。

三、2021 年考题

1. 关于建筑面积，以下说法正确的是（　　）。

A. 住宅建筑有效面积为使用面积和辅助面积之和

B. 住宅建筑的使用面积包含卫生间面积

C. 建筑面积为有效面积、辅助面积、结构面积之和

D. 结构面积包含抹灰厚度所占面积

【答案】A

【解析】建筑面积可以分为使用面积、辅助面积和结构面积。使用面积是指建筑物各层平面布置中，可直接为生产或生活使用的净面积总和。例如，住宅建筑中的居室、

客厅、书房等。辅助面积是指建筑物各层平面布置中为辅助生产或生活所占净面积的总和。例如，住宅建筑的楼梯、走道、卫生间、厨房等。使用面积与辅助面积的总和称为有效面积。结构面积是指建筑物各层平面布置中的墙体、柱等结构所占面积的总和（不包括抹灰厚度所占面积）。

【考点】建筑面积的概念。

2. 根据《建筑工程建筑面积计算规范》GB/T 50353—2013 规定，对于室外走廊，以下面积计算方式正确的是（　　）。

A. 有围护结构的，按其结构底板水平投影面积的 1/2 计算

B. 有围护结构的，按其结构底板水平面积计算

C. 无围护结构有围护设施的，按其围护设施外围水平面积的 1/2 计算

D. 无围护设施的，不计算建筑面积

【答案】D

【解析】有围护设施的室外走廊（挑廊），应按其结构底板水平投影面积计算 1/2 面积；有围护设施（或柱）的檐廊，应按其围护设施（或柱）外围水平面积计算 1/2 面积。

【考点】应计算建筑面积的范围及规则——室外走廊。

3. 根据《建筑工程建筑面积计算规范》GB/T 50353—2013，下列建筑物建筑面积计算方法正确的是（　　）。

A. 设在建筑物顶部，结构层高为 2.15m 水箱间应计算全面积

B. 室外楼梯应并入所依附建筑物自然层，按其水平投影面积计算全面积

C. 建筑物内部通风排气竖井并入建筑物的自然层计算建筑面积

D. 没有形成井道的室内楼梯并入建筑物的自然层计算 1/2 面积

【答案】C

【解析】设在建筑物顶部的、有围护结构的楼梯间、水箱间、电梯机房等，结构层高在 2.20m 及以上的应计算全面积；结构层高在 2.20m 以下的，应计算 1/2 面积。室外楼梯应并入所依附建筑物自然层，并应按其水平投影面积的 1/2 计算建筑面积。建筑物的室内楼梯、电梯井、提物井、管道井、通风排气竖井、烟道，应并入建筑物的自然层计算建筑面积。室内楼梯包括了形成井道的楼梯（即室内楼梯间）和没有形成井道的楼梯（即室内楼梯），即没有形成井道的室内楼梯也应该计算建筑面积。

【考点】建筑面积计算规则与方法。

4. 根据《建筑工程建筑面积计算规范》GB/T 50353—2013 规定，建筑物面积的计算规则，正确的有（　　）。

A. 当室内公共楼梯间两侧自然层不同时，楼梯间以楼层多的层数计算

B. 在剪力墙包围之内的阳台，按其结构底板水平投影面积计算全面积

C. 建筑物的外墙保温层，按其空铺保温材料的垂直投影面积计算

D. 当高低跨的建筑物局部相通时，其变形缝的面积计算在低跨面积内

E. 有顶盖无围护结构的货棚，按其顶盖水平投影面积的 1/2 计算

【答案】ADE

【解析】当室内公共楼梯间两侧自然层数不同时，以楼层多的层数计算。阳台

在剪力墙包围之内，则属于主体结构内的阳台，应按其结构外围水平面积计算全面积；在主体结构外的阳台，应按其结构底板水平投影面积计算 1/2 面积。建筑物的外墙外保温层，应按其保温材料的水平截面积计算，并计入自然层建筑面积。与室内相通的变形缝，应按其自然层合并在建筑物建筑面积内计算。对于高低联跨的建筑物，当高低跨内部连通时，其变形缝应计算在低跨面积内。有顶盖无围护结构的车棚、货棚、站台、加油站、收费站等，应按其顶盖水平投影面积的 1/2 计算建筑面积。

【考点】建筑面积计算规则与方法。

四、2020 年考题

1. 根据《建筑工程建筑面积计算规范》GB/T 50353—2013，建筑面积有围护结构的以围护结构外围计算，其围护结构包括围合建筑空间的（　　）。

A. 栏杆　　B. 栏板　　C. 门窗　　D. 勒脚

【答案】C

【解析】围护结构是指围合建筑空间的墙体、门、窗。栏杆、栏板属于围护设施。

【考点】应计算建筑面积的范围及规则——围护结构的内容。

2. 根据《建筑工程建筑面积计算规范》GB/T 50353—2013，建筑物出入口坡道外侧设计外挑宽度 2.2m 的钢筋混凝土顶盖，坡道两侧外墙外边线间距为 4.4m，则该部位建筑面积为（　　）m^2。

A. 4.84　　B. 9.24　　C. 9.68　　D. 不予计算

【答案】A

【解析】出入口外墙外侧坡道有顶盖的部位，应按其外墙结构外围水平面积的 1/2 计算面积：$2.2 \times 4.4 \times 0.5=4.84$（$m^2$）。

【考点】应计算建筑面积的范围及规则——建筑物出入口坡道建筑面积计算。

3. 根据《建筑工程建筑面积计算规范》GB/T 50353—2013，建筑物雨篷部位建筑面积计算正确的为（　　）。

A. 有柱雨篷按柱外围面积计算

B. 无柱雨篷不计算

C. 有柱雨篷按结构板水平投影面积计算

D. 外挑宽度为 1.8m 的无柱雨篷不计算

【答案】D

【解析】有柱雨篷应按其结构板水平投影面积的 1/2 计算建筑面积；无柱雨篷的结构外边线至外墙结构外边线的宽度在 2.10m 及以上的，应按雨篷结构板的水平投影面积的 1/2 计算建筑面积。

【考点】应计算建筑面积的范围及规则——建筑物雨篷部位建筑面积计算。

4. 根据《建筑工程建筑面积计算规范》GB/T 50353—2013，围护结构不垂直于水平面的楼层，其建筑面积计算正确的为（　　）。

A. 按其围护底板面积的 1/2 计算

B. 结构净高≥2.10m 的部位计算全面积

C. 结构净高≥1.20m 的部位计算 1/2 面积

D. 结构净高 <2.10m 的部位不计算面积

【答案】B

【解析】围护结构不垂直于水平面的楼层，应按其底板面的外墙外围水平面积计算。结构净高在 2.10m 及以上的部位，应计算全面积；结构净高在 1.20m 及以上至 2.10m 以下的部位，应计算 1/2 面积；结构净高在 1.20m 以下的部位，不应计算建筑面积。

【考点】应计算建筑面积的范围及规则——围护结构不垂直于水平面的楼层建筑面积计算。

5. 根据《建筑工程建设面积计算规范》GB/T 50353—2013，建筑物室外楼梯建筑面积计算正确的为（　　）。

A. 并入建筑物自然层，按其水平投影面积计算

B. 无顶盖的不计算

C. 结构净高 <2.10m 的不计算

D. 下部建筑空间加以利用的不重复计算

【答案】D

【解析】室外楼梯应并入所依附建筑物自然层，并应按其水平投影面积的 1/2 计算建筑面积。层数为室外楼梯所依附的楼层数，即梯段部分投影到建筑物范围的层数。利用室外楼梯下部的建筑空间不得重复计算建筑面积；利用地势砌筑的为室外踏步，不计算建筑面积。

【考点】应计算建筑面积的范围及规则——建筑物室外楼梯建筑面积计算。

6. 根据《建筑工程建筑面积计算规范》GB/T 50353—2013，建筑物与室内变形缝建筑面积计算正确的为（　　）。

A. 不计算　　B. 按自然层计算

C. 不论层高只按底层计算　　D. 按变形缝设计尺寸的 1/2 计算

【答案】B

【解析】与室内相通的变形缝，应按其自然层合并在建筑物建筑面积内计算。

【考点】应计算建筑面积的范围及规则——建筑物与室内变形缝建筑面积计算。

7. 根据《建筑工程建筑面积计算规范》GB/T 50353—2013，不计算建筑面积的为（　　）。

A. 厚度为 200mm 石材勒脚　　B. 规格为 400mm × 400mm 的附墙装饰柱

C. 挑出宽度为 2.19m 的雨篷　　D. 顶盖高度超过两个楼层的无柱雨篷

E. 凸出外墙 200mm 的装饰性幕墙

【答案】ABDE

【解析】结构外边线至外墙结构外边线的宽度在 2.10m 及以上的，应按雨篷结构板的水平投影面积的 1/2 计算建筑面积，故挑出宽度为 2.19m 的雨篷可以计算建筑面积。

【考点】不计算建筑面积的范围。

五、2019 年考题

1. 根据《建筑工程建筑面积计算规范》GB/T 50353—2013，按照相应计算规则算

1/2 面积的是（　　）。

A. 建筑物间有围护结构、有顶盖的架空走廊

B. 无围护结构、有围护设施，但无结构层的立体车库

C. 有围护设施，顶高 5.2m 的室外走廊

D. 结构层高 3.10m 的门斗

【答案】C

【解析】建筑物间的架空走廊，有顶盖和围护结构的，应按其围护结构外围水平面积计算全面积；无围护结构、有围护设施的，应按其结构底板水平投影面积计算 1/2 面积。立体书库、立体仓库、立体车库：①有围护结构的，应按其围护结构外围水平面积计算建筑面积；无围护结构、有围护设施的，应按其结构底板水平投影面积计算建筑面积。②无结构层的应按一层计算，有结构层的应按其结构层面积分别计算。③结构层高在 2.20m 及以上的，应计算全面积；结构层高在 2.20m 以下的，应计算 1/2 面积。门斗应按其围护结构外围水平面积计算建筑面积；结构层高在 2.20m 及以上的，应计算全面积；结构层高在 2.20m 以下的，应计算 1/2 面积。

【考点】应计算建筑面积计算的范围及规则。

2. 根据《建筑工程建筑面积计算规范》GB/T 50353—2013，带幕墙建筑物的建筑面积计算正确的是（　　）。

A. 以幕墙立面投影面积计算

B. 以主体结构外边线面积计算

C. 作为外墙的幕墙按围护外边线计算

D. 起装饰作用的幕墙按幕墙横断面的 1/2 计算

【答案】C

【解析】幕墙以其在建筑物中所起的作用和功能来区分，直接作为外墙起围护作用的幕墙，按其外边线计算建筑面积；设置在建筑物墙体外起装饰作用的幕墙，不计算建筑面积。

【考点】应计算建筑面积的范围及规则——带幕墙建筑物的建筑面积计算。

3. 根据《建筑工程建筑面积计算规范》GB/T 50353—2013，外挑宽度为 1.8m 的有柱雨篷建筑面积应（　　）。

A. 按柱外边线构成的水平投影面积计算

B. 不计算

C. 按结构板水平投影面积计算

D. 按结构板水平投影面积的 1/2 计算

【答案】D

【解析】有柱雨篷应按其结构板水平投影面积的 1/2 计算建筑面积；无柱雨篷的结构外边线至外墙结构外边线的宽度在 2.10m 及以上的，应按雨篷结构板的水平投影面积的 1/2 计算建筑面积。

【考点】应计算建筑面积的范围及规则——建筑物雨篷部位建筑面积计算。

4. 根据《建筑工程建筑面积计算规范》GB/T 50353—2013，室外楼梯建筑面积计算正确的是（　　）。

A. 无顶盖、有围护结构的按其水平投影面积的 1/2 计算
B. 有顶盖、有围护结构的按其水平投影面积计算
C. 层数按建筑物的自然层计算
D. 无论有无顶盖和围护结构，均不计算

【答案】A

【解析】室外楼梯应并入所依附建筑物自然层，并应按其水平投影面积的 1/2 计算建筑面积。层数为室外楼梯所依附的楼层数，即梯段部分投影到建筑物范围的层数。

【考点】应计算建筑面积的范围及规则——室外楼梯建筑面积计算。

5. 根据《建筑工程建筑面积计算规范》GB/T 50353—2013，不计算建筑面积的有（　　）。

A. 结构层高为 2.0m 的管道层
B. 层高为 3.3m 的建筑物通道
C. 有顶盖但无围护结构的车棚
D. 建筑物顶部有围护结构，层高为 2.0m 的水箱间
E. 有围护结构的专用消防钢楼梯

【答案】BE

【解析】骑楼、过街楼底层的开放公共空间和建筑物通道不计算建筑面积。室外爬梯、室外专用消防钢楼梯不计算建筑面积。当钢楼梯是建筑物唯一通道，并用于消防，则应按室外楼梯相关规定计算建筑面积。

【考点】不计算建筑面积的范围。

考点统计

通过对上述 5 年的考题统计，本节涉及的考点主要是应计算建筑面积的范围及规则、不计算建筑面积的范围及规则。近 5 年涉及本节的真题共有 26 题，具体考点的考核频次如表 5.2.1 所示。

表 5.2.1 第五章第二节考点考核频次表

序号	知识点	具体考点	考核频次
1	应计算建筑面积的范围及规则	围护结构的内容	2
		建筑物出入口坡道建筑面积计算	1
		建筑物雨篷部位建筑面积计算	2
		围护结构不垂直于水平面的楼层建筑面积计算	1
		建筑物室外楼梯建筑面积计算	1
		建筑物与室内变形缝建筑面积计算	1
		带幕墙建筑物的建筑面积计算	1
		阳台建筑面积计算	1

续表 5.2.1

序号	知识点	具体考点	考核频次
1	应计算建筑面积的范围及规则	室外走廊建筑面积计算	1
		地下室、半地下室面积计算	1
		自然层按楼地面结构分层的楼层结构层高的计算	1
		综合考点	11
2	不计算建筑面积的范围及规则	综合考点	2

知识点凝练

一、应计算建筑面积的范围及规则

（1）建筑物的建筑面积应按自然层外墙结构外围水平面积之和计算。结构层高在 2.20m 及以上的，应计算全面积；结构层高在 2.20m 以下的，应计算 1/2 面积。

当外墙结构本身在一个层高范围内不等厚时，以楼地面结构标高处的外围水平面积计算。

当围护结构下部为砌体，上部为彩钢板围护的建筑物，其建筑面积的计算：当 $h<0.45$m 时，建筑面积按彩钢板外围水平面积计算；当 $h\geqslant 0.45$m 时，建筑面积按下部砌体外围水平面积计算。

（2）建筑物内设有局部楼层时，对于局部楼层的二层及以上楼层，有围护结构的应按其围护结构外围水平面积计算，无围护结构的应按其结构底板水平面积计算，且结构层高在 2.20m 及以上的，应计算全面积；结构层高在 2.20m 以下的，应计算 1/2 面积。

（3）对于形成建筑空间的坡屋顶，结构净高在 2.10m 及以上的部位应计算全面积；结构净高在 1.20m 及以上至 2.10m 以下的部位应计算 1/2 面积；结构净高在 1.20m 以下的部位不应计算建筑面积。

（4）对于场馆看台下的建筑空间，结构净高在 2.10m 及以上的部位应计算全面积；结构净高在 1.20m 及以上至 2.10m 以下的部位应计算 1/2 面积；结构净高在 1.20m 以下的部位不应计算建筑面积。室内单独设置的有围护设施的悬挑看台，应按看台结构底板水平投影面积计算建筑面积。有顶盖无围护结构的场馆看台应按其顶盖水平投影面积的 1/2 计算面积。

（5）地下室、半地下室应按其结构外围水平面积计算。结构层高在 2.20m 及以上的，应计算全面积；结构层高在 2.20m 以下的，应计算 1/2 面积。

（6）出入口外墙外侧坡道有顶盖的部位，应按其外墙结构外围水平面积的 1/2 计算面积。

（7）建筑物架空层及坡地建筑物吊脚架空层，应按其顶板水平投影计算建筑面积。

结构层高在 2.20m 及以上的，应计算全面积；结构层高在 2.20m 以下的，应计算 1/2 面积。

（8）建筑物的门厅、大厅应按一层计算建筑面积，门厅、大厅内设置的走廊应按走廊结构底板水平投影面积计算建筑面积。结构层高在 2.20m 及以上的，应计算全面积；结构层高在 2.20m 以下的，应计算 1/2 面积。

（9）对于建筑物间的架空走廊，有顶盖和围护设施的，应按其围护结构外围水平面积计算全面积；无围护结构、有围护设施的，应按其结构底板水平投影面积计算 1/2 面积。

（10）对于立体书库、立体仓库、立体车库，有围护结构的，应按其围护结构外围水平面积计算建筑面积；无围护结构、有围护设施的，应按其结构底板水平投影面积计算建筑面积。无结构层的应按一层计算，有结构层的应按其结构层面积分别计算。结构层高在 2.20m 及以上的，应计算全面积；结构层高在 2.20m 以下的，应计算 1/2 面积。

（11）有围护结构的舞台灯光控制室，应按其围护结构外围水平面积计算。结构层高在 2.20m 及以上的，应计算全面积；结构层高在 2.20m 以下的，应计算 1/2 面积。

（12）附属在建筑物外墙的落地橱窗，应按其围护结构外围水平面积计算。结构层高在 2.20m 及以上的，应计算全面积；结构层高在 2.20m 以下的，应计算 1/2 面积。

（13）窗台与室内楼地面高差在 0.45m 以下且结构净高在 2.10m 及以上的凸（飘）窗，应按其围护结构外围水平面积计算 1/2 面积。

（14）有围护设施的室外走廊（挑廊），应按其结构底板水平投影面积计算 1/2 面积；有围护设施（或柱）的檐廊，应按其围护设施（或柱）外围水平面积计算 1/2 面积。

（15）门斗应按其围护结构外围水平面积计算建筑面积，且结构层高在 2.20m 及以上的，应计算全面积；结构层高在 2.20m 以下的，应计算 1/2 面积。

（16）门廊应按其顶板的水平投影面积的 1/2 计算建筑面积；有柱雨篷应按其结构板水平投影面积的 1/2 计算建筑面积；无柱雨篷的结构外边线至外墙结构外边线的宽度在 2.10m 及以上的，应按雨篷结构板的水平投影面积的 1/2 计算建筑面积。

（17）设在建筑物顶部的、有围护结构的楼梯间、水箱间、电梯机房等，结构层高在 2.20m 及以上的应计算全面积；结构层高在 2.20m 以下的，应计算 1/2 面积。

（18）围护结构不垂直于水平面的楼层，应按其底板面的外墙外围水平面积计算。结构净高在 2.10m 及以上的部位，应计算全面积；结构净高在 1.20m 及以上至 2.10m 以下的部位，应计算 1/2 面积；结构净高在 1.20m 以下的部位，不应计算建筑面积。

（19）建筑物的室内楼梯、电梯井、提物井、管道井、通风排气竖井、烟道，应并入建筑物的自然层计算建筑面积。有顶盖的采光井应按一层计算面积，且结构净高在 2.10m 及以上的，应计算全面积；结构净高在 2.10m 以下的，应计算 1/2 面积。

（20）室外楼梯应并入所依附建筑物自然层，并应按其水平投影面积的 1/2 计算建筑面积。

（21）在主体结构内的阳台，应按其结构外围水平面积计算全面积；在主体结构外的阳台，应按其结构底板水平投影面积计算 1/2 面积。

（22）有顶盖无围护结构的车棚、货棚、站台、加油站、收费站等，应按其顶盖水平投影面积的 1/2 计算建筑面积。

（23）以幕墙作为围护结构的建筑物，应按幕墙外边线计算建筑面积。

（24）建筑物的外墙外保温层，应按其保温材料的水平截面积计算，并计入自然层建筑面积。

（25）与室内相通的变形缝，应按其自然层合并在建筑物建筑面积内计算。对于高低联跨的建筑物，当高低跨内部连通时，其变形缝应计算在低跨面积内。

（26）对于建筑物内的设备层、管道层、避难层等有结构层的楼层，结构层高在 2.20m 及以上的，应计算全面积；结构层高在 2.20m 以下的，应计算 1/2 面积。

二、不计算建筑面积的范围

（1）与建筑物内不相连通的建筑部件；

（2）骑楼、过街楼底层的开放公共空间和建筑物通道；

（3）舞台及后台悬挂幕布和布景的天桥、挑台等；

（4）露台、露天游泳池、花架、屋顶的水箱及装饰性结构构件；

（5）建筑物内的操作平台、上料平台、安装箱和罐体的平台；

（6）勒脚、附墙柱、垛、台阶、墙面抹灰、装饰面、镶贴块料面层、装饰性幕墙，主体结构外的空调室外机搁板（箱）、构件、配件，挑出宽度在 2.10m 以下的无柱雨篷和顶盖高度达到或超过两个楼层的无柱雨篷；

（7）窗台与室内地面高差在 0.45m 以下且结构净高在 2.10m 以下的凸（飘）窗，窗台与室内地面高差在 0.45m 及以上的凸（飘）窗；

（8）室外爬梯、室外专用消防钢楼梯；

（9）无围护结构的观光电梯；

（10）建筑物以外的地下人防通道，独立的烟囱、烟道、地沟、油（水）罐、气柜、水塔、贮油（水）池、贮仓、栈桥等构筑物。

第三节　工程量计算规则与方法

真题解析

一、2023 年考题

1. 根据《房屋建筑与装饰工程工程量计算规范》GB 50854—2013 规定，下列关于灰土挤密桩地基处理工程量计算说法，正确的是（　　）。

A. 按设计图示尺寸以桩长（不包括桩尖）计算

B. 项目特征中的空桩长度主要用于确定孔深

C. 孔深为桩顶面至设计桩底的深度

D. 按设计图示尺寸以“m^3”计算

【答案】B

【解析】水泥粉煤灰碎石桩、夯实水泥土桩、石灰桩、灰土（土）挤密桩，按设计图示尺寸以桩长（包括桩尖）“m”计算。项目特征中的桩长应包括桩尖，空桩长度 = 孔深 – 桩长，孔深为自然地面至设计桩底的深度。

【考点】地基处理与边坡支护工程。

2. 根据《房屋建筑与装饰工程工程量计算规范》GB 50854—2013 规定，下列关于石砌体工程量计算说法，正确的是（　　）。

A. 石砌体勾缝按设计图示尺寸长度以“m”计算

B. 石勒脚按设计图示尺寸以面积“m^2”计算

C. 石挡土墙按设计图示尺寸以体积“m^3”计算

D. 石台阶按设计图示尺寸以水平投影面积“m^2”计算

【答案】C

【解析】选项 A 错误：石砌体中工作内容包括了勾缝；选项 B 错误，石勒脚，按设计图示尺寸以体积“m^3”计算，扣除单个面积大于 0.3m^2 的孔洞所占体积；选项 C 正确，石挡土墙，按设计图示尺寸以体积“m^3”计算；选项 D 错误，石台阶，按设计图示尺寸以体积“m^3”计算。石台阶项目包括石梯带（垂带），不包括石梯膀。

【考点】砌筑工程。

3. 根据《房屋建筑与装饰工程工程量计算规范》GB 50854—2013 规定，下列关于现浇混凝土工程量计算说法，正确的是（　　）。

A. 当整体楼梯与现浇楼板无梯梁连接时，楼梯工程量以最后一个踏步边缘加 300mm 为界

B. 电缆沟按设计图示尺寸以“m^3”计算

C. 楼梯扶手按设计图示尺寸以水平投影面积“m^3”计算

D. 墙后浇带工程量按设计图示的中心线长度以延长米计算

【答案】A

【解析】选项 A 正确，整体楼梯（包括直形楼梯、孤形楼梯）水平投影面积包括休息平台、平台梁、斜梁和楼梯的连接梁。当整体楼梯与现浇楼板无梯梁连接时，以楼梯的最后一个踏步边缘加 300mm 为界。选项 B 错误，电缆沟、地沟，按设计图示以中心线长度“m”计算。选项 C 错误，扶手、压顶，以“m”计量，按设计图示的中心线延长米计算；以“m^3”计量按设计图示尺寸以体积计算。选项 D 错误，后浇带工程量按设计图示尺寸以体积“m^3”计算。后浇带项目适用于梁、墙、板的后浇带。

【考点】混凝土及钢筋混凝土工程。

4. 根据《混凝土结构工程施工规范》GB 50666—2011 规定，下列关于箍筋计算方法，正确的是（　　）。

A. 箍筋单根长度 = 箍筋的外皮尺寸周长 +2× 弯钩增加长度

B. 双肢箍单根长度 = 箍筋的外皮尺寸周长 +2× 混凝土保护层厚度

C. 双肢箍单根长度 = 构件周长 –2× 混凝土保护层厚度 +2× 弯钩增加长度

D. 箍筋根数 = 箍筋分布长度 / 箍筋间距 –1

【答案】A

【解析】箍筋单根长度 = 箍筋的外皮尺寸周长 +2× 弯钩增加长度。

双肢箍单根长度 = 箍筋的外皮尺寸周长 +2× 弯钩增加长度 = 构件周长 −8× 混凝土保护层厚度 +2× 弯钩增加长度。

【考点】混凝土及钢筋混凝土工程。

5. 根据《房屋建筑与装饰工程工程量计算规范》GB 50854—2013 规定，下列关于金属结构工程量计算说法，正确的是（　　）。

A. 压型钢板楼板按设计图示尺寸以铺设水平投影面积“m^2”计算

B. 压型钢板墙板按设计图示尺寸以质量“t”计算

C. 钢走道按设计图示尺寸以铺设面积“m^2”计算

D. 钢栏杆按设计图示尺寸以延长米“m”计算

【答案】A

【解析】选项 A 正确，压型钢板楼板，按设计图示尺寸以铺设水平投影面积“m^2”计算。不扣除单个面积小于或等于 $0.3m^2$ 的柱、垛及孔洞所占面积；选项 B 错误，压型钢板墙板，按设计图示尺寸以铺挂面积“m^2”计算。不扣除单个面积小于或等于 $0.3m^2$ 的梁、孔洞所占面积，包角、包边、窗台泛水等不另加面积；选项 C、D 错误，钢支撑、钢拉条、钢檩条、钢天窗架、钢挡风架、钢墙架、钢平台、钢走道、钢梯、钢栏杆、钢支架、零星钢构件，按设计图示尺寸以质量“t”计算。不扣除孔眼的质量，焊条、铆钉、螺栓等不另增加质量。

【考点】金属结构工程。

6. 根据《房屋建筑与装饰工程工程量计算规范》GB 50854—2013 规定，下列关于金属结构工程量计算说法，正确的是（　　）。

A. 钢屋架工程量中，焊条、铆钉、螺栓等另增加质量

B. 空腹钢柱上的牛腿及悬臂梁等并入钢柱工程量内

C. 钢管柱上的节点板、加强环、内衬管、牛腿按零星构件项目单独列项

D. 制动梁、制动板、制动架、车挡按零星构件项目单独列项

【答案】B

【解析】选项 A 错误，选项 B 正确，实腹柱、空腹柱，按设计图示尺寸以质量“t”计算。不扣除孔眼的质量，焊条、铆钉、螺栓等不另增加质量，依附在钢柱上的牛腿及悬臂梁等并入钢柱工程量内。选项 C 错误，钢管柱，按设计图示尺寸以质量“t”计算。不扣除孔眼的质量，焊条、铆钉、螺栓等不另增加质量，钢管柱上的节点板、加强环、内衬管、牛腿等并入钢管柱工程量内。选项 D 错误，钢梁、钢吊车梁，按设计图示尺寸以质量“t”计算。不扣除孔眼的质量。焊条、铆钉、螺栓等不另增加质量，制动梁、制动板、制动架、车挡并入钢吊车梁工程量内。

【考点】金属结构工程。

7. 根据《房屋建筑与装饰工程工程量计算规范》GB 50854—2013 规定，下列关于金属制品工程量计算说法，正确的是（　　）。

A. 成品空调金属百页护栏按设计图示尺寸以质量计算

B. 成品雨篷以“m”计量时，按设计图示接触边长计算

C. 砌块墙钢丝网加固按设计图示尺寸以质量计算

D. 抹灰钢丝网加固不另编码列项

【答案】B

【解析】选项A错误，成品空调金属百页护栏、成品栅栏、金属网栏，按设计图示尺寸以面积"m^2"计算。选项B正确，成品雨篷，以"m"计量时，按设计图示接触边以长度计算；以"m^2"计量时，按设计图示尺寸以展开面积计算。选项C错误，砌块墙钢丝网加固、后浇带金属网，按设计图示尺寸以面积"m^2"计算。选项D错误，抹灰钢丝网加固按砌块墙钢丝网加固项目编码列项。

【考点】金属结构工程。

8. 根据《房屋建筑与装饰工程工程量计算规范》GB 50854—2013规定，下列关于屋面防水及其他工程量计算说法，正确的是（　　）。

A. 平屋顶找坡屋面卷材防水按水平投影面积计算

B. 屋面刚性层按设计图示尺寸面积乘以厚度以"m^3"计算

C. 屋面变形缝按设计图示尺寸宽度乘以长度以"m^2"计算

D. 屋面排水管按设计图示尺寸断面面积乘以高度以"m^3"计算

【答案】A

【解析】选项A正确，斜屋顶（不包括平屋顶找坡）按斜面积计算，平屋顶按水平投影面积计算，不扣除房上烟囱、风帽底座、风道、屋面小气窗和斜沟所占面积。选项B错误，屋面刚性防水，按设计图示尺寸以面积"m^2"计算。选项C错误，屋面变形缝，按设计图示以长度"m"计算。选项D错误，屋面排水管，按设计图示尺寸以长度"m"计算。

【考点】屋面及防水工程。

9. 根据《房屋建筑与装饰工程工程量计算规范》GB 50854—2013规定，下列关于楼面防水工程量计量说法，正确的是（　　）。

A. 楼面防水按主墙间净空面积乘以厚度以"m^3"计算

B. 楼面防水反边高度大于300mm按墙面防水计算

C. 楼面变形缝按设计图示尺寸以面积"m^2"计算

D. 楼面防水找平层不另编码列项

【答案】B

【解析】选项A错误，楼（地）面卷材防水、楼（地）面涂膜防水、楼（地）面砂浆防水（防潮），按设计图示尺寸以面积"m^2"计算。选项B正确，楼（地）面防水反边高度小于或等于300mm算作地面防水，反边高度大于300mm算作墙面防水计算。选项C错误，楼（地）面变形缝，按设计图示尺寸以长度"m"计算。选项D错误，楼（地）面防水找平层按楼地面装饰工程"平面砂浆找平层"项目编码列项。

【考点】屋面及防水工程。

10. 根据《房屋建筑与装饰工程工程量计算规范》GB 50854—2013规定，下列关于保温隔热工程量计算说法，正确的是（　　）。

A. 保温隔热屋面按设计图示尺寸面积乘以厚度以"m^3"计算

B. 保温隔热墙面按设计图示尺寸面积乘以厚度以"m^3"计算

C. 梁保温按设计图示梁断面保温层中心线展开长度乘以保温层长度以“m^2”计算

D. 保温隔热楼地面按设计图示尺寸面积乘以厚度以“m^3”计算

【答案】C

【解析】选项 A 错误，保温隔热屋面按设计图示尺寸以面积“m^2”计算。选项 B 错误，保温隔热墙面按设计图示尺寸以面积“m^2”计算。选项 C 正确，保温梁按设计图示梁断面保温层中心线展开长度乘以保温层长度以面积计算。选项 D 错误，保温隔热楼地面按设计图示尺寸以面积“m^2”计算。

【考点】保温、隔热、防腐工程。

11. 根据《房屋建筑与装饰工程工程量计算规范》GB 50854—2013 规定，下列关于地面装饰工程量计算说法，正确的是（　　）。

A. 整体面层工程量扣除墙厚不大于 120mm 的间壁墙所占面积

B. 整体地面垫层不需单独列项设置

C. 整体地面找平层单独列项计算

D. 橡胶面层地面中的找平层需要另外计算

【答案】D

【解析】选项 A 错误，整体面层扣除凸出地面构筑物、设备基础、室内铁道、地沟等所占面积，不扣除间壁墙及小于或等于 $0.3m^2$ 柱、垛、附墙烟囱及孔洞所占面积。选项 B、C 错误，地面做法中，垫层需单独列项计算，而找平层综合在地面清单项目中，在综合单价中考虑，不需另行计算。选项 D 正确，橡塑面层项目中如涉及找平层，另按“找平层”项目编码列项。这一点与整体面层和块料面层不同，即橡塑面层工作内容中不含找平层，不计入综合单价，需要另外计算。

【考点】楼地面装饰工程。

12. 根据《房屋建筑与装饰工程工程量计算规范》GB 50854—2013 规定，下列关于墙面抹灰工程计算说法，正确的是（　　）。

A. 外墙裙抹灰按其延长米长度以“m”计算

B. 内墙抹灰按主墙间的净长乘以高度（墙裙部分不予扣除）以“m^2”计算

C. 内墙裙抹灰按内墙净长线以“m”计算

D. 墙面勾缝按设计图示尺寸以面积“m^2”计算

【答案】D

【解析】选项 A 错误，外墙抹灰面积按外墙垂直投影面积计算，外墙裙抹灰面积按其长度乘以高度计算。选项 B、C 错误，内墙抹灰面积按主墙间的净长乘以高度计算。无墙裙的内墙高度按室内楼地面至天棚底面计算；有墙裙的内墙高度按墙裙顶至天棚底面计算。但有吊顶天棚的内墙面抹灰，抹至吊顶以上部分在综合单价中考虑，不另计算。内墙裙抹灰面积按内墙净长乘以高度计算。选项 D 正确，墙面一般抹灰、墙面装饰抹灰、墙面勾缝、立面砂浆找平层，按设计图示尺寸以面积计算。

【考点】墙、柱面装饰与隔断、幕墙工程。

13. 根据《房屋建筑与装饰工程工程量计算规范》GB 50854—2013 规定，下列关于油漆工程量计算说法，正确的是（　　）。

A. 窗油漆中“刮腻子”单独计算

B. 暖气罩油漆工程按设计图示尺寸以面积“m^2”计算

C. 木栏杆油漆，按设计图示尺寸以双面外围面积“m^2”计算

D. 木栏杆扶手油漆单独编码列项计算

【答案】B

【解析】选项A错误，窗油漆工作内容中包括“刮腻子”，应在综合单价中考虑，不另计算工程量。选项B正确，暖气罩油漆及其他木材面油漆的工程量均按设计图示尺寸以面积计算。选项C错误，木栅栏及木栏杆（带扶手）油漆，按设计图示尺寸以单面外围面积计算。选项D错误，木栏杆（带扶手）油漆，扶手油漆在综合单价中考虑，不单独列项计算工程量。

【考点】油漆、涂料、裱糊工程。

14. 根据《房屋建筑与装饰工程工程量计算规范》GB 50854—2013规定，下列关于钢筋混凝土构件拆除工程量清单项目计算的说法，正确的有（　　）。

A. 按拆除构件的体积以“m^3”计算

B. 按拆除构件的面积以“m^2”计算

C. 按拆除部位的延长米计算

D. 项目特征描述中说明构件表面的附着物种类

E. 以“m^3”作为计量单位时，需要详细描述构建的规格尺寸

【答案】ABCD

【解析】选项A、B、C、D正确，混凝土构件拆除、钢筋混凝土构件拆除以“m^3”计量，按拆除构件的混凝土休积计算；以“m^2”计量，按拆除部位的面积计算；以“m”计量，按拆除部位的延长米计算。选项E错误，以“m^3”作为计量单位时，可不描述构件的规格尺寸；以“m^2”作为计量单位时，则应描述构件的厚度；以“m”作为计量单位时，则必须描述构件的规格尺寸。项目特征描述中构件表面的附着物种类指抹灰层、块料层、龙骨及装饰面层等。

【考点】拆除工程。

15. 根据《房屋建筑与装饰工程工程量计算规范》GB 50854—2013规定，下列关于超高施工增加和垂直运输措施项目工程量计算说法，正确的有（　　）。

A. 单层建筑物檐口高度超过20m，多层建筑物超过6层才计算超高施工增加

B. 垂直运输机械的场外运输及安拆按大型机械设备进出场及安拆编码列项计算

C. 垂直运输设备基础，应单独编码列项计算

D. 超高施工增加按建筑物超高部分的建筑面积“m^2”计算

E. 同一建筑物有不同檐高时垂直运输，按建筑物的不同檐高分别编码列项计算

【答案】ABDE

【解析】选项A正确，单层建筑物檐口高度超过20m，多层建筑物超过6层时（计算层数时，地下室不计入层数），可按超高部分的建筑面积计算超高施工增加。选项B正确，选项C错误，垂直运输项目工作内容包括：垂直运输机械的固定装置、基础制作、安装，行走式垂直运输机械轨道的铺设、拆除、摊销。即垂直运输设备基础应计入综合单价，不单独编码列项计算工程量，但垂直运输机械的场外运输及安拆按大型机械设备进出场及安拆编码列项计算工程量。选项D正确，超高施工增加，按建筑物超高

部分的建筑面积“m^2”计算。选项E正确，同一建筑物有不同檐高时，按建筑物的不同檐高做纵向分割，分别计算建筑面积，以不同檐高分别编码列项。

【考点】措施项目。

16. 根据《房屋建筑与装饰工程工程量计算规范》GB 50854—2013规定，冬雨季施工费包括（　　）。

A. 冬季施工防寒措施及清扫积雪　　B. 雨季防雨施工措施及排降雨积水

C. 风季施工措施　　D. 临时排水沟

E. 冬雨季施工工人劳保用品及施工降效

【答案】ABCE

【解析】冬雨季施工包含的工作内容及范围有：冬雨（风）季施工时增加的临时设施（防寒保温、防雨、防风设施）的搭设、拆除；冬雨（风）季施工时，对砌体、混凝土等采用的特殊加温、保温和养护措施；冬雨（风）季施工时，施工现场的防滑处理、对影响施工的雨雪的清除；包括冬雨（风）季施工时增加的临时设施、施工人员的劳动保护用品、冬雨（风）季施工劳动效率降低等。

【考点】措施项目。

二、2022年考题

1. 根据《房屋建筑与装饰工程工程量计算规范》GB 50854—2013，以下关于土方回填的计算规则，正确的是（　　）。

A. 室内回填工程量按各类墙体间的净面积乘以回填厚度

B. 室外回填工程量按挖方清单项目工程量减去室外地坪以下埋设的基础体积

C. 填方密实度要求，必须在项目特征中进行详尽描述

D. 填方材料的品种和粒径要求，必须在项目特征中进行详尽描述

【答案】B

【解析】室内回填工程量按主墙间净面积乘以回填厚度，不扣除间隔墙。填方密实度要求，在无特殊要求的情况下，项目特征可描述为满足设计和规范的要求。填方材料品种可以不描述，但应注明由投标人根据设计要求验方后方可填入，并符合相关工程的质量规范要求。填方粒径要求，在无特殊要求的情况下，项目特征可以不描述。

【考点】土石方工程。

2. 某土方工程量清单编制，按图计算，挖土数10 000m^3，回填土数6 000m^3，已知土方天然密实体积：夯实后体积=1：0.87，则回填方及余方弃置清单工程量分别为（　　）m^3。

A. 6 000、4 000　　B. 6 896.55、3 103.45

C. 6 000、3 103.45　　D. 68 965.55、4 000

【答案】C

【解析】余方弃置，按挖方项目清单工程量减利用回填方体积（正数）“m^3”计算。挖一般土方，按设计图示尺寸以“m^3”计算；挖土方工程量清单数量为10 000m^3，回填方清单工程量=6 000m^3，利用回填方为6 000/0.87=6 896.55（m^3），余方弃置清单工程

量 =10 000−6 896.55=3 103.45（m^3）。

【考点】土石方工程。

3. 根据《房屋建筑与装饰工程工程量计算规范》GB 50854—2013，0.5 厚及 1.5 厚砖墙按清单规定厚度分别为（　　）。

A. 115、365　　B. 120、370　　C. 120、365　　D. 115、370

【答案】A

【解析】标准砖墙厚度表如下所示：

标准砖墙厚度

砖数（厚度）	$\frac{1}{4}$	$\frac{1}{2}$	$\frac{3}{4}$	1	$1\frac{1}{2}$	2	$2\frac{1}{2}$	3
计算厚度 /mm	53	115	180	240	365	490	615	740

【考点】砌筑工程。

4. 根据《房屋建筑与装饰工程工程量计算规范》GB 50854—2013，关于混凝土墙的工程量，下列说法正确的是（　　）。

A. 现浇混凝土墙包括直形墙、异型墙、短肢剪力墙和挡土墙

B. 墙垛凸出墙面部分并入墙体体积内

C. 短肢剪力墙厚度小于或等于 250mm

D. 短肢剪力墙截面高度与厚度之比最小值小于 4

【答案】B

【解析】现浇混凝土墙包括直形墙、弧形墙、短肢剪力墙、挡土墙。墙垛及凸出墙面部分并入墙体体积内计算。短肢剪力墙是指截面厚度不大于 300mm、各肢截面高度与厚度之比的最大值大于 4 且小于或等于 8 的剪力墙。

【考点】混凝土及钢筋混凝土工程。

5. 根据《房屋建筑与装饰工程工程量计算规范》GB 50854—2013，关于钢筋工程量下列说法正确的是（　　）。

A. 钢筋网片按钢筋规格不同以“m”计算

B. 混凝土保护层厚度是指结构构件中最外层钢筋外边缘至混凝土外表面的距离

C. 碳素钢丝采用墩头锚具时，钢丝长度按孔道长度增加 0.5m 计算

D. 声测管按设计图示尺寸以“m”计算

【答案】B

【解析】现浇构件钢筋、预制构件钢筋、钢筋网片、钢筋笼，按设计图示钢筋（网）长度（面积）乘单位理论质量“t”计算。碳素钢丝采用墩头锚具时，钢丝束长度按孔道长度增加 0.35m 计算。声测管按设计图示尺寸以质量“t”计算。

【考点】混凝土及钢筋混凝土工程。

6. 根据《房屋建筑与装饰工程消耗量定额》TY 01−31−2015，钢筋接头数量在设计图纸及规范未明确的，对$\phi 8$ 的长钢筋每计算一个钢筋接头，则对应的钢筋长度按（　　）m 计算。

A. 8　　B. 9　　C. 12　　D. 不确定

【答案】C

【解析】钢筋连接的数量按设计图示及规范要求计算，设计图纸及规范要求未标明的，按以下规定计算：ϕ10 以内的长钢筋按每 12m 计算一个钢筋接头；ϕ10 以上的长钢筋按每 9m 计算一个接头。

【考点】混凝土及钢筋混凝土工程。

7. 某深层水泥搅拌桩，设计桩长 18m，设计桩底标高为 –19m，自然地坪标高为 –0.3m，设计室外地坪标高为 –0.1m，则该桩的空桩长度为（　　）m。

A. 0.7　　B. 0.9　　C. 1.1　　D. 1.3

【答案】A

【解析】空桩长度 = 孔深 – 桩长，孔深为自然地面至设计桩底的深度。空桩长度 =19–0.3–18=0.7（m）。

【考点】桩基础工程。

8. 根据《房屋建筑与装饰工程工程量计算规范》GB 50854—2013，钢网架项目特征必须进行描述的是（　　）。

A. 安装高度　　B. 单件质量

C. 螺栓种类　　D. 油漆品种

【答案】A

【解析】钢网架项目特征描述：钢材品种、规格；网架节点形式、连接方式；网架跨度、安装高度；探伤要求；防火要求等。其中防火要求指耐火极限。

【考点】金属结构工程。

9. 根据《房屋建筑与装饰工程工程量计算规范》GB 50854—2013，天棚抹灰工程量（　　）。

A. 按设计图示尺寸水平展开面积计算　　B. 采光天棚骨架并入不单独列项

C. 锯齿形楼梯底板按斜面积计算　　D. 天棚抹灰不扣除检查口面积

【答案】D

【解析】天棚抹灰按设计图示尺寸以水平投影面积“m^2”计算。不扣除间壁墙、垛、柱、附墙烟囱、检查口和管道所占的面积，带梁天棚的梁两侧抹灰面积并入天棚面积内，板式楼梯底面抹灰按斜面积计算，锯齿形楼梯底板抹灰按展开面积计算。

【考点】天棚工程。

10. 根据《房屋建筑与装饰工程工程量计算规范》GB 50854—2013，下列关于油漆工程的说法，正确的是（　　）。

A. 木门油漆以“樘”计量，项目特征应描述相应的洞口尺寸

B. 木门油漆工作内容中未包含“刮腻子”，应单独计算

C. 壁柜油漆按设计图示尺寸以油漆部分的投影面积计算

D. 金属面油漆应包含在相应钢构件制作的清单内，不单独列项

【答案】A

【解析】木门油漆、金属门油漆，工程量以“樘”计量，按设计图示数量计量；以“m^2”计量，按设计图示洞口尺寸以面积计算。以“m^2”计量，项目特征可不必描述洞口尺寸。木门油漆、金属门油漆工作内容中包括“刮腻子”，应在综合单价中考虑，不

另计算工程量。衣柜及壁柜油漆，梁柱饰面油漆、零星木装修油漆按设计图示尺寸以油漆部分展开面积“m^2”计算。金属面油漆以“t”计量，按设计图示尺寸以质量计算；以“m^2”计量，按设计展开面积计算。

【考点】油漆、涂料、裱糊工程。

11. 根据《房屋建筑与装饰工程工程量计算规范》GB 50854—2013，屋面卷材工程量计算，下列说法正确的是（　　）。

A. 应扣除屋面小气窗所占面积　　B. 不扣除斜沟所占面积

C. 屋面卷材空铺层所占面积另行计算　　D. 屋面女儿墙的弯起部分不计算

【答案】B

【解析】屋面卷材防水、屋面涂膜防水：

（1）按设计图示尺寸以面积“m^2”计算。

（2）斜屋顶（不包括平屋顶找坡）按斜面积计算，平屋顶按水平投影面积计算，不扣除房上烟囱、风帽底座、风道、屋面小气窗和斜沟所占面积。

（3）屋面的女儿墙、伸缩缝和天窗等处的弯起部分，并入屋面工程量内。

（4）屋面防水搭接及附加层用量不另行计算，在综合单价中考虑。

【考点】屋面及防水工程。

12. 根据《房屋建筑与装饰工程工程量计算规范》GB 50854—2013，下列措施项目，以“项”为计量单位的是（　　）。

A. 超高施工增加　　B. 大型机械设备进出场

C. 施工降水　　D. 非夜间施工照明

【答案】D

【解析】本题考查的是措施项目。措施项目包括脚手架工程、混凝土模板及支架（撑）、垂直运输、超高施工增加、大型机械设备进出场及安拆、施工降水及排水、安全文明施工及其他措施项目。措施项目可以分为两类，一类是可以计算工程量的措施项目（即单价措施项目），如脚手架工程、混凝土模板及支架（撑）、垂直运输、超高施工增加、大型机械设备讲出场及安拆、施工降水及排水等；另一类是不方便计算工程量的措施项目（即总价措施项目，可采用费率计取的措施项目），如安全文明施工费等。

【考点】措施项目。

13. 根据《房屋建筑与装饰工程工程量计算规范》GB 50854—2013，地基处理与边坡支护工程中，可以“m^3”作为计量单位的有（　　）。

A. 砂石桩　　B. 石灰桩

C. 振冲桩（填料）　　D. 深层搅拌桩

E. 注浆地基

【答案】ACE

【解析】本题考查的是地基处理与边坡支护工程。砂石桩以“m”计量，按设计图示尺寸以桩长（包括桩尖）计算；以“m^3”计量，按设计桩截面乘以桩长（包括桩尖）以体积计算。水泥粉煤灰碎石桩、夯实水泥土桩、石灰桩、灰土（土）挤密桩，按设计图示尺寸以桩长（包括桩尖）“m”计算。振冲桩（填料）以“m”计量，按设计图示尺寸以桩长计算；以“m^3”计量，按设计桩截面乘以桩长以体积计算。深层搅拌桩、粉喷桩、柱锤冲扩桩、高压喷射注浆桩，按设计图示尺寸以桩长“m”计算。注浆地基以“m”计量，按设计图示尺寸以钻孔深度计算；以“m^3”计量，按设计图示尺寸以加固体积计算。

【考点】地基处理与边坡支护工程。

14. 根据《房屋建筑与装饰工程工程量计算规范》GB 50854—2013，关于土方工程，下列说法正确的是（　　）。

A. 管沟土方按设计图示尺寸以管道中心线长度计算，不扣除各类井所占长度

B. 工作面所增加的土方工程量是否计算，应按各省级建设主管部门规定实施

C. 虚方指未经碾压、堆积时间不大于 2 年的土壤

D. 桩间挖土不扣除桩的体积，但应在项目特征中加以描述

E. 基础土方开挖深度应按基础垫层底表面标高至设计室外地坪标高确定

【答案】AD

【解析】管沟土方以“m”计量，按设计图示以管道中心线长度计算；以“m^3”计量，按设计图示管底垫层面积乘以挖土深度计算。无管底垫层按管外径的水平投影面积乘以挖土深度计算。不扣除各类井的长度，井的土方并入。挖沟槽、基坑、一般土方因工作面和放坡增加的工程量（管沟工作面增加的工程量）是否并入各土方工程量中，按各省、自治区、直辖市或行业建设主管部门的规定实施。虚方指未经碾压、堆积时间≤1 年的土壤。桩间挖土不扣除桩的体积，并在项目特征中加以描述。基础土方开挖深度应按基础垫层底表面标高至交付施工场地标高确定，无交付施工场地标高时，应按自然地面标高确定。

【考点】土石方工程。

15. 根据《房屋建筑与装饰工程工程量计算规范》GB 50854—2013，同一建筑物有不同檐高时，下列项目应按不同檐高分别列项的有（　　）。

A. 垂直运输　　B. 超高施工增加

C. 二次搬运　　D. 大型机械进出场

E. 脚手架工程

【答案】ABE

【解析】垂直运输，同一建筑物有不同檐高时，按建筑物的不同檐高做纵向分割，分别计算建筑面积，以不同檐高分别编码列项。超高施工增加，建筑物有不同檐高时，可按不同高度的建筑面积分别计算建筑面积，以不同檐高分别编码列项。脚手架工程，同一建筑物有不同檐高时，按建筑物竖向切面分别按不同檐高编列清单项目。二次搬运、大型机械进出场与高度无关，单独编码列项即可。

【考点】措施项目。

三、2021 年考题

1. 根据《房屋建筑与装饰工程工程量计算规范》GB 50854—2013，关于回填工程量计算方法，正确的是（　　）。

A. 室内回填按主墙间净面积乘以回填厚度，扣除间隔墙所占体积

B. 场地回填按回填面积乘以平均回填厚度计算

C. 基础回填为挖方工程量减去室内地坪以下埋设的基础体积

D. 回填项目特征描述中应包括密实度和废弃料品种

【答案】B

【解析】室内回填：主墙间净面积乘以回填厚度，不扣除间隔墙。场地回填：回填面积乘以平均回填厚度。基础回填：挖方清单项目工程量减去自然地坪以下埋设的基础体积（包括基础垫层及其他构筑物）。回填土方项目特征描述：密实度要求、填方材料品种、填方粒径要求、填方来源及运距。

【考点】土石方工程。

2. 根据《房屋建筑与装饰工程工程量计算规范》GB 50854—2013，在地基处理项目中可以按“m^3”计量的桩为（　　）。

A. 砂石桩　　B. 石灰桩

C. 粉喷桩　　D. 深层搅拌桩

【答案】A

【解析】砂石桩以“m”计量，按设计图示尺寸以桩长（包括桩尖）计算；以“m^3”计量，按设计桩截面乘以桩长（包括桩尖）以体积计算。水泥粉煤灰碎石桩、夯实水泥土桩、石灰桩、灰土挤密桩，按设计图示尺寸以桩长（包括桩尖）“m”计算。深层搅拌桩、粉喷桩、柱锤冲扩桩、高压喷射注浆桩，按设计图示尺寸以桩长“m”计算。

【考点】地基处理与边坡支护工程。

3. 根据《房屋建筑与装饰工程工程量计算规范》GB 50854—2013，实心砖墙工程量计算方法，正确的为（　　）。

A. 不扣除沿椽木、木砖及凹进墙内的暖气槽所占的体积

B. 框架间墙工程量区分内外墙，按墙体净尺寸以体积计算

C. 围墙柱体积并入围墙体积内计算

D. 有混凝土压顶围墙的高度算至压顶上表面

【答案】C

【解析】扣除门窗、洞口、嵌入墙内的钢筋混凝土柱、梁、圈梁、挑梁、过梁及凹进墙内的壁龛、管槽、暖气槽、消火栓箱所占体积。框架间墙工程量计算不分内外墙，按墙体净尺寸以体积计算。围墙的高度算至压顶上表面（如有混凝土压顶时算至压顶下表面），围墙柱并入围墙体积内计算。

【考点】砌筑工程。

4. 根据《房屋建筑与装饰工程工程量计算规范》GB 50854—2013，关于石砌体工程量说法，正确的是（　　）。

A. 石台阶按设计图示尺寸以水平投影面积计算

B. 石梯膀按石挡土墙项目编码列项

C. 石砌体工作内容中不包括勾缝，应单独列项计算

D. 石基础中靠墙暖气沟的挑檐并入基础体积计算

【答案】B

【解析】石台阶，按设计图示尺寸以体积“m^3”计算。石台阶项目包括石梯带（垂带），不包括石梯膀。石梯膀应按石挡土墙项目编码列项。石砌体中工作内容包括了勾缝。靠墙暖气沟的挑檐不增加。

【考点】砌筑工程。

5. 根据《房屋建筑与装饰工程工程量计算规范》GB 50854—2013，关于现浇钢筋混凝土柱工程量计算，下列说法正确的是（　　）。

A. 有梁板的柱高为自柱基上表面至柱顶之间的高度

B. 无梁板的柱高为自柱基上表面至柱帽上表面之间的高度

C. 框架柱的柱高为自柱基上表面至柱顶的高度

D. 构造柱嵌接墙体部分并入墙身体积计算

【答案】C

【解析】有梁板的柱高，应以自柱基上表面（或楼板上表面）至上一层楼板上表面之间的高度计算。无梁板的柱高，应以自柱基上表面（或楼板上表面）至柱帽下表面之间的高度计算。框架柱的柱高应以自柱基上表面至柱顶的高度计算。构造柱按全高计算，嵌接墙体部分（马牙槎）并入柱身体积。

【考点】混凝土及钢筋混凝土工程。

6. 根据《房屋建筑与装饰工程工程量计算规范》GB 50854—2013，关于屋面工程量计算方法，正确的为（　　）。

A. 瓦屋面按设计图示尺寸以水平投影面积计算

B. 膜结构屋面按设计图示尺寸以斜面积计算

C. 瓦屋面若是在木基层上铺瓦，木基层包含在综合单价中

D. 型材屋面的金属檩条工作内容包含了檩条制作、运输及安装

【答案】D

【解析】瓦屋面、型材屋面按设计图示尺寸以斜面积“m^2”计算。膜结构屋面按设计图示尺寸以需要覆盖的水平投影面积“m^2”计算。瓦屋面若是在木基层上铺瓦，项目特征不必描述黏结层砂浆的配合比，瓦屋面铺防水层，按屋面防水项目编码列项，木基层按木结构工程编码列项。型材屋面的金属檩条应包含在综合单价内计算，其工作内容包含了檩条制作、运输及安装。

【考点】屋面及防水工程。

7. 根据《房屋建筑与装饰工程工程量计算规范》GB 50854—2013，关于保温隔热工程量计算方法，正确的为（　　）。

A. 柱帽保温隔热包含在柱保温工程量内

B. 池槽保温隔热按其他保温隔热项目编码列项

C. 保温隔热墙面工程量计算时，门窗洞口侧壁不增加面积

D. 梁按设计图示梁断面周长乘以保温层长度以面积计算

【答案】B

【解析】柱帽保温隔热应并入天棚保温隔热工程量内。池槽保温隔热应按其他保温隔热项目编码列项。门窗洞口侧壁以及与墙相连的柱，并入保温墙体工程量。梁按设计图示梁断面保温层中心线展开长度乘以保温层长度以面积计算。

【考点】保温、隔热、防腐工程。

8. 根据《房屋建筑与装饰工程工程量计算规范》GB 50854—2013，楼地面装饰工程中，门洞、空圈、暖气包槽、壁龛应并入相应工程量的是（　　）。

A. 碎石材楼地面　　B. 现浇水磨石楼地面

C. 细石混凝土楼地面　　D. 水泥砂浆楼地面

【答案】A

【解析】水泥砂浆楼地面、现浇水磨石楼地面、细石混凝土楼地面、菱苦土楼地面、自流坪楼地面，按设计图示尺寸以面积“m^2”计算。扣除凸出地面构筑物、设备基础、室内铁道、地沟等所占面积，不扣除间壁墙及小于或等于 $0.3m^2$ 柱、垛、附墙烟囱及孔洞所占面积。门洞、空圈、暖气包槽、壁龛的开口部分不增加面积。

【考点】楼地面装饰工程。

9. 根据《房屋建筑与装饰工程工程量计算规范》GB 50854—2013，关于抹灰工程量计算方法，正确的是（　　）。

A. 柱面勾缝按图示尺寸以长度计算

B. 柱面抹麻刀石灰砂浆按柱面装饰抹灰列项

C. 飘窗凸出外墙面增加的抹灰在综合单价中考虑，不另计算

D. 有吊顶天棚的内墙面抹灰，抹至吊顶以上部分在综合单价中考虑

【答案】D

【解析】柱面勾缝，按设计图示柱断面周长乘以高度以面积“m^2”计算。柱面抹麻刀石灰砂浆按柱面一般抹灰编码列项。飘窗凸出外墙面增加的抹灰并入外墙工程量内。有吊顶天棚的内墙面抹灰，抹至吊顶以上部分在综合单价中考虑，不另计算。

【考点】墙、柱面装饰与隔断、幕墙工程。

10. 根据《房屋建筑与装饰工程工程量计算规范》GB 50854—2013，关于天棚工程量计算方法，正确的为（　）。

A. 带梁天棚的梁两侧抹灰面积并入天棚面积内计算

B. 板式楼梯底面抹灰按设计图示尺寸以水平投影面积计算

C. 吊顶天棚中的灯带按照设计图示尺寸以长度计算

D. 吊顶天棚的送风口和回风口，按框外围展开面积计算

【答案】A

【解析】带梁天棚的梁两侧抹灰面积并入天棚面积内，板式楼梯底面抹灰按斜面积计算，锯齿形楼梯底板抹灰按展开面积计算。灯带（槽）按设计图示尺寸以框外围面积“m^2”计算。送风口、回风口按设计图示数量“个”计算。

【考点】天棚工程。

11. 根据《房屋建筑与装饰工程工程量计算规范》GB 50854—2013，下列油漆工程量可以按“m^2”计量的是（　　）。

A. 木扶手油漆　　B. 挂衣板油漆

C. 封檐板油漆　　D. 木栅栏油漆

【答案】D

【解析】木扶手油漆，窗帘盒油漆，封檐板及顺水板油漆，挂衣板及黑板框油漆，

挂镜线、窗帘棍、单独木线油漆，按设计图示尺寸以长度“m”计算。

【考点】油漆、涂料、裱糊工程。

12. 根据《房屋建筑与装饰工程工程量计算规范》GB 50854—2013，以下关于脚手架的说法，正确的是（　　）。

A. 综合脚手架按建筑面积计算，适用于房屋加层

B. 外脚手架、里脚手架按搭设的水平投影面积计算

C. 整体提升式脚手架按所服务对象的垂直投影面积计算

D. 同一建筑物有不同檐口时，按平均高度计算

【答案】C

【解析】综合脚手架不适用于房屋加层、构筑物及附属工程脚手架。外脚手架、里脚手架、整体提升架、外装饰吊篮，按所服务对象的垂直投影面积计算。同一建筑物有不同的檐高时，按建筑物竖向切面分别以不同檐高编列清单项目。

【考点】措施项目。

13. 根据《房屋建筑与装饰工程工程量计算规范》GB 50854—2013，关于措施项目，下列说法正确的为（　　）。

A. 安全文明施工措施中的临时设施项目包括对地下建筑物的临时保护设施

B. 单层建筑物檐高超过 20m，可按建筑面积计算超高施工增加

C. 垂直运输项目工作内容包括行走式垂直运输机轨道的铺设、拆除和摊销

D. 施工排水，降水措施项目中包括临时排水沟、排水设施安砌、维修和拆除

【答案】C

【解析】地上、地下设施、建筑物的临时保护设施不属于安全文明施工。单层建筑物檐口高度超过 20m，多层建筑物超过 6 层时（计算层数时，地下室不计入层数），可按超高部分的建筑面积计算超高施工增加。垂直运输项目工作内容包括垂直运输机械的固定装置、基础制作、安装，行走式垂直运输机械轨道的铺设、拆除、摊销。临时排水沟、排水设施安砌、维修、拆除，已包含在安全文明施工中，不包括在施工排水、降水措施项目中。

【考点】措施项目。

14. 根据《房屋建筑与装饰工程工程量计算规范》GB 50854—2013，下列关于砖砌体工程量计算说法，正确的有（　　）。

A. 空斗墙中门窗洞口立边、屋檐处的实砌部分一般不增加

B. 填充墙项目特征需要描述填充材料种类及厚度

C. 空花墙按设计图示尺寸以空花部分外形体积计算，扣除空洞部分体积

D. 空斗墙的窗间墙、窗台下、楼板下的实砌部分并入墙体体积

E. 小便槽、地垄墙可按长度计算

【答案】BE

【解析】空斗墙按设计图示尺寸以空斗墙外形体积“m^3”计算。墙角、内外墙交接处、门窗洞口立边、窗台砖、屋檐处的实砌部分体积并入空斗墙体积内。填充墙项目特征需要描述填充材料种类及厚度。空花墙按设计图示尺寸以空花部分外形体积“m^3”计算，不扣除空洞部分体积。小便槽、地垄墙可按长度计算。

【考点】砌筑工程。

15. 根据《房屋建筑与装饰工程工程量计算规范》GB 50854—2013，下列关于现浇混凝土其他构件工程量计算规则，正确的是（ ）。

A. 架空式混凝土台阶，按现浇楼梯计算

B. 围墙压顶，按设计图示尺寸的中心线以延长米计算

C. 坡道按设计图示尺寸斜面积计算

D. 台阶按设计图示尺寸的展开面积计算

E. 电缆沟、地沟按设计图示尺寸的中心线长度计算

【答案】ABE

【解析】架空式混凝土台阶，按现浇楼梯计算。扶手、压顶，以“m”计量，按设计图示的中心线延长米计算；以“m^3”计量，按设计图示尺寸以体积计算。散水、坡道、室外地坪，按设计图示尺寸以水平投影面积计算。台阶，以“m^2”计量，按设计图示尺寸水平投影面积计算；以“m^3”计量，按设计图示尺寸以体积计算。电缆沟、地沟，按设计图示以中心线长度“m”计算。

【考点】混凝土及钢筋混凝土工程。

16. 根据《房屋建筑与装饰工程工程量计算规范》GB 50854—2013，下列关于门窗工程计算正确的有（ ）。

A. 金属门五金应单独列项计算

B. 木门门锁已包含在五金中，不另计算

C. 金属橱窗、飘窗，以“樘”计量，项目特征必须描述框外围展开面积

D. 木质门按门外围尺寸的面积计量

E. 防护铁丝门刷防护涂料应包括在综合单价中

【答案】CE

【解析】金属门五金安装应计算在综合单价中。但应注意，金属门门锁已包含在门五金中，不需要另行计算。木门五金不含门锁，门锁安装单独列项计算。木质门以“樘”计量，按设计图示数量计算；以“m^2”计量，按设计图示洞口尺寸以面积计算。防护铁丝门刷防护涂料应包括在综合单价中。

【考点】门窗工程。

四、2020 年考题

1. 根据《房屋建筑与装饰工程工程量计算规范》GB 50854—2013，挖 480mm 宽的钢筋混凝土直埋管道沟槽，每侧工作面宽度应为（ ）mm。

A. 200　　B. 250　　C. 400　　D. 500

【答案】C

【解析】管沟结构宽度 480mm<500mm，混凝土及钢筋混凝土管道的施工每侧工作面宽度为 400mm。

【考点】土石方工程。

2. 根据《房屋建筑与装饰工程工程量计算规范》GB 50854—2013，地基处理的换填垫层项目特征中，应说明材料种类及配比、压实系数和（ ）。

A. 基坑深度　　B. 基底土分类　　C. 边坡支护形式　　D. 掺加剂品种

【答案】D

【解析】换填垫层项目特征描述：材料种类及配比、压实系数、掺加剂品种。

【考点】地基处理与边坡支护工程。

3. 根据《房屋建筑与装饰工程工程量计算规范》GB 50854—2013，关于地下连续墙项目工程量计算，说法正确的为（　　）。

A. 工程量按设计图示围护结构展开面积计算

B. 工程量按连续墙中心线长度乘以高度以面积计算

C. 钢筋网的制作及安装不另计算

D. 工程量按设计图示墙中心线长度乘以厚度乘以槽深以体积计算

【答案】D

【解析】地下连续墙，按设计图示墙中心线长度乘以厚度乘以槽深以体积“m^3”计算。

【考点】地基处理与边坡支护工程。

4. 根据《房屋建筑与装饰工程工程量计算规范》GB 50854—2013，打桩项目工作内容应包括（　　）。

A. 送桩　　B. 承载力检测

C. 桩身完整性检测　　D. 截（凿）桩头

【答案】A

【解析】打桩的工程内容中包括了接桩和送桩，不需要单独列项，应在综合单价中考虑。

【考点】桩基础工程。

5. 根据《房屋建筑与装饰工程工程量计算规范》GB 50854—2013，建筑基础与墙体均为砖砌体，且有地下室，则基础与墙体的划分界限为（　　）。

A. 室内地坪设计标高　　B. 室外地面设计标高

C. 地下室地面设计标高　　D. 自然地面标高

【答案】C

【解析】基础与墙（柱）身的划分：基础与墙（柱）身使用同种材料时，以设计室内地面为界（有地下室者，以地下室室内设计地面为界），以下为基础，以上为墙（柱）身。

【考点】砌筑工程。

6. 根据《房屋建筑与装饰工程工程量计算规范》GB 50854—2013，对于砌块墙砌筑，下列说法正确的是（　　）。

A. 砌块上、下错缝不满足搭砌要求时应加两根$\phi 8$钢筋拉结

B. 错缝搭接拉结钢筋工程量不计

C. 垂直灰缝灌注混凝土工程量不计

D. 垂直灰缝宽大于 30mm 时应采用 C20 细石混凝土灌实

【答案】D

【解析】砌块排列应上、下错缝搭砌，如果搭错缝长度满足不了规定的搭砌要求，

应采取压砌钢筋网片的措施，具体构造要求按设计规定。砌体内加筋、墙体拉结的制作、安装应按混凝土及钢筋混凝土工程中相关项目编码列项。砌体垂直灰缝宽大于30mm时，采用C20细石混凝土灌实，灌注的混凝土应按混凝土及钢筋混凝土工程相关项目编码列项。

【考点】砌筑工程 。

7. 根据《房屋建筑与装饰工程工程量计算规范》GB 50854—2013，关于石砌体工程量计算说法，正确的为（　　）。

A. 石台阶项目包括石梯带和石梯膀

B. 石坡道按设计图示尺寸以水平投影面积计算

C. 石护坡按设计图示尺寸以垂直投影面积计算

D. 石挡土墙按设计图示尺寸以挡土面积计算

【答案】B

【解析】石台阶项目包括石梯带（垂带），不包括石梯膀。石坡道，按设计图示尺寸以水平投影面积"m^2"计算。石护坡，按设计图示尺寸以体积"m^3"计算。石挡土墙，按设计图示尺寸以体积"m^3"计算。

【考点】砌筑工程。

8. 根据《房屋建筑与装饰工程工程量计算规范》GB 50854—2013，关于现浇混凝土过梁工程量计算说法，正确的是（　　）。

A. 伸入墙内的梁头计入梁体积

B. 墙内部分的梁垫按其他构件项目列项

C. 梁内钢筋所占体积予以扣除

D. 按设计图示中心线计算

【答案】A

【解析】现浇混凝土梁包括基础梁、矩形梁、异型梁、圈梁、过梁、弧形梁（拱形梁）等项目。按设计图示尺寸以体积"m^3"计算，不扣除构件内钢筋、预埋铁件所占体积，伸入墙内的梁头、梁垫并入梁体积内。

【考点】混凝土及钢筋混凝土工程。

9. 根据《房屋建筑与装饰工程工程量计算规范》GB 50854—2013，关于现浇混凝土雨篷工程量计算说法，正确的为（　　）。

A. 并入墙体工程量，不单独列项

B. 按水平投影面积计算

C. 按设计图示尺寸以墙外部分体积计算

D. 扣除伸出墙外的牛腿体积

【答案】C

【解析】雨篷、悬挑板、阳台板，按设计图示尺寸以墙外部分体积"m^3"计算，包括伸出墙外的牛腿和雨篷反挑檐的体积。

【考点】混凝土及钢筋混凝土工程。

10. 根据《房屋建筑与装饰工程工程量计算规范》GB 50854—2013，关于现浇混凝土构件工程量计算说法，正确的为（　　）。

A. 坡道按设计图示尺寸以“m^3”计算

B. 架空式混凝土台阶按现浇楼梯计算

C. 室外地坪按设计图示面积乘以厚度以“m^3”计算

D. 地沟按设计图示结构截面积乘以中心线长度以“m^3”计算

【答案】B

【解析】散水、坡道、室外地坪，按设计图示尺寸以面积“m^2”计算。架空式混凝土台阶，按现浇楼梯计算。电缆沟、地沟，按设计图示以中心线长度“m”计算。

【考点】混凝土及钢筋混凝土工程。

11. 根据《房屋建筑与装饰工程工程量计算规范》GB 50854—2013，预制混凝土三角形屋架应（　　）。

A. 按组合屋架列项　　B. 按薄腹屋架列项

C. 按天窗屋架列项　　D. 按折线形屋架列项

【答案】D

【解析】三角形屋架按折线型屋架项目编码列项。

【考点】混凝土及钢筋混凝土工程。

12. 根据《房屋建筑与装饰工程工程量计算规范》GB 50854—2013，木门综合单价计算不包括（　　）。

A. 折页、插销安装　　B. 门碰珠、弓背拉手安装

C. 弹簧折页安装　　D. 门锁安装

【答案】D

【解析】木门五金应包括折页、插销、门碰珠、弓背拉手、搭机、木螺丝、弹簧折页（自动门）、管子拉手（自由门、地弹门）、地弹簧（地弹门）、角铁、门轧头（地弹门、自由门）等，五金安装应计算在综合单价中，需要注意的是，木门五金不含门锁，门锁安装单独列项计算。

【考点】门窗工程。

13. 根据《房屋建筑与装饰工程工程量计算规范》GB 50854—2013，关于屋面防水工程量计算说法，正确的为（　　）。

A. 斜屋面按水平投影面积计算　　B. 女儿墙处弯起部分应单独列项计算

C. 防水卷材搭接用量不另行计算　　D. 屋面伸缩缝弯起部分单独列项计算

【答案】C

【解析】斜屋顶（不包括平屋顶找坡）按斜面积计算。屋面的女儿墙、伸缩缝和天窗等处的弯起部分，并入屋面工程量内。屋面防水搭接及附加层用量不另行计算，在综合单价中考虑。

【考点】屋面及防水工程。

14. 根据《房屋建筑与装饰工程工程量计算规范》GB 50854—2013，关于与墙相连的墙间柱保温隔热工程量计算说法，正确的为（　　）。

A. 按设计图示尺寸以“m^2”单独计算

B. 按设计图示尺寸以“m”单独计算

C. 不单独计算，并入保温墙体工程量内

D. 按设计图示柱展开面积“m^2”单独计算

【答案】C

【解析】保温隔热墙面，按设计图示尺寸以面积“m^2”计算。扣除门窗洞口以及面积大于 $0.3m^2$ 梁、孔洞所占面积；门窗洞口侧壁以及与墙相连的柱，并入保温墙体工程量。

【考点】保温、隔热、防腐工程。

15. 根据《房屋建筑与装饰工程工程量计算规范》GB 50854—2013，关于墙面抹灰工程量计算说法，正确的为（　　）。

A. 墙面抹灰中墙面勾缝不单独列项

B. 有吊顶天棚的内墙面抹灰抹至吊顶以上部分应另行计算

C. 墙面水刷石按墙面装饰抹灰编码列项

D. 墙面抹石膏灰浆按墙面装饰抹灰编码列项

【答案】C

【解析】墙面一般抹灰、墙面装饰抹灰、墙面勾缝、立面砂浆找平层，按设计图示尺寸以面积“m^2”计算。有吊顶天棚的内墙面抹灰，抹至吊顶以上部分在综合单价中考虑，不另行计算。墙面抹石灰砂浆，水泥砂浆、混合砂浆、聚合物水泥砂浆、麻刀石灰浆、石膏灰浆等按墙面一般抹灰列项。墙面水刷石、斩假石、干粘石、假面砖等按墙面装饰抹灰列项。

【考点】墙、柱面装饰与隔断、幕墙工程。

16. 根据《房屋建筑与装饰工程工程量计算规范》G8 50854—2013，关于幕墙工程工程量计算说法，正确的为（　　）。

A. 应扣除与带骨架幕墙同种材质的窗所占面积

B. 带肋全玻幕墙玻璃肋工程量应单独计算

C. 带骨架幕墙按图示框内围尺寸以面积计算

D. 带肋全玻幕墙按展开面积计算

【答案】D

【解析】带骨架幕墙，按设计图示框外围尺寸以面积“m^2”计算，与幕墙同种材质的窗所占面积不扣除。带肋全玻幕墙按展开面积计算，带肋全玻幕墙是指玻璃幕墙带玻璃肋，玻璃肋的工程量并入玻璃墙工程量内计算。

【考点】墙、柱面装饰与隔断、幕墙工程。

17. 根据《房屋建筑与装饰工程工程量计算规范》GB 50854—2013，关于天棚工程量计算说法，正确的为（　　）。

A. 采光天棚工程量按框外围展开面积计算

B. 天棚工程量按设计图示尺寸以水平投影面积计算

C. 天棚骨架并入天棚工程量，不单独计算

D. 吊顶龙骨单独列项计算工程量

【答案】A

【解析】采光天棚工程量计算按框外围展开面积计算。采光天棚骨架应单独按“金属结构”中相关项目编码列项。吊顶龙骨安装应在综合单价中考虑，不另列项计算工程量。

【考点】天棚工程。

18. 根据《房屋建筑与装饰工程工程量计算规范》GB 50854—2013，土方工程工程量计算正确的为（　　）。

A. 建筑场地厚度≤±300mm 的挖、填、运、找平，均按平整场地计算

B. 设计底宽≤7m，底长 >3 倍底宽的土方开挖，按挖沟槽土方计算

C. 设计底宽 >7m，底长 >3 倍底宽的土方开挖，按一般土方计算

D. 设计底宽≤7m，底长 <3 倍底宽的土方开挖，按挖基坑土方计算

E. 土方工程量均按设计尺寸以体积计算

【答案】AB

【解析】平整场地，按设计图示尺寸以建筑物首层建筑面积"m^2"计算。建筑物场地厚度小于或等于 ±300mm 的挖、填、运、找平，应按平整场地项目编码列项。厚度大于 ±300mm 的竖向布置挖土或山坡切土应按一般土方项目编码列项。底宽小于或等于 7m，底长大于 3 倍底宽为沟槽；底长小于或等于 3 倍底宽，底面积小于或等于 150m^2 为基坑；超出上述范围则为一般土方。

【考点】土石方工程。

19. 根据《房屋建筑与装饰工程工程量计算规范》GB 50854—2013，关于墙面变形缝、防水、防潮工程量计算说法，正确的为（　　）。

A. 墙面卷材防水按设计图示尺寸以面积计算

B. 墙面防水搭接及附加层用量应另行计算

C. 墙面砂浆防水项目中，钢丝网不另行计算，在综合单价中考虑

D. 墙面变形缝按设计图示立面投影面积计算

E. 墙面变形缝若做双面，按设计图示长度尺寸乘以 2 计算

【答案】ACE

【解析】墙面卷材防水、墙面涂膜防水、墙面砂浆防水（防潮），按设计图示尺寸以面积"m^2"计算。墙面变形缝，按设计图示尺寸以长度"m"计算。墙面变形缝若做双面，工程量乘以系数 2。墙面防水搭接及附加层用量不另行计算，在综合单价中考虑。墙面砂浆防水（防潮）项目特征描述防水层做法、砂浆厚度及配合比、钢丝网规格，要注意在其工作内容中已包含了挂钢丝网，即钢丝网不另行计算，在综合单价中考虑。

【考点】屋面及防水工程。

20. 根据《房屋建筑与装饰工程工程量计算规范》GB 50854—2013，关于柱面抹灰工程量计算说法，正确的为（　　）。

A. 柱面勾缝忽略不计

B. 柱面抹麻刀石灰浆按柱面装饰抹灰编码列项

C. 柱面一般抹灰按设计断面周长乘以高度以面积计算

D. 柱面勾缝按设计断面周长乘以高度以面积计算

E. 柱面砂浆找平按设计断面周长乘以高度以面积计算

【答案】CDE

【解析】柱面勾缝，按设计图示柱断面周长乘高度以面积"m^2"计算。柱（梁）面

抹石灰砂浆、水泥砂浆、混合砂浆、聚合物水泥砂浆、麻刀石灰浆、石膏灰浆等按柱（梁）面一般抹灰编码列项；柱面一般抹灰、柱面装饰抹灰、柱面砂浆找平层，按设计图示柱断面周长乘以高度以面积“m^2”计算。

【考点】墙、柱面装饰与隔断、幕墙工程。

21. 根据《房屋建筑与装饰工程工程量计算规范》GB 50854—2013，安全文明施工措施项目包括（　　）。

A. 地上地下措施　　B. 环境保护

C. 安全施工　　D. 临时设施

E. 文明施工

【答案】BCDE

【解析】安全文明施工包含环境保护、文明施工、安全施工、临时设施。

【考点】措施项目。

五、2019 年考题

1. 某建筑物砂土场地，设计开挖面积为 20m × 7m，自然地面标高为 –0.2m，设计室外地坪高为 –0.3m，设计开挖底面标高为 –1.2m。根据《房屋建筑与装饰工程工程量计算规范》GB 50854—2013，土方工程清单工程量计算应（　　）。

A. 执行挖一般土方项目，工程量为 140m^3

B. 执行挖一般土方项目，工程量为 126m^3

C. 执行挖基坑土方项目，工程量为 140m^3

D. 执行挖基坑土方项目，工程量为 126m^3

【答案】C

【解析】底长小于或等于 3 倍底宽、底面积小于或等于 150m^2 为基坑。挖沟槽土方、挖基坑土方按设计图示尺寸以基础垫层底面积乘以挖土深度以体积“m^3”计算。基础土方开挖深度应按基础垫层底表面标高至交付施工场地标高确定，无交付施工场地标高时，应按自然地面标高确定。

【考点】土石方工程。

2. 某较为平整的软岩施工场地，设计长度为 30m，宽为 10m，开挖深度为 0.8m，根据《房屋建筑与装饰工程工程量计算规范》GB 50854—2013，开挖石方清单工程量为（　　）。

A. 沟槽石方工程量 300m^2

B. 基坑石方工程量 240m^3

C. 管沟石方工程量 30m

D. 一般石方工程量 240m^3

【答案】D

【解析】沟槽、基坑、一般石方的划分：底宽小于或等于 7m 且底长大于 3 倍底宽为沟槽；底长小于或等于 3 倍底宽且底面积小于或等于 150m^2 为基坑；超出上述范围则为一般石方。挖一般石方，按设计图示尺寸以体积“m^3”计算。

【考点】土石方工程。

3. 根据《房屋建筑与装饰工程工程量计算规范》GB 50854—2013，关于打预制钢筋混凝土方桩清单工程量计算说法，正确的是（　）。

A. 打桩按打入实体长度（不包括桩尖）计算，以“m”计量

B. 截桩头按设计桩截面乘以桩头长度以体积计算，以“m^3”计量

C. 接桩按接头数量计算，以“个”计量

D. 送桩按送入长度计算，以“m”计量

【答案】B

【解析】打桩的工程内容中包括了接桩和送桩，不需要单独列项，应在综合单价中考虑。截（凿）桩头，按设计桩截面乘以桩头长度以体积“m^3”计算；以“根”计量，按设计图示数量计算。

【考点】桩基础工程。

4. 根据《房屋建筑与装饰工程工程量计算规范》GB 50854—2013，关于砌块墙清单工程量计算说法，正确的是（　　）。

A. 墙体内拉结筋不另列项计算

B. 压砌钢筋网片不另列项计算

C. 勾缝应列入工作内容

D. 垂直灰缝灌细石混凝土工程量不另列项计算

【答案】C

【解析】砌体内加筋、墙体拉结的制作、安装，应按混凝土及钢筋混凝土工程中相关项目编码列项。砌块砌体中工作内容包括了勾缝。砌体垂直灰缝宽大于 30mm 时，采用 C20 细石混凝土灌实，灌注的混凝土应按混凝土及钢筋混凝土工程相关项目编码列项。

【考点】砌筑工程。

5. 根据《房屋建筑与装饰工程工程量计算规范》GB 50854—2013，关于现浇混凝土短肢剪力墙工程量计算说法，正确的是（　　）。

A. 短肢剪力墙按现浇混凝土异型墙列项

B. 各肢截面高度与厚度之比大于 5 时，按现浇混凝土矩形柱列项

C. 各肢截面高度与厚度之比小于 4 时，按现浇混凝土墙列项

D. 各肢截面高度与厚度之比为 4.5 时，按短肢剪力墙列项

【答案】D

【解析】现浇混凝土墙包括直形墙、弧形墙、短肢剪力墙、挡土墙。短肢剪力墙是指截面厚度不大于 300mm、各肢截面高度与厚度之比的最大值大于 4 但不大于 8 的剪力墙；各肢截面高度与厚度之比的最大值不大于 4 的剪力墙按柱项目编码列项。

【考点】混凝土及钢筋混凝土工程。

6. 根据《房屋建筑与装饰工程工程量计算规范》GB 50854—2013，关于现浇混凝土构件清单工程量计算说法，正确的是（　　）。

A. 建筑物散水工程量并入地坪不单独计算

B. 室外台阶工程量并入室外楼梯工程量

C. 压顶工程量可按设计图示尺寸以体积计算，以“m^3”计量

D. 室外坡道工程量不单独计算

【答案】C

【解析】散水、坡道、室外地坪工程量计算规则：

（1）按设计图示尺寸以面积“m^2”计算。

（2）不扣除单个面积小于或等于 $0.3m^2$ 的孔洞所占面积。

（3）台阶：①以“m^2”计量，按设计图示尺寸水平投影面积计算。②以“m^3”计量，按设计图示尺寸以体积计算。

（4）扶手、压顶：①以“m”计量，按设计图示的中心线延长米计算。②以“m^3”计量，按设计图示尺寸以体积计算。

【考点】混凝土及钢筋混凝土工程。

7. 关于混凝土保护层厚度，下列说法正确的是（　　）。

A. 现浇混凝土柱中钢筋的混凝土保护层厚度指纵向主筋至混凝土外表面的距离

B. 基础中钢筋的混凝土保护层厚度应从垫层顶面算起，且不应小于 30mm

C. 混凝土保护层厚度与混凝土结构设计使用年限无关

D. 混凝土构件中受力钢筋的保护层厚度不应小于钢筋的公称直径

【答案】D

【解析】混凝土保护层是结构构件中最外层钢筋外边缘至构件表面范围用于保护钢筋的混凝土。构件中受力钢筋的保护层厚度不应小于钢筋的公称直径 d。钢筋混凝土基础宜设置混凝土垫层，基础中钢筋的混凝土保护层厚度应从垫层顶面算起，且不应小于 40mm。

【考点】混凝土及钢筋混凝土工程。

8. 根据《房屋建筑与装饰工程工程量计算规范》GB 50854—2013，关于钢筋工程量计算说法，正确的是（　　）。

A. 钢筋机械连接需单独列项计算工程量

B. 设计未标明连接的均按每 12m 计算 1 个接头

C. 框架梁贯通钢筋长度不含两端锚固长度

D. 框架梁贯通钢筋长度不含搭接长度

【答案】A

【解析】钢筋的工作内容中包括了焊接（或绑扎）连接，不需要计量，在综合单价中考虑，但机械连接需要单独列项计算工程量。钢筋连接的数量按设计图示及规范要求计算，设计图纸及规范要求未标明的，按以下规定计算：①ϕ10 以内的长钢筋按每 12m 计算一个钢筋接头。②ϕ10 以上的长钢筋按每 9m 一个接头。现浇构件中伸出构件的锚固钢筋应并入钢筋工程量内。除设计（包括规范规定）标明的搭接外，其他施工搭接不计算工程量，在综合单价中综合考虑。

【考点】混凝土及钢筋混凝土工程。

9. 根据《房屋建筑与装饰工程工程量计算规范》GB 50854—2013，关于钢网架清单项，下列说法正确的是（　　）。

A. 钢网架项目特征中应明确探伤和防火要求

B. 钢网架铆钉应按设计图示个数以数量计量

C. 钢网架中螺栓按个数以数量计量

D. 钢网架按设计图示尺寸扣除孔眼部分以质量计量

【答案】A

【解析】钢网架工程量按设计图示尺寸以质量计算，不扣除孔眼的质量，焊条、铆钉等不另增加质量。项目特征描述：钢材品种、规格，网架节点形式、连接方式，网架跨度、安装高度、探伤要求、防火要求等。

【考点】金属结构工程。

10. 根据《房屋建筑与装饰工程工程量计算规范》GB 50854—2013，金属结构钢管柱清单工程量计算时，不予计量的是（　　）。

A. 节点板　　B. 螺栓　　C. 加强环　　D. 牛腿

【答案】B

【解析】钢管柱按设计图示尺寸以质量“t”计算。不扣除孔眼的质量，焊条、铆钉、螺栓等不另增加质量。钢管柱上的节点板、加强环、内衬管、牛腿等并入钢管柱工程量内。

【考点】金属结构工程。

11. 根据《房屋建筑与装饰工程工程量计算规范》GB 50854—2013，压型钢板楼板清单工程量计算应（　　）。

A. 按设计图示数量计算，以“t”计量

B. 按设计图示规格计算，以“块”计量

C. 不扣除孔洞部分

D. 按设计图示以铺设水平影面积计算，以“m^2”计量

【答案】D

【解析】压型钢板楼板，按设计图示尺寸以铺设水平投影面积“m^2”计算。不扣除单个面积小于或等于 $0.3m^2$ 柱、垛及孔洞所占面积。

【考点】金属结构工程。

12. 根据《房屋建筑与装饰工程工程量计算规范》GB 50854—2013，关于金属门清单工程量计算说法，正确的是（　　）。

A. 门锁、拉手按金属门五金一并计算，不单独列项

B. 按设计图示洞口尺寸以质量计算

C. 按设计门框或扇外围图示尺寸以质量计算

D. 钢质防火和防盗门不按金属门列项

【答案】A

【解析】金属（塑钢）门、彩板门、钢质防火门、防盗门：①以“樘”计量，按设计图示数量计算。②以“m^2”计量，按设计图示洞口尺寸以面积计算。五金安装应计算在综合单价中。但应注意的是，金属门门锁已包含在门五金中，不需要另行计算。

【考点】门窗工程。

13. 根据《房屋建筑与装饰工程工程量计算规范》GB 50854—2013，以“樘”计量的金属橱窗项目特征中必须描述（　　）。

A. 洞口尺寸　　B. 玻璃面积

C. 窗设计数量　　D. 框外围展开面积

【答案】D

【解析】金属橱窗、飘（凸）以“樘”计量，项目特征必须描述框外围展开面积，可不描述洞口尺寸及框的外围尺寸。

【考点】门窗工程。

14. 根据《房屋建筑与装饰工程工程量计算规范》GB 50854—2013，关于混凝土构件拆除清单工程量计算说法，正确的是（　　）。

A. 按拆除构件的虚方工程量计算，以“m^3”计量

B. 可按拆除部位的面积计算，以“m^2”计量

C. 可按拆除构件的运输工程量计算，以“m^3”计量

D. 按拆除构件的质量计算，以“t”计量

【答案】B

【解析】混凝土构件拆除、钢筋混凝土构件拆除，以“m^3”计量，按拆除构件的混凝土体积计算；以“m^2”计量，按拆除部位的面积计算；以“m”计量，按拆除部位的延长米计算。

【考点】拆除工程。

15. 根据《房屋建筑与装饰工程工程量计算规范》GB 50854—2013，非标准图设计木屋架项目特征应描述（　　）。

A. 跨度　　B. 材料品种及规格

C. 运输和吊装要求　　D. 刨光要求

E. 防护材料种类

【答案】ABDE

【解析】以“榀”计量，按标准图设计的应注明标准图代号，按非标准图设计的项目特征需要描述木屋架的跨度、材料品种及规格、刨光要求、拉杆及夹板种类、防护材料种类。

【考点】木结构。

16. 根据《房屋建筑与装饰工程工程量计算规范》GB 50854—2013，关于现浇混凝土板清单工程量计算说法，正确的有（　　）。

A. 压型钢板混凝土楼板扣除钢板所占体积

B. 空心板不扣除空心部分体积

C. 雨篷反挑檐的体积并入雨篷内并计算

D. 悬挑板不包括伸出墙外的牛腿体积

E. 挑檐板按设计图示尺寸以体积计算

【答案】ACE

【解析】压型钢板混凝土楼板扣除构件内压型钢板所占体积。天沟（檐沟）、挑檐板，按设计图示尺寸以体积“m^3”计算。雨篷、悬挑板、阳台板，按设计图示尺寸以墙外部分体积“m^3”计算，包括伸出墙外的牛腿和雨篷反挑檐的体积。空心板，按设计图示尺寸以体积计算，空心板（GBF 高强薄壁蜂巢芯板等）应扣除空心部分体积。

【考点】混凝土及钢筋混凝土工程。

17. 根据《房屋建筑与装饰工程工程量计算规范》GB 50854—2013，关于屋面及防水清单工程量计算说法，正确的有（　　）。

A. 屋面排水管按檐口至设计室外散水上表面垂直距离计算

B. 斜屋面卷材防水按屋面水平投影面积计算

C. 屋面排气管按设计图示以数量计算

D. 屋面檐沟防水按设计图示尺寸以展开面积计算

E. 屋面变形缝按设计图示以长度计算

【答案】DE

【解析】屋面排水管，按设计图示尺寸以长度“m”计算，如设计未标注尺寸，以檐口至设计室外散水上表面垂直距离计算。斜屋顶（不包括平屋顶找坡）按斜面积计算，平屋顶按水平投影面积计算，不扣除房上烟囱、风帽底座、风道、屋面小气窗和斜沟所占面积。屋面排（透）气管，按设计图示尺寸以长度“m”计算。屋面天沟、檐沟，按设计图示尺寸以展开面积“m^2”计算。屋面变形缝按设计图示以长度计算。

【考点】屋面及防水工程。

考点统计

通过对上述5年的考题统计，本节涉及的考点主要是工程量计算规则与方法。近5年涉及本节的真题共有84题，具体考点的考核频次如表5.3.1所示。

表 5.3.1　第五章第三节考点考核频次表

序号	知识点	考核频次
1	土石方工程	7
2	地基处理与边坡支护工程	6
3	桩基础工程	2
4	砌筑工程	9
5	混凝土及钢筋混凝土工程	16
6	金属结构工程	7
7	木结构	1
8	门窗工程	4
9	屋面及防水工程	7
10	保温、隔热、防腐工程	3
11	楼地面装饰工程	2

续表 5.3.1

序号	知识点	考核频次
12	墙、柱面装饰与隔断、幕墙工程	5
13	天棚工程	3
14	油漆、涂料、裱糊工程	3
15	拆除工程	2
16	措施项目	7

知识点凝练

一、土石方工程

土石方工程包括土方工程、石方工程及回填。

（一）土方工程

土方工程包括平整场地，挖一般土方，挖沟槽土方及挖基坑土方，冻土开挖，挖淤泥、流沙，管沟土方等项目。挖土方如需截桩头时，应按桩基工程相关项目列项。

1. 工程量计算规则

（1）平整场地。按设计图示尺寸以建筑物首层建筑面积“m^2”计算，项目特征描述土壤类别、弃土运距、取土运距。

（2）挖一般土方。按设计图示尺寸以体积“m^3”计算。挖土方平均厚度应按自然地面测量标高至设计地坪标高间的平均厚度确定。项目特征描述：土壤类别、挖土深度、弃土运距。

（3）挖沟槽土方及挖基坑土方。按设计图示尺寸以基础垫层底面积乘以挖土深度按体积“m^3”计算。基础土方开挖深度应按基础垫层底表面标高至交付施工场地标高确定，无交付施工场地标高时，应按自然地面标高确定。项目特征描述：土壤类别、挖土深度、弃土运距。

（4）冻土开挖。按设计图示尺寸开挖面积乘以厚度以体积“m^3”计算。

（5）挖淤泥、流沙。按设计图示位置、界限以体积“m^3”计算。挖方出现流沙、淤泥时，如设计未明确，在编制工程量清单时，其工程数量可为暂估量，结算时应根据实际情况由发包人与承包人双方现场签证确认工程量。

（6）管沟土方。按设计图示以管道中心线长度“m”计算；或按设计图示管底垫层面积乘以挖土深度以体积“m^3”计算。无管底垫层按管外径的水平投影面积乘以挖土深度计算。不扣除各类井的长度，井的土方并入。管沟土方项目适用于管道（给排水、工业、电力、通信）、光（电）缆沟及连接井（检查井）等。有管沟设计时，平均深度以沟垫层底面标高至交付施工场地标高计算；无管沟设计时，直埋管深度应按管底外表面标高至交付施工场地标高的平均高度计算。

2. 相关说明

（1）土方工程项目划分的规定。

1）建筑物场地厚度≤±300mm 的挖、填、运、找平，应按平整场地项目编码列项。厚度>±300mm 的竖向布置挖土或山坡切土应按一般土方项目编码列项。

2）沟槽、基坑、一般土方的划分：底宽≤7m，底长>3 倍底宽为沟槽；底长≤3 倍底宽且底面积≤150m^2 为基坑；超出上述范围则为一般土方。

（2）土方体积应按挖掘前的天然密实体积计算。

（3）挖沟槽、基坑、一般土方因工作面和放坡增加的工作量（管沟工作面增加的工程量），是否并入各土方工程量中，按各省、自治区、直辖市或行业建设主管部门的规定实施，若并入，办理结算时，按经发包人认可的施工组织设计规定计算，编制工程量清单时，按表 5.3.2 ~ 表 5.3.4 的规定计算。

表 5.3.2　放坡系数表

土类别	放坡起点 /m	人工挖土	机械挖土		
			在坑内作业	在坑上作业	顺沟槽在坑上作业
一、二类土	1.20	1 : 0.5	1 : 0.33	1 : 0.75	1 : 0.5
三类土	1.50	1 : 0.33	1 : 0.25	1 : 0.67	1 : 0.33
四类土	2.00	1 : 0.25	1 : 0.10	1 : 0.33	1 : 0.25

表 5.3.3　基础施工所需工作面宽度计算表

基础材料	每边各增加工作面宽度 /mm
砖基础	200
毛石、方整石基础	250
混凝土基础垫层支模板	150
混凝土基础支模板	400
基础垂直面做砂浆防潮层	400（自防潮层面）
基础垂直面做防水层或防腐层	1 000（自防水层面或防腐层面）
支挡土板	100（另加）

表 5.3.4　管沟施工每侧工作面宽度计算表

管道结构类型	管道结构宽度 /mm			
	≤500	≤1 000	≤2 500	>2 500
混凝土及钢筋混凝土管道	400	500	600	700
其他材质管道	300	400	500	600

（二）石方工程

1. 工程量计算规则

（1）挖一般石方。按设计图示尺寸以体积“m^3”计算。

（2）挖沟槽（基坑）石方。按设计图示尺寸沟槽（基坑）底面积乘以挖石深度以体积“m^3”计算。

（3）管沟石方。按设计图示以管道中心线长度“m”计算，或按设计图示截面积乘以长度计算以体积“m^3”计算。有管沟设计时，平均深度以沟垫层底面标高至交付施工场地标高计算；无管沟设计时，直埋管深度应按管底外表面标高至交付施工场地标高的平均高度计算。管沟石方项目适用于管道（给排水、工业、电力、通信）、光（电）缆沟。

2. 相关说明

（1）沟槽、基坑、一般石方的划分为：底宽≤7m 且底长 >3 倍底宽为沟槽；底长≤3 倍底宽且底面积≤150m^2 为基坑；超出上述范围则为一般石方。

（2）挖石应按自然地面测量标高至设计地坪标高的平均厚度确定。基础石方开挖深度应按基础垫层底表面标高至交付施工现场地标高确定，无交付施工场地标高时，应按自然地面标高确定。

（3）项目特征描述中，弃渣运距可以不描述，但应注明由投标人根据施工现场实际情况自行考虑，决定报价。

（4）石方体积应按挖掘前的天然密实体积计算。

（三）回填

工程量计算规则：

（1）回填方，按设计图示尺寸以体积“m^3”计算。

1）场地回填：回填面积乘以平均回填厚度。

2）室内回填：主墙间净面积乘以回填厚度，不扣除间隔墙。

3）基础回填：挖方清单项目工程量减去自然地坪以下埋设的基础体积（包括基础垫层及其他构筑物）。

回填方项目特征描述：密实度要求、填方材料品种、填方粒径要求、填方来源及运距。

（2）余方弃置，按挖方清单项目工程量减利用回填方以体积“m^3”计算。项目特征描述废弃料品种、运距。

二、地基处理与边坡支护工程

地基处理与边坡支护工程包括地基处理、基坑与边坡支护。

（一）地基处理

工程量计算规则：

（1）换填垫层：按设计图示尺寸以体积“m^3”计算。项目特征描述：材料种类及配比、压实系数、掺加剂品种。

（2）铺设土工合成材料：按设计图示尺寸以面积“m^2”计算。

（3）预压地基、强夯地基、振冲密实（不填料）：按设计图示处理范围以面积“m^2”计算。

（4）振冲桩（填料）：以“m”计量，按设计图示尺寸以桩长计算；或以“m^3”计量，按设计桩截面乘以桩长以体积计算。

（5）砂石桩。

1）按设计图示尺寸以桩长“m”（包括桩尖）计算；

2）按设计桩截面乘以桩长（包括桩尖）以体积“m^3”计算。

（6）水泥粉煤灰碎石桩、夯实水泥土桩、石灰桩、灰土（土）挤密桩按设计图示尺寸以桩长（包括桩尖）“m”计算。

（7）深层搅拌桩、粉喷桩、柱锤冲扩桩按设计图示尺寸以桩长“m”计算。

（8）注浆地基，按设计图示尺寸以钻孔深度“m”计算；或按设计图示尺寸以加固体积“m^3”计算。

（9）褥垫层，按设计图示尺寸以铺设面积“m^2”计算，或按设计图示尺寸以体积“m^3”计算。

（二）基坑与边坡支护工程量计算规则

（1）地下连续墙，按设计图示墙中心线长度乘以厚度乘以槽深以体积“m^3”计算。

（2）咬合灌注桩，按设计图示尺寸以桩长“m”计算；或按设计图示数量以“根”计算。

（3）圆木桩、预制钢筋混凝土板桩，按设计图示尺寸以桩长（包括桩尖）“m”计算；或按设计图示数量以“根”计算。

（4）型钢桩，按设计图示尺寸以质量“t”计算，或按设计图示数量以“根”计算。

（5）钢板桩，按设计图示尺寸以质量“t”计算；或按设计图示墙中心线长乘以桩长以面积“m^2”计算。

（6）锚杆（锚索）、土钉，按设计图示尺寸以钻孔深度“m”计算，或按设计图示数量以“根”计算。

（7）喷射混凝土、水泥砂浆，按设计图示尺寸以面积“m^2”计算。

（8）钢筋混凝土支撑，按设计图示尺寸以体积“m^3”计算。

（9）钢支撑，按设计图示尺寸以质量“t”计算，不扣除孔眼质量，焊条、铆钉、螺栓等不另增加质量。

三、桩基础工程

（一）打桩

1. 工程量计算规则

（1）预制钢筋混凝土方桩、预制钢筋混凝土管桩。

1）以“m”计量，按设计图示尺寸以桩长（包括桩尖）计算；

2）以“m^3”计量，按设计图示截面积乘以桩长（包括桩尖）以实体积计算；

3）以“根”计量，按设计图示数量计算。

（2）钢管桩。钢管桩按设计图示尺寸以质量“t”计算，或按设计图示数量以“根”计算。

（3）截（凿）桩头。按设计桩截面乘以桩头长度以体积“m^3”计算，或按设计图示数量以“根”计算。截（凿）桩头项目适用于地基处理与边坡支护工程、桩基础工程所列桩的桩头截（凿）。

2. 相关说明

打桩的工作内容中包括了接桩和送桩，不需要单独列项，应在综合单价中考虑。

（二）灌注桩工程量计算规则

（1）泥浆护壁成孔灌注桩、沉管灌注桩、干作业成孔灌注桩。

以“m”计量，按设计图示尺寸以桩长（包括桩尖）计算；以“m^3”计量，按不同截面在桩上范围内以体积计算；以“根”计量，按设计图示数量计算。

（2）挖孔桩土（石）方，以“m^3”计量，按设计图示尺寸（含护壁）截面积乘以挖孔深度以体积计算。

（3）人工挖孔灌注桩，以“m^3”计量，按桩芯混凝土体积计算；以“根”计量，按设计图示数量计算。

（4）钻孔压浆桩，以“m”计量，按设计图示尺寸以桩长计算；以“根”计量，按设计图示数量计算。

（5）灌注桩后压浆，按设计图示以注浆孔数“孔”计算。

四、砌筑工程

（一）砖砌体

1. 工程量计算规则

（1）砖基础，按设计图示尺寸以体积“m^3”计算，包括柱基础、墙基础、管道基础等。砖基础计算应注意的事项见表 5.3.5。

表 5.3.5 砖基础计算注意事项

事项	具体内容
合并计算	包括附墙垛基础宽出部分体积
扣除	地梁（圈梁）、构造柱所占体积
不扣除	基础大放脚 T 形接头处的重叠部分及嵌入基础内的钢筋、铁件、管道、基础砂浆防潮层和单个面积≤$0.3m^2$ 的孔洞所占体积
不增加	靠墙暖气沟的挑檐
基础长度	外墙基础按外墙中心线，内墙基础按内墙净长线计算
项目特征	砖品种、规格、强度等级，基础类型，砂浆强度等级，防潮层材料种类

（2）实心砖墙、多孔砖墙、空心砖墙，按设计图示尺寸以体积“m^3”计算，其计算规则见表 5.3.6。

表 5.3.6 实心砖墙、多孔砖墙、空心砖墙计算规则

事项	规　则
合并计算	凸出墙面的砖垛并入墙体体积内计算
扣除	门窗、洞口、嵌入墙内的钢筋混凝土柱、梁、圈梁、挑梁、过梁及凹进墙内的壁龛、管槽、暖气槽、消火栓箱所占体积

续表 5.3.6

<table>
<tr><th>事项</th><th colspan="2">规　则</th></tr>
<tr><td>不扣除</td><td colspan="2">梁头、板头、檩头、垫木、木楞头、沿椽木、木砖、门窗走头、砖墙内加固钢筋、木筋、铁件、钢管及单个面积≤0.3m² 的孔洞所占体积</td></tr>
<tr><td>不增加</td><td colspan="2">凸出墙面的腰线、挑檐、压顶、窗台线、虎头砖、门窗套的体积</td></tr>
<tr><td>墙长度</td><td colspan="2">外墙按中心线，内墙按净长线</td></tr>
<tr><td rowspan="5">墙高度</td><td rowspan="5">外墙</td><td>斜（坡）屋面无檐口天棚者算至屋面板底</td></tr>
<tr><td>有屋架且室内外均有天棚者算至屋架，下弦底另加 200mm</td></tr>
<tr><td>无天棚者算至屋架下弦底另加 300mm，出檐宽度超过 600mm 时按实砌高度计算</td></tr>
<tr><td>有钢筋混凝土楼板隔层者算至板顶</td></tr>
<tr><td>平屋面算至钢筋混凝土板底</td></tr>
<tr><td rowspan="6">墙高度</td><td rowspan="4">内墙</td><td>位于屋架下弦者算至屋架下弦底</td></tr>
<tr><td>无屋架者算至天棚底另加 100mm</td></tr>
<tr><td>有钢筋混凝土楼板隔层者算至楼板顶</td></tr>
<tr><td>有框架梁时算至梁底</td></tr>
<tr><td>女儿墙</td><td>从屋面板上表面算至女儿墙顶面（如有混凝土压顶时算至压顶下表面）</td></tr>
<tr><td>内、外山墙</td><td>按其平均高度计算</td></tr>
<tr><td>围墙</td><td colspan="2">高度算至压顶上表面（如有混凝土压顶时算至压顶下表面），围墙柱并入围墙体积内</td></tr>
<tr><td>框架间墙</td><td colspan="2">不分内外墙按墙净尺寸以体积计算</td></tr>
</table>

（3）空斗墙，按设计图示尺寸以空斗墙外形体积“m³”计算。墙角、内外墙交接处、门窗洞口立边、窗台砖、屋檐处的实砌部分体积并入空斗墙体积内。

（4）空花墙，按设计图示尺寸以空花部分外形体积“m³”计算，不扣除空洞部分体积。

（5）填充墙，按设计图示尺寸以填充墙外形体积“m³”计算。

（6）实心砖柱、多孔砖柱，按设计图示尺寸以体积“m³”计算，扣除混凝土及钢筋混凝土梁垫、梁头、板头所占体积。

（7）砖检查井、散水、地坪、地沟、明沟、砖砌挖孔桩护壁。

1）砖检查井，按设计图示数量“座”计算。

2）砖散水、地坪，按设计图示尺寸以面积“m²”计算。

3）砖地沟、明沟，按设计图示以中心线长度“m”计算。

4）砖砌挖孔桩护壁，按设计图示尺寸以体积“m^3”计算。

（8）零星砌体。

1）零星项目包括：①框架外表面的镶贴砖部分；②空斗墙的窗间墙、窗台下、楼板下、梁头下等的实砌部分；③台阶、台阶挡墙、梯带、锅台、炉灶、蹲台、池槽、池槽腿、砖胎模、花台、花池、楼梯栏板、阳台栏板、地垄墙、小于或等于 $0.3m^2$ 的孔洞填塞等。

2）计算规则：①按图示尺寸截面积乘以长度以体积“m^3”计算；②按图示尺寸水平投影面积以“m^2”计算；③按图示尺寸以长度“m”计算；④按设计图示数量以“个”计算。

2. 相关说明

（1）砖砌体勾缝按墙面抹灰中“墙面勾缝”项目编码列项，实心砖墙、多孔砖墙、空心砖墙等项目工作内容中不包括勾缝，包括刮缝。

（2）标准砖尺寸应为 240mm × 115mm × 53mm。

（3）基础与墙（柱）身的划分：基础与墙（柱）身使用同一种材料时，以设计室内地面为界（有地下室者，以地下室室内设计地面为界），以下为基础，以上为墙（柱）身。基础与墙身使用不同材料时，位于设计室内地面高度小于或等于 ± 300mm 时，以不同材料为分界线，高度大于 300mm 时，以设计室内地面为分界线。砖围墙应以设计室外地坪为界，以下为基础，以上为墙身。

（4）附墙烟囱、垃圾道，应按设计图示尺寸以体积（扣除孔洞所占体积）计算，并入所依附的墙体体积内。当设计规定孔洞内需抹灰时，应按墙、柱面装饰与隔断、幕墙工程中零星抹灰项目编码列项。

（二）砌块砌体

1. 工程量计算规则

（1）砌块墙，同实心砖墙的工程量计算规则。

（2）砌块柱，按设计图示尺寸以体积“m^3”计算，扣除混凝土及钢筋混凝土梁垫、梁头、板头所占体积。

2. 相关说明

（1）砌体内加筋、墙体拉结的制作、安装，应按混凝土及钢筋混凝土工程中相关项目编码列项。

（2）砌块排列应上、下错缝搭砌，如果搭错缝长度满足不了规定的压搭要求，应采取压搭钢筋网片的措施，具体构造要求按设计规定。

（3）砌块砌体中工作内容包括了勾缝。

（4）砌体垂直灰缝宽大于 30mm 时，采用 C20 细石混凝土灌实。灌注的混凝土应按混凝土及钢筋混凝土工程中相关项目编码列项。

（三）石砌体

石砌体计算规则见表 5.3.7。

表 5.3.7 石砌体计算规则

项目	单位	计算规则
石基础	m^3	按设计图示尺寸以体积计算，包括附墙垛基础宽出部分体积，不扣除基础砂浆防潮层及单个面积≤0.3m² 的孔洞所占体积，靠墙暖气沟的挑檐不增加
石勒脚	m^3	按设计图示尺寸以体积计算，扣除单个面积 >0.3m² 的孔洞所占体积
石挡土墙	m^3	设计图示尺寸以体积计算，石梯膀应按石挡土墙项目编码列项
石栏杆	m	适用于无雕饰的一般石栏杆。其工程量按设计图示以长度计算
石护坡	m^3	按设计图示尺寸以体积计算
石台阶	m^3	包括石梯带（垂带），不包括石梯膀，其工程量按设计图示尺寸以体积计算
石坡道	m^2	按设计图示尺寸以水平投影面积计算
石地沟、石明沟	m	按设计图示尺寸以中心线长度计算
基础与勒脚	应以设计室外地坪为界	
勒脚与墙身	应以设计室内地坪为界	
石围墙	石围墙内外地坪标高不同时，应以较低地坪标高为界，以下为基础；内外标高之差为挡土墙时，挡土墙以上为墙身	

（四）垫层

1. 工程量计算规则

垫层工程量按设计图示尺寸以体积“m^3”计算。

2. 相关说明

除混凝土垫层外，没有包括垫层要求的清单项目应按该垫层项目编码列项，如灰土垫层、碎石垫层、毛石垫层等。

五、混凝土及钢筋混凝土工程

（一）现浇混凝土基础

现浇混凝土基础包括垫层、带形基础、独立基础、满堂基础、桩承台基础、设备基础。按设计图示尺寸以体积“m^3”计算。不扣除构件内钢筋、预埋铁件和伸入承台基础的桩头所占体积。项目特征描述：混凝土种类、混凝土的强度等级。其中混凝土的种类指清水混凝土、彩色混凝土等。

（二）现浇混凝土柱

现浇混凝土柱包括矩形柱、构造柱、异型柱等项目。按设计图示尺寸以体积“m^3”计算。不扣除构件内钢筋、预埋铁件所占体积。构造柱嵌接墙体部分并入柱身体积。依附柱上的牛腿和升板的柱帽，并入柱身体积计算。

关于柱高的规定：

（1）有梁板的柱高，应自柱基上表面（或楼板上表面）至上一层楼板上表面之间的高度计算。

（2）无梁板的柱高，应自柱基上表面（或楼板上表面）至柱帽下表面之间的高度计算。

（3）框架柱的柱高应自柱基上表面至柱顶的高度计算。

（4）构造柱按全高计算。

（三）现浇混凝土梁

1. 工程量计算规则

包括基础梁、矩形梁、异型梁、圈梁、过梁、弧形梁（拱形梁）等项目。按设计图示尺寸以体积“m^3”计算。不扣除构件内钢筋、预埋铁件所占体积，伸入墙内的梁头、梁垫并入梁体积内。

2. 相关说明

梁长：梁与柱连接时，梁长算至柱侧面；主梁与次梁连接时，次梁长算至主梁侧面。

（四）现浇混凝土墙

1. 工程量计算规则

包括直形墙、弧形墙、短肢剪力墙、挡土墙。按设计图示尺寸以体积“m^3”计算。不扣除构件内钢筋，预埋铁件所占体积，扣除门窗洞口及单个面积大于 $0.3m^2$ 的孔洞所占体积；墙垛及凸出墙面部分并入墙体体积内计算。

2. 相关说明

短肢剪力墙是指截面厚度小于或等于 300mm，各肢截面高度与厚度之比的最大值大于 4 但小于或等于 8 的剪力墙；各肢截面高度与厚度之比的最大值小于或等于 4 的剪力墙按柱项目编码列项。

（五）现浇混凝土板

现浇混凝土板计算规则见表 5.3.8。

表 5.3.8　现浇混凝土板计算规则

构件	单位	计算规则
有梁板、无梁板、平板、拱板、薄壳板、栏板	m^3	按设计图示尺寸以体积计算。不扣除构件内钢筋、预埋铁件及单个面积≤$0.3m^2$ 的柱、垛以及孔洞所占体积
		压型钢板混凝土楼板扣除构件内压型钢板所占体积
		（1）有梁板（包括主、次梁与板）按梁、板体积之和计算； （2）无梁板按板和柱帽体积之和计算； （3）各类板伸入墙内的板头并入板体积内计算； （4）薄壳板的肋、基梁并入薄壳体积内计算
天沟（檐沟）挑檐板		按设计图示尺寸以体积计算

续表 5.3.8

构件	单位	计算规则
雨篷、悬挑板、阳台板、	m^3	按设计图示尺寸以墙外部分体积计算。包括伸出墙外的牛腿和雨篷反挑檐的体积
空心板		按设计图示尺寸以体积计算。空心板（GBF 高强薄壁蜂巢芯板等）应扣除空心部分体积
现浇挑檐、天沟板、雨篷、阳台与板（包括屋面板、楼板）连接时，以外墙外边线为分界线；与圈梁（包括其他梁）连接时，以梁外边线为分界线。外边线以外为挑檐、天沟、雨篷或阳台		

（六）现浇混凝土楼梯

直形楼梯、弧形楼梯，按设计图示尺寸以水平投影面积“m^2”计算，不扣除宽度≤500mm 的楼梯井，伸入墙内部分不计算；或按设计图示尺寸以体积“m^3”计算。

整体楼梯（包括直形楼梯、弧形楼梯）水平投影面积包括休息平台、平台梁、斜梁和楼梯的连接梁。当整体楼梯与现浇楼板无梯梁连接时，以楼梯的最后一个踏步边缘加 300mm 为界。

（七）现浇混凝土其他构件

现浇混凝土其他构件计算规则见表 5.3.9。

表 5.3.9 现浇混凝土其他构件计算规则

构件	单位	计算规则
散水、坡道、室外地坪	m^2	按设计图示尺寸以面积计算。不扣除单个面积≤$0.3m^2$ 的孔洞所占面积。不扣除构件内钢筋、预埋铁件所占体积
电缆沟、地沟	m	按设计图示尺寸以中心线长度计算
台阶	m^2	按设计图示尺寸水平投影面积计算
	m^3	按设计图示尺寸以体积计算
扶手、压顶	m	按设计图示的中心线延长米计算
	m^3	按设计图示尺寸以体积计算
化粪池、检查井	m^3	按设计图示尺寸以体积计算
	座	按设计图示数量计算
架空式混凝土台阶	m^2、m^3	按现浇楼梯计算

（八）后浇带

按设计图示尺寸以体积“m^3”计算。

（九）预制混凝土构件

1. 预制混凝土柱

矩形柱、异型柱，按设计图示尺寸以体积“m^3”计算，或按设计图示尺寸以数量“根”计算。

2. 预制混凝土梁

矩形梁、异型梁、过梁、拱形梁、鱼腹式吊车梁和其他梁等，按设计图示尺寸以体积“m^3”计算；或按设计图示尺寸以数量“根”计算。

3. 预制混凝土屋架

折线型屋架、组合屋架、薄腹屋架、门式刚架屋架、天窗架屋架，均按设计图示尺寸以体积“m^3”计算；或按设计图示尺寸以数量“根”计算。

三角形屋架应按折线型屋架项目编码列项。

4. 预制混凝土板

（1）平板、空心板、槽形板、网架板、折线板、带肋板、大型板，按设计图示尺寸以体积“m^3”计算。不扣除单个面积≤300mm×300mm 的孔洞所占体积，扣除空心板空洞体积；或以“块”计量，按设计图示尺寸以数量计算。

（2）沟盖板、井盖板、井圈，按设计图示尺寸以体积“m^3”计算；或以“块”计量，按设计图示尺寸以数量计算。

5. 预制混凝土楼梯

按设计图示尺寸以体积“m^3”计算，扣除空心踏步板空洞体积；或以“段”计量，按设计图示数量计算。

6. 其他预制构件

其他预制构件包括烟道、垃圾道、通风道及其他构件。预制钢筋混凝土小型池槽、压顶、扶手、垫块、隔热板、花格等，按其他构件项目编码列项。

工程量计算以“m^3”计量时，按设计图示计尺寸以体积计算，不扣除单个面积≤300mm×300mm 的孔洞所占体积，扣除烟道、垃圾道、通风道的孔洞所占体积；以“m^2”计量时，按设计图示尺寸以面积计算，不扣除单个面积≤300mm×300mm 的孔洞所占面积；以“根”计量时，按设计图示尺寸以数量计算。

以上项目以“块、套、根、榀”计量时，项目特征必须描述单件体积。

（十）钢筋工程

1. 工程量计算规则

（1）现浇构件钢筋、预制构件钢筋、钢筋网片、钢筋笼，按设计图示钢筋（网）长度（面积）乘以单位理论质量“t”计算。项目特征描述：钢筋种类、规格。钢筋的工作内容中包括了焊接（或绑扎）连接，不需要计量，在综合单价中考虑，但机械连接需要单独列项计算工程量。

（2）先张法预应力钢筋，按设计图示钢筋长度乘以单位理论质量“t”计算。

（3）后张法预应力钢筋、预应力钢丝、预应力钢绞线，按设计图示钢筋（丝束、绞线）长度乘以单位理论质量“t”计算。其长度应按以下规定计算：

1）低合金钢筋两端均采用螺杆锚具时，钢筋长度按孔道长度减 0.35m 计算，螺杆另行计算。

2）低合金钢筋一端采用墩头插片，另一端采用螺杆锚具时，钢筋长度按孔道长度计算，螺杆另行计算。

3）低合金钢筋一端采用墩头插片，另一端采用帮条锚具时，钢筋增加 0.15m 计算；两端均采用帮条锚具时，钢筋长度按孔道长度增加 0.3m 计算。

4）低合金钢筋采用后张混凝土自锚时，钢筋长度按孔道长度增加 0.35m 计算。

5）低合金钢筋（钢绞线）采用 JM、XM、QM 型锚具，孔道长度≤20m 时，钢筋长度增加 1m 计算，孔道长度 >20m 时，钢筋长度增加 1.8m 计算。

6）碳素钢丝采用锥形锚具，孔道长度≤20m 时，钢丝束长度按孔道长度增加 1m 计算，孔道长度 >20m 时，钢丝束长度按孔道长度增加 1.8m 计算。

7）碳素钢丝采用墩头锚具时，钢丝束长度按孔道长度增加 0.35m 计算。

2. 相关说明

（1）现浇构件中伸出构件的锚固钢筋应并入钢筋工程量内。除设计（包括规范规定）标明的搭接外，其他施工搭接不计算工程量，在综合单价中综合考虑。

（2）钢筋连接的数量按设计图示及规范要求计算，设计图纸及规范要求未标明的，按以下规定计算：

1）ϕ10 以内的长钢筋按每 12m 计算一个钢筋接头；

2）ϕ10 以上的长钢筋按每 9m 一个接头。

（3）钢筋工程量计算首先计算其图示长度，然后乘以单位长度质量确定。如下式所示：

$$\text{钢筋工程量} = \text{图示钢筋长度} \times \text{单位理论质量} \tag{5.3.1}$$

3. 钢筋长度一般计算方法

（1）纵向钢筋图示长度的计算。

在计算纵向钢筋图示长度时，需要考虑以下参数：

1）混凝土保护层厚度。混凝土保护层厚度是结构构件中最外层钢筋外边缘至构件表面范围用于保护钢筋的混凝土。根据《混凝土结构设计规范》GB 50010—2010 规定，构件中受力钢筋的保护层厚度不应小于钢筋的公称直径 d；设计使用年限为 50 年的混凝土结构，最外层钢筋的保护层厚度应符合表 5.3.10 的规定；设计使用年限为 100 年的混凝土结构，最外层钢筋的保护层厚度不应小于表中数值的 1.4 倍。

表 5.3.10 混凝土保护层最小厚度 单位：mm

环境类别	板、墙、壳	梁、柱、杆
一	15	20
二 a	20	25
二 b	25	35
三 a	30	40
三 b	40	50

注：1. 混凝土强度级别不大于 C25 时，表中保护层厚度数值应增加 5mm。

2. 钢筋混凝土基础宜设置混凝土垫层，基础中钢筋的混凝土保护层厚度应从垫层顶面算起，且不应小于 40mm。

2）弯起钢筋增加长度。

3）钢筋弯钩增加长度。

4）钢筋的锚固长度。

5）纵向受拉钢筋的搭接长度。

（2）箍筋长度的计算。

箍筋单根长度的计算采用箍筋外皮尺寸并考虑弯钩的增加长度，可按以下公式计算：

$$箍筋单根长度=箍筋的外皮尺寸周长+2\times 弯钩增加长度 \tag{5.3.2}$$

双肢箍的单根长度，可按以下公式计算：

$$\begin{aligned}双肢箍单根长度&=箍筋的外皮尺寸周长+2\times 弯钩增加长度\\&=构件周长-8\times 混凝土保护层厚度+2\times 弯钩增加长度\end{aligned} \tag{5.3.3}$$

《混凝土结构工程施工规范》GB 50666—2011 对箍筋、拉筋末端弯钩的要求：对一般结构构件，箍筋弯钩的弯折角度不应小于90°，弯折后平直段长度不应小于箍筋直径的5倍。

箍筋根数按以下公式计算：

$$箍筋根数=\frac{箍筋分布长度}{箍筋间距}+1 \tag{5.3.4}$$

六、金属结构工程

（一）钢网架

1. 工程量计算规则

按设计图示尺寸以质量“t”计算，不扣除孔眼的质量，焊条、铆钉等不另增加质量。项目特征描述：钢材品种、规格，网架节点形式、连接方式，网架跨度、安装高度，探伤要求，防火要求等。其中防火要求指耐火极限。

2. 相关说明

（1）钢网架项目适用于一般钢网架和不锈钢网架。无论节点形式（球形节点、板式节点等）和节点连接方式（焊接、丝接）等均使用该项目。

（2）注意焊条、铆钉等不另增加质量，与钢屋架不同（钢屋架焊条、铆钉、螺栓等不另增加）。

（二）钢屋架、钢托架、钢桁架、钢架桥

1. 钢屋架

以“榀”计量时，按设计图示数量计算；以“t”计量，按设计图示尺寸以质量计算，不扣除孔眼的质量，焊条、铆钉、螺栓等不另增加质量。

2. 钢托架、钢桁架、钢架桥

按设计图示尺寸以质量“t”计算，不扣除孔眼的质量，焊条、铆钉、螺栓等不另增加质量。

（三）钢柱

1. 实腹柱、空腹柱

按设计图示尺寸以质量“t”计算，不扣除孔眼的质量，焊条、铆钉、螺栓等不另

增加质量，依附在钢柱上的牛腿及悬臂梁等并入钢柱工程量内。

2. 钢管柱

按设计图示尺寸以质量“t”计算，不扣除孔眼的质量，焊条、铆钉、螺栓等不另增加质量，钢管柱上的节点板、加强环、内衬管、牛腿等并入钢管柱工程量内。

（四）钢梁

钢梁包括钢梁、钢吊车梁等项目。

按设计图示尺寸以质量“t”计算，不扣除孔眼的质量，焊条、铆钉、螺栓等不另增加质量，制动梁、制动板、制动桁架、车挡并入钢吊车梁工程量内。

（五）钢板楼板、墙板

1. 压型钢板楼板

按设计图示尺寸以铺设水平投影面积“m^2”计算，不扣除单个面积≤$0.3m^2$ 柱、垛及孔洞所占面积。

2. 压型钢板墙板

按设计图示尺寸以铺挂面积“m^2”计算，不扣除单个面积≤$0.3m^2$ 的梁、孔洞所占面积，包角、包边、窗台泛水等不另加面积。

七、木结构

（一）木屋架

1. 工程量计算规则

（1）木屋架，按设计图示数量以“榀”计算；或按设计图示的规格尺寸以体积“m^3”计算。

（2）钢木屋架，按设计图示数量以“榀”计算。

2. 相关说明

以“榀”计量时，按标准图设计的应注明标准图代号，按非标准图设计的项目特征需要描述木屋架的跨度、材料品种及规格、刨光要求、拉杆及夹板种类、防护材料种类。

（二）木构件

1. 工程量计算规则

（1）木柱、木梁，按设计图示尺寸以体积“m^3”计算。

（2）木檩条。

1）按设计图示尺寸以体积“m^3”计算；

2）或按设计图示尺寸以长度“m”计算。

（3）木楼梯，按设计图示尺寸以水平投影面积“m^2”计算。不扣除宽度小于300mm 的楼梯井，伸入墙内部分不计算。

2. 相关说明

（1）按图示数量以“m”为单位计算，则项目特征必须描述构件的规格尺寸。

（2）木楼梯的栏杆（栏板）、扶手，应按其他装饰工程中的相关项目编码列项。

（三）屋面木基层

按设计图示尺寸以斜面积计算，不扣除房上烟囱、风帽底座、风道、小气窗、斜沟等所占面积，小气窗的出檐部分不增加面积。

八、门窗工程

门窗工程计算规则见表 5.3.11。

表 5.3.11　门窗工程计算规则

<table>
<tr><th>项目</th><th colspan="3">具体规则内容</th></tr>
<tr><td rowspan="4">木门</td><td rowspan="3">工程量计算规则</td><td>木质门、木质门带套、木质连窗门、木质防火门</td><td>以“樘”计量，按设计图示数量计算；
以“m^2”计量，按设计图示洞口尺寸以面积计算</td></tr>
<tr><td>木门框</td><td>以“樘”计量，按设计图示数量计算；
以“m”计量，按设计图示框的中心线以延长米计算</td></tr>
<tr><td>门锁安装</td><td>按设计图示数量“个（套）”计算</td></tr>
<tr><td>相关说明</td><td colspan="2">木门五金应包括折页、插销、门碰珠、弓背拉手、搭机、木螺丝、弹簧折页（自动门）、管子拉手（自由门、地弹门）、地弹簧（地弹门）、角铁、门轧头（地弹门、自由门）等，五金安装应计算在综合单价中。需要注意的是，木门五金不含门锁，门锁安装单独列项计算。
木质门带套计量按洞口尺寸以面积计算，不包括门套的面积，但门套应计算在综合单价中。
以“樘”计量，项目特征必须描述洞口尺寸；以“m^2”计量，项目特征可不描述洞口尺寸</td></tr>
<tr><td rowspan="2">金属门</td><td>工程量计算规则</td><td colspan="2">金属（塑钢）门、彩板门、钢质防火门、防盗门：
以“樘”计量，按设计图示数量计算；
以“m^2”计量，按设计图示洞口尺寸以面积计算</td></tr>
<tr><td>相关说明</td><td colspan="2">五金安装应计算在综合单价中，但应注意，金属门门锁已包含在门五金中，不需要另行计算</td></tr>
<tr><td rowspan="2">金属窗</td><td>工程量计算规则</td><td colspan="2">金属（塑钢、断桥）窗、金属防火窗、金属百叶窗、金属格栅窗工程量，以“樘”计量，按设计图示数量计算；以“m^2”计量，按设计图示洞口尺寸以面积计算。
金属纱窗，以“樘”计量，按设计图示数量计算；以“m^2”计量，按框的外围尺寸以面积计算</td></tr>
<tr><td>相关说明</td><td colspan="2">金属橱窗、飘（凸）窗以“樘”计量，项目特征必须描述框外围展开面积</td></tr>
<tr><td>门窗套</td><td colspan="3">按设计图示数量以“樘”计算；
按设计图示尺寸以展开面积“m^2”计算；
按设计图示中心以延长米“m”计算</td></tr>
<tr><td>门窗贴脸</td><td colspan="3">按设计图示数量以“樘”计算；
按设计图示中心以延长米“m”计算</td></tr>
</table>

续表 5.3.11

项目	具体规则内容
窗台板	包括木窗台板、铝塑窗台板、金属窗台板、石材窗台板。按设计图示尺寸以展开面积“m^2”计算
窗帘	按设计图示尺寸以成活后长度“m”计算； 按设计图示尺寸以成活后展开面积“m^2”计算

九、屋面及防水工程

（一）瓦屋面、型材屋面及其他屋面

1. 工程量计算规则

（1）瓦屋面、型材屋面，按设计图示尺寸以斜面积“m^2”计算，不扣除房上烟囱、风帽底座、风道、小气窗、斜沟等所占面积，小气窗的出檐部分不增加面积。

（2）阳光板、玻璃钢屋面，按设计图示尺寸以斜面积“m^2”计算，不扣除屋面面积≤$0.3m^2$孔洞所占面积。

（3）膜结构屋面，按设计图示尺寸以需要覆盖的水平投影面积“m^2”计算。

2. 相关说明

本部分近年来没有考点。

（二）屋面防水及其他

1. 工程量计算规则

（1）屋面卷材防水、屋面涂膜防水，按设计图示尺寸以斜面积“m^2”计算。斜屋顶（不包括平屋顶找坡）按斜面积计算，平屋顶按水平投影面积计算。不扣除房上烟囱、风帽底座、风道、屋面小气窗、斜沟等所占面积。屋面的女儿墙、伸缩缝和天窗等处的弯起部分，并入屋面工程量内。

（2）屋面刚性层，按设计图示尺寸以面积“m^2”计算。不扣除房上烟囱、风帽底座、风道等所占面积。

（3）屋面排水管，按设计图示尺寸以长度“m”计算。如设计未标注尺寸，以檐口至设计室外散水上表面垂直距离计算。

（4）屋面排（透）气管，按设计图示尺寸以长度“m”计算。

（5）屋面（廊、阳台）泄（吐）水管，按设计图示数量“根（个）”计算。

（6）屋面天沟、檐沟，按设计图示尺寸以展开面积“m^2”计算。

（7）屋面变形缝，按设计图示尺寸以长度“m”计算。

2. 相关说明

屋面防水搭接及附加层用量不另行计算，在综合单价中考虑。

（三）墙面防水、防潮

1. 工程量计算规则

（1）墙面卷材防水、墙面涂膜防水、墙面砂浆防水（防潮），按设计图示尺寸以面积“m^2”计算。

（2）墙面变形缝，按设计图示尺寸以长度“m”计算。墙面变形缝，若做双面，工

程量乘以系数 2。

2. 相关说明

（1）墙面防水搭接及附加层用量不另行计算，在综合单价中考虑。

（2）墙面找平层按墙、柱面装饰与隔断、幕墙工程“立面砂浆找平层”项目编码列项。

（3）墙面砂浆防水（防潮）项目特征描述：防水层做法、砂浆厚度及配合比、钢丝网规格。要注意在其工作内容中已包含挂钢丝网，即钢丝网不另行计算，在综合单价中考虑。

（四）楼（地）面防水、防潮

1. 工程量计算规则

（1）楼（地）面卷材防水，楼（地）面涂膜防水、楼（地）面砂浆防水（防潮），按设计图示尺寸以面积“m^2”计算。

1）楼（地）面防水：按主墙间净空面积计算，扣除凸出地面的构筑物、设备基础等所占面积，不扣除间壁墙及单个面积小于或等于 $0.3m^2$ 柱、垛、烟囱和孔洞所占面积；

2）楼（地）面防水反边高度小于或等于 300mm 算作地面防水，大于 300mm 算作墙面防水计算。

（2）楼（地）面变形缝，按设计图示尺寸以长度“m”计算。

2. 相关说明

（1）楼（地）面防水找平层按楼地面装饰工程“平面砂浆找平层”项目编码列项。

（2）楼（地）面防水搭接及附加层用量不另行计算，在综合单价中考虑。

十、保温、隔热、防腐工程

保温、隔热、防腐工程计算规则见表 5.3.12。

表 5.3.12 保温、隔热、防腐工程计算规则

部位	计算规则	单位
屋面	按设计图示尺寸以面积“m^2”计算，扣除面积 >$0.3m^2$ 的孔洞及占位面积	m^2
天棚	按设计图示尺寸以面积“m^2”计算，扣除面积 >$0.3m^2$ 的柱、垛、孔洞所占面积，与天棚相连接的梁按展开面积，并入天棚工程量内	
墙面	按设计图示尺寸以面积“m^2”计算，扣除门窗洞口以及 >$0.3m^2$ 的梁、孔洞所占面积；门窗洞口侧壁以及与墙相连的柱，并入保温墙体工程量内	
柱	按柱断面保温层中心线展开长度 × 保温层高度以面积计算，扣除 >$0.3m^2$ 的梁所占面积	
梁	按梁断面保温层中心线展开长度 × 保温层长度以面积计算	
楼地面	按设计图示尺寸以展开面积计算，扣除面积 >$0.3m^2$ 的孔洞及占位面积	

十一、楼地面装饰工程

楼地面装饰工程计算规则见表 5.3.13。

表 5.3.13 楼地面装饰工程计算规则

内容名称	计算规则	单位
整体面层	（1）水泥砂浆楼地面、现浇水磨石楼地面、细石混凝土楼地面、菱苦土楼地面、自流坪楼地面。 按设计图示尺寸以面积“m^2”计算。 扣除：凸出地面构筑物、设备基础、室内铁道、地沟等所占面积。 不扣除：间壁墙及面积≤$0.3m^2$ 柱、垛、附墙烟囱及孔洞所占面积。 不增加：门洞、空圈、暖气包槽、壁龛的开口部分面积。 （2）平面砂浆找平层，按设计图示尺寸以面积“m^2”计算。平面砂浆找平层只适用于仅做找平层的平面抹灰	m^2
块料面层	石材楼地面、碎石材楼地面、块料楼地面，按设计图示尺寸以面积“m^2”计算。门洞、空圈、暖气包槽、壁龛的开口部分并入相应的工程量	
橡塑面层	橡胶板楼地面、橡胶卷材楼地面、塑料板楼地面、塑料卷材楼地面，按设计图示尺寸以面积“m^2”计算。门洞、空圈、暖气包槽、壁龛的开口部分并入相应的工程量	m^2
其他材料面层	地毯楼地面，竹、木地板，金属复合地板，防静电活动地板，按设计图示尺寸以面积“m^2”计算。门洞、空圈、暖气包槽、壁龛的开口部分并入相应的工程量	
踢脚线	按长度 × 高度以面积“m^2”计算。 按延长米“m”计算	m^2、m
楼梯面层	按水平投影面积计算（包括踏步、休息平台及宽度≤500mm 的楼梯井）	m^2
台阶装饰	按台阶水平投影面积计算（包括最上层踏步边沿加 300mm）	
零星装饰	按设计图示尺寸以面积计算	

十二、墙、柱面装饰与隔断、幕墙工程

墙、柱面装饰与隔断、幕墙工程计算规则见表 5.3.14。

表 5.3.14 墙、柱面装饰与隔断、幕墙工程计算规则

部位	内容	计算规则
墙	抹灰（一般抹灰、墙面装饰抹灰、墙面勾缝、立面砂浆找平层）	按设计图示尺寸以面积计算。 扣除：墙裙、门窗洞口及单个面积 >$0.3m^2$ 的孔洞面积。 不扣除：踢脚线、挂镜线和墙与构件交接处的面积；门窗洞口和孔洞侧壁及顶面。 附墙柱、梁、垛、烟囱侧壁并入墙面面积。 飘窗凸出外墙增加抹灰并入外墙工程量

续表 5.3.14

部位	内容	计算规则
墙	外墙抹灰	按外墙垂直投影面积计算
	外墙裙抹灰	按长度 × 高度计算
	内墙抹灰	按主墙间的净长 × 高度计算。 无墙裙的内墙高度：按室内楼地面至天棚底面计算。 有墙裙的内墙高度：按墙裙顶至天棚底面计算。 有吊顶的内墙高度：算至天棚底，抹至吊顶以上部分在综合单价中考虑，不另计算
	内墙裙抹灰	按内墙净长 × 高度计算
	相关说明	墙面抹石灰砂浆、水泥砂浆、混合砂浆、聚合物水泥砂浆、麻刀石灰浆、石膏灰浆等按墙面一般抹灰列项。 墙面水刷石、斩假石、干粘石、假面砖等按墙面装饰抹灰列项
柱（梁）	柱面	一般抹灰、装饰抹灰、砂浆找平层，按设计图示柱断面周长 × 高度以面积“m^2”计算
	梁面	一般抹灰、装饰抹灰、砂浆找平层，按设计图示梁断面周长 × 高度以面积“m^2”计算
	柱面勾缝	按设计图示柱断面周长乘以高度以面积“m^2”计算
	相关说明	柱（梁）面抹石灰砂浆、水泥砂浆、混合砂浆、聚合物水泥砂浆、麻刀石灰浆、石膏灰浆等按柱（梁）面一般抹灰列项； 柱（梁）面水刷石、斩假石、干粘石、假面砖等按柱（梁）面装饰抹灰列项
幕墙	带骨架幕墙	按设计图示框外围尺寸以面积“m^2”计算。与幕墙同种材质的窗所占面积不扣除
	全玻（无框玻璃）幕墙	按设计图示尺寸以面积“m^2”计算。带肋全玻幕墙按展开面积计算
	相关说明	与幕墙同种材质的窗并入幕墙工程量，包含在幕墙综合单价中。不同材料窗应另列项计算工程量。但幕墙上的门应单独计算工程量。 幕墙钢骨架按干挂石材钢骨架另列项目。 带肋全玻幕墙是指玻璃幕墙带玻璃肋，玻璃肋的工程量并入玻璃幕墙工程量内计算
隔断	木、金属隔断	按设计图示框外围尺寸，以面积计算。 不扣除：单个面积≤$0.3m^2$的孔洞所占面积。 浴厕门的材质与隔断相同时，并入隔断面积
	玻璃、塑料隔断	按设计图示框外围尺寸，以面积计算。 不扣除：单个面积≤$0.3m^2$的孔洞所占面积
	成品隔断、其他隔断	按设计图示框外围尺寸，以面积计算
		按设计间的数量计算

十三、天棚工程

天棚工程计算规则见表 5.3.15。

表 5.3.15 天棚工程计算规则

内容	计算规则	单位
抹灰	按设计图示尺寸以水平投影面积计算。 不扣除：间壁墙、垛、柱、附墙烟囱、检查口和管道面积。 带梁天棚、梁两侧抹灰面积并入天棚面积内。 板式楼梯地面抹灰按斜面积计算；锯齿形楼梯底板抹灰按展开面积计算	m^2
吊顶	按设计图示尺寸以水平投影面积计算。 扣除单个面积 $>0.3m^2$ 的孔洞、独立柱及与天棚相连的窗帘盒的面积。 吊顶龙骨安装应在综合单价中考虑，不另列项计算工程量	
采光天棚	按框外围展开面积计算。 采光天棚骨架应单独按“金属结构”中相关项目编码列项	m^2
其他装饰	灯带（槽）：按设计图示尺寸以框外围面积计算	
	送风口、回风口：按数量计算	个

十四、油漆、涂料、裱糊工程

油漆、涂料、裱糊工程计算规则见表 5.3.16。

表 5.3.16 油漆、涂料、裱糊工程计算规则

内容	部位	计算规则	单位
油漆	门、窗	按数量或设计洞口尺寸以面积计算	樘、m^2
	木扶手	以长度计算	m
	其他板条、线条		
	木材面	以面积（外围、展开）计算	m^2
	金属面	以质量计算或按设计展开面积计算	t、m^2
	抹灰面、满刮腻子	以面积计算	m^2
	抹灰线条	以长度计算	m
涂料	墙面、天棚	以面积计算	m^2
	线条	以长度计算	m
	金属构件	以质量计算或按设计展开面积计算	t、m^2
	木材构件	以面积计算	m^2

十五、其他装饰工程

1. 柜类、货架

工程量以“个”计量，按设计图示数量计量；以“m”计量，按设计图示尺寸以延长米计算；以“m^3”计量，按设计图示尺寸以体积计算。

2. 压条、装饰线

工程量按设计图示尺寸以长度计算。

3. 扶手、栏杆、栏板装饰

工程量按设计图示尺寸以扶手中心线以长度（包括弯头长度）计算。

4. 暖气罩

暖气罩包括饰面板暖气罩、塑料板暖气罩、金属暖气罩。按设计图示尺寸以垂直投影面积（不展开）计算。

5. 浴厕配件

（1）洗漱台按设计图示尺寸以台面外接矩形面积计算。不扣除孔洞、挖弯、削角所占面积，挡板、吊沿板面积并入台面面积内。

（2）晒衣架、帘子杆、浴缸拉手、卫生间扶手、毛巾杆（架）、毛巾环、卫生纸盒、肥皂盒、镜箱按设计图示数量计算。

（3）镜面玻璃按设计图示尺寸以边框外围面积计算。

6. 雨篷、旗杆

雨篷、旗杆包括雨篷吊挂饰面、金属旗杆、玻璃雨篷。

（1）雨篷吊挂饰面、玻璃雨篷按设计图示尺寸以水平投影面积计算。

（2）金属旗杆按设计图示数量计算，以“根”为单位计量。

7. 招牌、灯箱

招牌、灯箱包括平面、箱式招牌，竖式标箱，灯箱，信报箱。

平面、箱式招牌按设计图示尺寸以正立面边框外围面积计算。复杂形的凹凸造型部分不增加面积。

竖式标箱、灯箱，信报箱按设计图示数量计算，以“个”为单位计量。

8. 美术字

美术字包括泡沫塑料字、有机玻璃字、木质字、金属字、吸塑字。按设计图示数量计算，以“个”为单位计量。

十六、拆除工程

拆除工程计算规则见表 5.3.17。

表 5.3.17 拆除工程计算规则

拆除工程的内容	拆除工程量计算规则				
	体积	面积	延长米	质量	数量
砖砌体	m^3	m^2	m		
混凝土及钢筋混凝土构件	m^3	m^2	m		

十七、措施项目

措施项目计算规则见表 5.3.18。

表 5.3.18　措施项目计算规则

<table>
<tr><th>措施项目</th><th>内容</th><th>计算规则</th></tr>
<tr><td rowspan="5">脚手架工程量</td><td>综合脚手架</td><td>按建筑面积计算，单位为 m^2。
特征包括：建筑结构形式、檐口高度</td></tr>
<tr><td>里、外脚手架、整体提升架、外装饰吊篮</td><td>按服务对象的垂直投影面积计算，单位为 m^2</td></tr>
<tr><td>悬空脚手架、满堂脚手架</td><td>按搭设的水平投影面积计算，单位为 m^2</td></tr>
<tr><td>挑脚手架</td><td>按搭设长度 × 层数，以延长米计算，单位为 m</td></tr>
<tr><td colspan="2">（1）综合脚手架针对整个房屋建筑的土建和装饰装修部分。在编制清单项目时，当列出了综合脚手架项目时，不得再列出外脚手架、里脚手架等单项脚手架项目。综合脚手架适用于能够按《建筑工程建筑面积计算规范》GB/T 50353 计算建筑面积的建筑工程脚手架，不适用于房屋加层、构筑物及附属工程脚手架。
（2）同一建筑物有不同檐高时，按建筑物竖向切面分别以不同檐高编列清单项目。
（3）脚手架材质可以不描述，但应注明由投标人根据工程实际情况按照国家现行标准《建筑施工扣件式钢管脚手架安全技术规范》JGJ 130、《建筑施工附着升降脚手架管理暂行规定》等规范自行确定</td></tr>
<tr><td rowspan="5">混凝土模板及支架（撑）工程量</td><td colspan="2">混凝土模板及支架（撑）的工程量计算有两种处理方法：
（1）以“m^3”计量的模板及支撑（架），按混凝土及钢筋混凝土项目执行，其综合单价应包含模板及支撑（架）。
（2）以“m^2”计量，按模板与混凝土构件的接触面积计算</td></tr>
<tr><td>基础、柱、梁、墙板</td><td>按模板与现浇构件的接触面积计算，单位为 m^2。
（1）墙、板不扣除单孔面积≤$0.3m^2$ 的孔洞面积，侧壁模板不增加，扣除单孔面积 >$0.3m^2$ 的孔洞面积，侧壁模板面积并入计算。
（2）现浇框架分别按梁、板、柱有关规定计算；附墙柱、暗梁、暗柱并入墙内工程量。
柱、梁、墙、板相互连接的重叠部分，不计算模板面积；构造柱按图示外露部分计算模板面积</td></tr>
<tr><td>沟、池、井、带、散水</td><td>按模板与现浇构件的接触面积计算，单位为 m^2</td></tr>
<tr><td>雨篷、悬挑板、阳台板</td><td>按图示外挑部分尺寸的水平投影面积计算，挑出墙外的悬臂梁及板边不另计算，单位为 m^2</td></tr>
<tr><td>楼梯</td><td>按楼梯（包括休息平台、平台梁、斜梁和连接梁）水平投影面积计算，单位为 m^2。
不扣除：宽度≤500mm 的楼梯井的面积，楼梯踏步、踏步板、平台梁等侧面模板不另计算，伸入墙内部分不增加</td></tr>
</table>

续表 5.3.18

措施项目	内容	计算规则
垂直运输（施工工程在合理工期内所需垂直机械）	计算规则	按建筑面积“m^2”计算。 按施工工期日历天数“天”计算
	项目特征	建筑类型及结构形式；地下室建筑面积；檐口高度、层数
超高施工增加（单层建筑物檐口高度>20m，多层建筑物>6层）	计算规则	按建筑物超高部分的建筑面积“m^2”计算。 同一建筑物有不同檐高时，按不同高度分别计算
	工作内容	由超高引起的人工工效降低以及由于人工工效降低引起的机械降效，高层施工用水加压水泵的安装、拆除及工作台班，通信联络设备的使用及摊销
大型机械设备进出场及安拆和施工排水、降水	大型机械设备进出场及安拆	按使用机械设备的数量计算，单位为“台·次”
	成井	按设计图示尺寸以钻孔深度计算，单位为 m
	排水、降水	按排水、降水的日历天数计算，单位为“昼夜”
安全文明施工	环境保护	防治噪声、飞扬、扬尘、污染源、垃圾、排水、排污、其他环保措施
	文明施工	五牌一图、美化装饰、卫生洁净、防蚊虫、场地硬化、绿化治安、医务防暑
	安全施工	资料设备、用电起重、防护消防
	临时设施	建筑物、水、路、排水沟
其他措施项目	夜间施工	夜间照明、标志警示、用电、夜班补助、施工劳动效率降低
	非夜间施工照明	地下室等特殊部位的照明
	二次搬运	场地限制，一次运输不能到达，必须二次或多次搬运
	冬雨季施工	临时设施、保温加热、养护清雪、劳保用品、效率降低
	地上、地下设施、建筑物的临时保护设施	遮盖、封闭、隔离
	已完工程及设备保护	覆盖、包裹、封闭、隔离

本章考分统计

本章考分统计表

节	2023 年	2022 年	2021 年	2020 年	2019 年
第一节	5	6	5	5	4
第二节	6	6	6	8	6
第三节	19	18	19	25	20

本章考点点评

第一节：工程量的定义是基本概念，必须理解。工程量计算规范和消耗量定额部分关于项目特征的描述是重点考核内容，必须重点记忆；工作内容需要理解。平法标准图集的优缺点以及有关各类构件的施工图注写方式是重点考核内容。

第二节：应计算建筑面积的范围及规则和不计算建筑面积的范围是必考内容，需要全面重点掌握。

第三节：各分部分项工程工程量计算规则和方法是重点考核内容，需要全面掌握，尤其是混凝土及钢筋混凝土工程，土石方工程，砌筑工程，屋面及防水工程，金属结构工程考核频次较高，需要重点掌握。